# 重型越野车辆自动机械变速操控系统关键技术

刘海鸥◎著　陈慧岩◎主审

# KEY TECHNOLOGIES OF AUTOMATIC MECHANICAL TRANSMISSION CONTROL SYSTEM FOR HEAVY OFF-ROAD VEHICLE

北京理工大学出版社
BEIJING INSTITUTE OF TECHNOLOGY PRESS

## 内容简介

本书是一本专著，以某型重型越野车辆作为研究平台，内容分为9章，包括绪论、自动机械变速操控系统的关键技术、总体设计、换挡规律、换挡动力学分析及自动控制、起步特性分析及控制、坡道起步控制、慢行巡航和起-停慢行巡航控制、故障检测和诊断等内容。本书是基于作者和作者所在团队长期进行理论研究和工程实践的结果，凝结了大量的理论和实践经验，对于从事自动变速技术的相关工作的学生和技术人员均具有参考价值。



**图书在版编目（CIP）数据**

重型越野车辆自动机械变速操控系统关键技术 / 刘海鸥著. —北京：北京理工大学出版社，2020.4

ISBN 978-7-5682-8377-9

Ⅰ.①重… Ⅱ.①刘… Ⅲ.①重型-越野车辆-机械变速器-自动变速装置-研究 Ⅳ.①TJ812

中国版本图书馆CIP数据核字（2020）第061273号

出版发行 / 北京理工大学出版社有限责任公司
社　　址 / 北京市海淀区中关村南大街5号
邮　　编 / 100081
电　　话 / （010）68914775（总编室）
（010）82562903（教材售后服务热线）
（010）68948351（其他图书服务热线）
网　　址 / http：//www.bitpress.com.cn
经　　销 / 全国各地新华书店
印　　刷 / 保定市中画美凯印刷有限公司
开　　本 / 710毫米×1000毫米 1/16
印　　张 / 17
彩　　插 / 4
字　　数 / 257千字
版　　次 / 2020年4月第1版 2020年4月第1次印刷
定　　价 / 85.00元

责任编辑 / 孙 澍
文案编辑 / 孙 澍
责任校对 / 周瑞红
责任印制 / 李志强

图书出现印装质量问题，请拨打售后服务热线，本社负责调换

# 前　言

变速器是车辆动力的传递者，其主要作用是传递发动机扭矩，并在此过程中不断调整传动比，增大驱动轮扭矩和转速的变化范围，以适应经常变化的行驶条件，从而获得驾驶员所需的车辆驱动力；此外，变速器还能实现车辆倒退行驶以及中断动力传递。伴随着汽车技术的出现与发展，变速器技术也不断得到发展和提升。目前，全球自动变速器市场份额持续增长，AT、CVT、DCT 和 AMT 各有优势：AT 技术成熟，仍将占据自动变速器市场的主导地位；CVT 和 DCT 会继续扩大乘用车市场的份额；AMT 在中重型车辆市场的占比会持续快速增长，有望超越 AT，成为中重型车辆的主流变速器，AMT 车辆也会在新能源、乘用车等领域得到更多的应用。

本书围绕重型越野车辆自动机械变速操控系统的关键技术展开。越野车辆在民事领域和军事领域中都发挥着重要的作用，发展具备自主知识产权的越野车用自动变速器，尤其是重型越野车用自动变速器，无论是对民用领域还是对军用领域都有着重要的现实意义。越野车辆相对于公路用车辆，行驶路况更为复杂，包括公路、土路、沙石路等，对车辆的通过性和动力性要求较高，尤其是大坡道起步控制、越野工况的换挡规律等方面。受系统机构特点所限，AMT 在车辆起步和换挡过程中存在离合器不输出扭矩的时间段。基于这一特点，AMT 如果在越野车上广泛应用，就必须处理好以上问题。

本书由刘海鸥撰写，在撰写的过程中，得到了北京理工大学智能车辆研究所陈慧岩教授、席军强教授、翟涌副教授、胡宇辉副教授、金亚英高工、赵亦农实验师的大力帮助，书中所述成果大部分来自研究所的博士、硕士研究生的学位论文，在此表示诚挚的感谢。

由于时间仓促以及编者所从事领域的局限性，书中难免有不足之处，敬请读者指正。

编　者

2020 年 4 月

# 目　录

# 第1章　绪　　论

## 1.1　自动变速器概述

发动机和变速器是车辆底盘技术的重要组成部分，也是保证车辆动力性、经济性、机动性、平顺性、舒适性等性能指标良好的重要技术保障，是车辆最核心的部分之一。发动机是动力来源，而变速器是动力的传递者，其主要作用是传递发动机扭矩，并在此过程中不断调整传动比，增大驱动轮扭矩和转速的变化范围，以适应经常变化的行驶条件，从而获得驾驶员所需的车辆驱动力；此外，变速器还能实现车辆倒退行驶以及中断动力传递。

伴随着汽车技术的出现与发展，变速器技术也不断得到发展和提升。目前，主要车辆变速传动装置有传统手动定轴式变速器（manual transmission，MT）、液力机械自动变速器（automatic transmission，AT）、自动机械变速器（automated mechanical transmission，AMT）、连续变速式机械无级变速器（continuously variable transmission，CVT）、双离合器自动变速器（dual clutch transmission，DCT）、无级变速机械式自动变速器（infinitely variable transmission，IVT）、电传动装置（electrically variable transmission，EVT）、液压机械传动装置以及变矩器离合器式变速器（torque converter clutch transmission，TCCT）等。除手动定轴式变速器外，上述其余变速传动装置均具备一定程度的自动变换速比能力。图1.1所示为四种常见的自动变速器，表1.1给出了几种自动变速器对比分析。

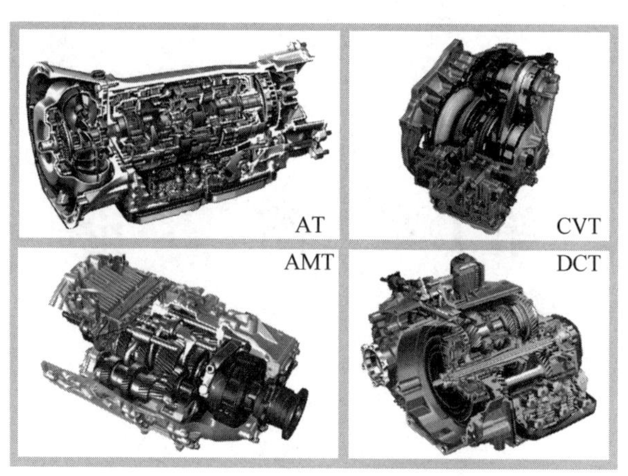


**图 1.1 四种常见的自动变速器**

**表 1.1 几种自动变速器对比分析**

| 项目 | MT | AT | CVT | AMT | DCT |
| --- | --- | --- | --- | --- | --- |
| 主要构成 | 变速传动机构、变速操纵机构等 | 液力变矩器、行星齿轮机构、液压操纵系统、电子控制系统等 | 主动轮组、从动轮组、金属带、液压泵、电子控制系统等 | 离合器、变速传动机构、离合器执行机构、选换挡执行机构、电子控制系统等 | 双离合器机构、变速传动机构、离合器执行机构、选换挡执行机构、电子控制系统等 |
| 工作原理 | 驾驶员操控换挡杆，联动变速操纵机构，控制相应的换挡拨叉，选择相应的啮合齿轮，传递动力 | 发动机的动力通过液力变矩器输入齿轮变速机构，控制系统根据驾驶员、车辆等信号，通过制动器、离合器使行星齿轮机构各元件进行不同的组合，从而得到不同的传动比 | 发动机动力经钢带和两个锥轮的槽传递。控制系统根据驾驶员、车辆等信号，控制主动轮与从动轮的可动盘轴向移动来改变主动轮、从动轮锥面与V型传动带啮合的工作半径，自动改变传动比 | 在MT基础上增加自动变速操控系统，控制系统根据车速、油门开度等信息决定换挡点，同时发出控制指令，控制离合器分离和接合、控制换挡选位机构的选位和换挡操纵，自动改变传动比 | 变速器按奇、偶数分别布置在与两个离合器所连接的两个输入轴上。控制系统根据车速、油门开度等信息，同时控制两离合器分离或接合、控制换挡选位机构的选位和换挡操纵，自动改变传动比 |

续表

| 项目 | MT | AT | CVT | AMT | DCT |
|---|---|---|---|---|---|
| 特点 | 优点：结构简单、维修保养方便，传动效率高，价格低；<br>缺点：操纵复杂，换挡平顺性较差，驾驶安全性低 | 优点：操作简单，换挡、起步平稳，良好的舒适性和路面适应性；<br>缺点：结构复杂、维修不便，生产成本较高，传动效率较低、油耗较大，发动机辅助制动效果较差，电池电量耗尽时无法依靠推车来发动引擎 | 优点：重量轻、体积小、零件少，无级变速、平顺性好，比AT效率高、油耗低；<br>缺点：传动带易磨损，不能承受过大的载荷 | 优点：传动效率高，成本低，结构简单、易加工、生产继承性好；<br>缺点：动力中断，换挡平顺性差 | 优点：传动效率高、生产成本较低，具有良好的动力性、平顺性和经济性；<br>缺点：两套输出轴，体积较大、质量较重，离合器容易损坏 |

图1.2所示为轻型车辆变速器市场份额统计。由图可见，2017年，MT的市场占有率仍接近50%，但呈现下降趋势，自动变速器的市场占有率已超过50%，而且呈现上升趋势。轻型车辆装配的自动变速器主要包含AT、CVT、DCT和AMT，其中AT比例最大，约占50%。近几年，随着技术发展，DCT和CVT的市场份额逐步增大，这也是AT占比下降的主要原因。

从图1.2中还可以看出，AMT在轻型车辆的市场份额较低，但在中重型车辆市场备受青睐。对中重型车辆而言，车辆需要大功率的变速器来传递动力，现阶段的CVT、DCT等无法满足使用要求，很少被用于中重型车辆。目前，中重型车辆配备的变速器主要由MT、AT和AMT组成，以下将对国内外的中重型车辆变速器技术状态和发展趋势进行详细分析。

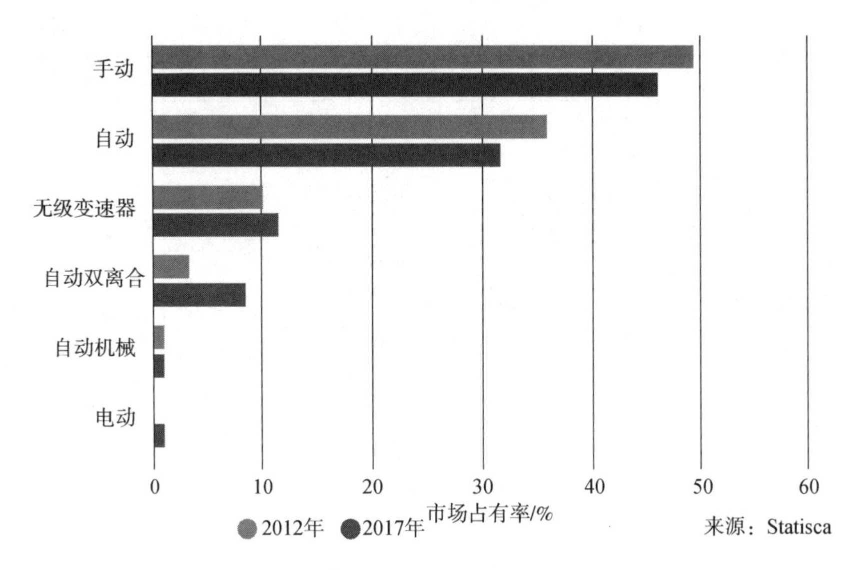


**图 1.2 轻型车辆变速器市场份额统计**

# 1.2 国外发展现状

自动变速器在欧美等发达国家的普及率较高，在北美汽车市场的占有率超过 90%，在日本汽车市场的占有率达 80%，在欧洲汽车市场的占有率也在 50% 以上。在中重型车辆市场，欧洲的自动变速器首选 AMT，北美的自动变速器多以 AT 为主。以下分别针对军用车辆和民用车辆分析国外 AMT 与 AT 的技术发展现状。

## 1.2.1 国外军用轮式车辆自动变速器和发动机技术发展现状及趋势

20 世纪 90 年代之前，军用轮式越野车一般不附带装甲或附挂薄装甲，防护能力差，仅作为快速机动力量辅助履带式装甲车辆作战，如战场补给、救护、运输等二线工作。20 世纪 90 年代后，美俄冷战结束，世界格局发生重大变化，局部地区的军事冲突成为现代战争的主要模式，轮式越野车因其快速的反应能力而被各国军方所重视，同时与履带式越野车相比较，轮式越野车还大大减轻了后勤物资的供应压力，尤其是油料的供应。因此当今世界对轮式装甲车的需求激增，各国都开始设计和大量装备轮式装甲车，6×6、8×8

等重型越野车型由于可以匹配重武器，以及披挂较厚的装甲而备受推崇。图1.3所示为国外几种典型的军用重型越野车。

图1.3　国外几种典型的军用重型越野车

在军用越野车发展的70多年间，随着变速器技术的发展，重型越野车用变速器由手动变速器发展为自动变速器，并且挡位逐渐增加。在20世纪60年代前，重型越野车用变速器均为5挡或6挡的手动机械变速器；苏联在20世纪五六十年代新研发的第二代重型军用越野车曾尝试使用具有3个前进挡的手动操纵的液力机械变速器；70年代之后，美国的重型军用越野车开始装备4挡液力机械自动变速器，欧洲的重型军用越野车也开始选装4挡液力机械自动变速器；90年代以后，美国新生产的重型军用越野车基本全部装备6挡乃至7挡的液力机械自动变速器，在欧洲的重型军用越野车上，液力机械自动变速器也已经成为主流。表1.2所示为当前代表性8×8重型越野车动力性参数统计。

1. 欧美（除俄罗斯）发达国家的重型越野车基本实现自动换挡功能

自动变速器为AT产品，主要集中于德国采埃孚公司（ZF Friedrichshafen AG，ZF）的Ecomat系列和美国Allison公司的3000系列、4000系列，这得益于欧美成熟的工业体系和战略合作关系。早在20世纪70年代，欧美的重型越野车便开始配备自动变速器，同期，AMT还未出现，AT是唯一选择。随着大功率AT技术的发展和成熟，自动变速器由4AT逐步升级为6AT或7AT。此外，欧美战略合作关系中美国的主导地位以及其先进的工业技术，对AT的使用也起到一定的导向作用。图1.4所示为8×8重型越野车配备的主要自动变速器类型。

**表 1.2　当前代表性 8×8 重型越野车动力性参数统计**

| 型号 | 投产年份 | 最高车速/($km\cdot h^{-1}$) | 车重/kg | 续航里程/km | 发动机型号 | 变速器型号 | 国家或地区 |
|---|---|---|---|---|---|---|---|
| Stryker ICV | 2005 | 96.5 | 17 000 | 530 | Caterpillar C7 engine | Allison 3200SP 6speed + 2speed transfer case | 美国、加拿大 |
| Bumerang | 2013 | 100 | 20 000 | 800 | Turbocharged diesel UTD – 32TR，510 hp | — | 俄罗斯 |
| BTR – 90 | 2004 | 100 | 20 900 | 700 | Turbocharged diesel，510 hp | — | 俄罗斯 |
| Patria | 2004 | 100 | 16 000 ~ 27 000 | 800 | DI 12 Scania diesel，360 kW | ZF Ecomat 7HP902 automatic transmission with 7 + 1 gears | 芬兰、克罗地亚、波兰、斯洛文尼亚、南非、瑞典和阿联酋 |
| Boxer | 2005 | 103 | 32 000 | 1 000 | MTU engine，530 kW | Allison automatic transmission | 英国、德国和荷兰 |
| Piranha V | 2008 | 100 | 28 000 | 550 | MTU 6V199 TE20 diesel engine，550 hp | ZF 7HP 902 seven – speed electronically controlled automatic transmission | 英国、瑞士 |

续表

| 型号 | 投产年份 | 最高车速/(km·h$^{-1}$) | 车重/kg | 续航里程/km | 发动机型号 | 变速器型号 | 国家或地区 |
|---|---|---|---|---|---|---|---|
| Pandur Ⅱ | 2007 | 105 | 22 000 | 700 | Cummins ISLe HPCR series diesel engine, 435 hp | ZF 6HP 602C fully automatic 6 – gear transmission and 2 stage transfer gear | 葡萄牙、捷克共和国 |
| ARMA | 2013 | 105 | 24 000 | 700 | Turbo charged diesel engine, 450 hp (336 kW) | automatic 7 speed gearbox | 土耳其 |
| AV8/PARS | 2012 | 100 | 24 500 | 1 000 | Deutz engine, 523 hp | ZF automatic transmission and Allison automatic transmission | 马来西亚、土耳其 |
| Terrex | 2010 | 105 | 24 000 | 600 | Caterpillar C9 6 – cylinder 4 – stroke diesel turbo – charged, 450 hp (336 kW) | Allison 4500SP wide ratio | 新加坡、土耳其 |
| BTR – 4 | 2006 | 110 | 22 200 | 690 | KMDB 3TD two – stroke diesel engine, 500 hp | 5gear | 乌克兰和伊拉克 |
| 注：各型号可能有多个车型和匹配方法，也可能存在偏差，表中数据仅供参考 | | | | | | | |

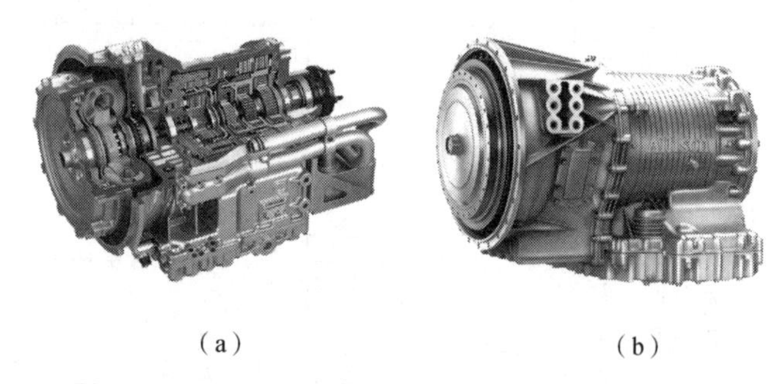

（a）　　（b）

**图 1.4　8×8 重型越野车配备的主要自动变速器类型**

（a）ZF 公司的 Ecomat 变速器；（b）Allison 公司的 3200 系列变速器

2. 多挡位自动变速器是重型越野车的发展趋势，AMT 是多挡化发展的较好选择

重型越野车所配备的自动变速器已从 4AT 发展到 7AT，受限于大功率 AT 的技术复杂度，目前单一 AT 的最高挡位基本只能实现 7 挡。若想通过挡位增加提高重型越野车辆的技术水平，AMT 是较好的选择。

（1）12 挡或 16 挡 AMT 产品已相当成熟，并在重型卡车得到广泛应用；而从乘用车 4AT 到 10AT 的发展历程来看，大功率 AT 若由 7 挡到 12 挡甚至到 10 挡都需要多年的发展。

（2）Stryker ICV、Pandur Ⅱ 通过增加 2 挡变速器实现 12 挡自动变速，不仅变速器总成质量大、体积大，且控制更为复杂，需要两套自动变速系统；而集成型的 12 挡 AMT 结构简单，Paccar 公司推出的 12 挡 AMT 只有 657 lb（1 lb≈0.454 kg）。

（3）6AT +2 挡变速器的匹配形式很难达到理想的传动比，6AT 本身是一个独立的产品，传动比设计时充分考虑车辆性能，额外增加 2 挡变速器，很难保证车辆的最佳性能；而 12/16 挡 AMT 各个传动比统一设计，能实现更好的车辆性能。

AMT 技术虽然没有在重型越野车上得到应用，但已开始装配于其他军用车辆。由德国 MAN 公司研制的军用卡车 HX 系列和 SX 系列，均配备 12 挡 TipMatic AMT，该变速器源自 ZF 公司的 AS Tronic 机械式自动变速器。HX 系列为全驱卡车，是具有完美越野能力的补给车，该车技术源于民用卡车 TGA 系列，充分发挥了民用卡车的经济性，也是最耐用的，设计寿命为 20 年。该系列包含4×4、6×6和8×8不同车型，可满足货运、兵运等不同需求，最大载重为120 t。MAN公司于2012年推出HX2系列，该系列中增加了10×10车型。SX系列是HX系列的强化系列，有6×6和8×8不同车型，具有更强的越野性能，使用寿命可达30年。图1.5所示为HX系列和SX系列军用车辆的基本性能参数。

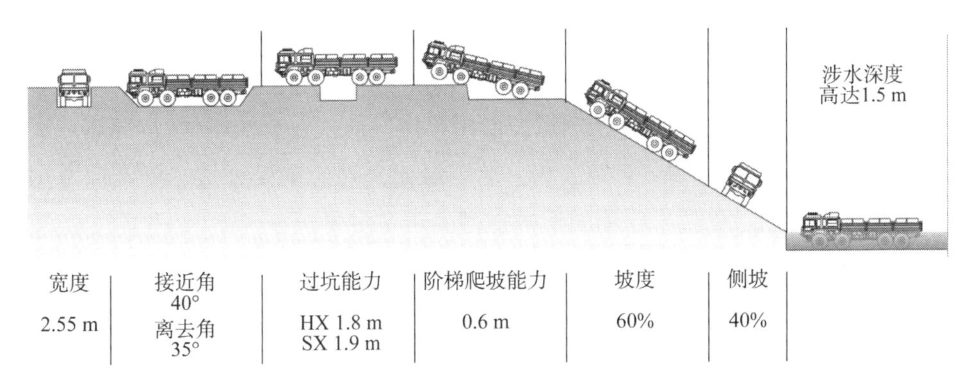


图1.5　HX系列和SX系列军用车辆的基本性能参数

对比8×8重型越野车辆性能参数可知，该系列卡车可基本达到8×8重型越野车辆性能指标，具有良好的机动性和动力性。HX系列和SX系列军用车辆优越的动力性与经济性，使其得到欧洲各国的认可，除了德国军队外，英国、澳大利亚、挪威、瑞典、奥地利、丹麦、意大利等国家都引进了相关产品。图1.6所示为HX和SX军用运输车辆。

图1.6　HX和SX军用运输车辆

需要指出的是，HX系列军用车辆技术源于民用卡车TGA系列，是军民融合的成功代表，该产品的成功，必将促进民用技术在军用车辆上的应用。考虑到欧洲重型卡车AMT技术的先进性以及排放标准的提高，AMT技术将会出现于更多的军用汽车品牌。

### 1.2.2 国外中重型商用车辆自动变速器和发动机技术发展现状及趋势

国外中重型商用车配备的发动机主要是涡轮增压柴油机，变速器主要分为 MT、AT 和 AMT，且自动变速器的市场占有率正逐年增长。欧洲和北美对 AMT 与 AT 有着不同的青睐。

1. 欧洲重型商用车辆自动变速器发展现状

欧洲重型商用车配备的自动变速器以 AMT 为主，目前 AMT 在中重型商用车的占有率已超过 60%。欧洲重型商用车供应商主要有沃尔沃（Volvo）集团、MAN 集团、戴姆勒 - 奔驰公司、斯堪尼亚公司、雷诺公司、依维柯商用车集团等。目前，上述供应商生产的重型商用车主要配备 AMT 变速器。

德国 ZF 公司是 AMT 技术的佼佼者，其产品在全世界范围内得到广泛应用。ZF 公司早在 1997 年就批量生产了 AS - Tronic 1 系列的 16 挡 AMT 变速器，该产品目前仍被广泛采用，2005 年该公司又推出了采用智能换挡程序的 AS - Tronic 2 系列、AS - Tronic mid 系列和 AS - Tronic lite 系列。其中 AS - Tronic 2 系列及 AS - Tronic mid 系列采用电控气压操纵方案，具有 12 个前进挡，前者输入扭矩范围 1 600 ~ 3 100 N · m，适用于重型车辆，后者输入扭矩范围800 ~ 1 600 N · m，适用于中型车辆，AS - Tronic lite 系列采用电控液压操纵方案，具有 6 个前进挡，输入扭矩范围 500 ~ 1 050 N · m，适用于轻型车辆。近几年又推出新一代 AMT 产品 TraXon，与 AS - Tronic 系列相比，该 TraXon AMT 重量更轻、传动比范围更广、更加智能。该变速器可传递的扭矩高达3 400 N · m，有 12 挡和 16 挡两种型号，12 挡的最大扭矩 - 质量比可达 12. 83 N · m/kg，16 挡的传动比范围为 1 ~ 16. 69，产品设计的使用寿命为 160 万千米，并配备 PreVision GPS（全球定位系统），拥有更加智能的控制策略。该 AMT 已成为 ZF 公司向中重型车辆的主要供应产品。MAN 公司使用的 TipMatic AMT 变速器，源自 ZF 公司的 AS - Tronic 变速器。

瑞典 Volvo 公司的 I - Shift 变速器也是比较有代表性的 AMT 产品。Volvo 公司 20 世纪 90 年代开始研究 AMT 产品，推出的 I - Shift 第一代产品于 2001 年装配于卡车和公交车上，至今已经过多轮产品提升，该公司推出的最新一代 I - Shift 系统硬件和软件都有很大的升级，中间轴制动器的改进使得换挡更加平顺、迅速；电控系统控制策略的改进也提高了对负载和道路环境的适应性；离合器的耐久性和扭振抑制能力也得到提升，可与D11和D13发动机更好地匹配。新一代的I-Shift系统不仅油耗低，而且具有更好的耐久性、降噪减震性，有助于延长变速器使用寿命。需要指出的是新一代I-Shift与I-See智能巡航控制相结合，使车辆更加节能、智能。新一代I-Shift已于2017年开始装车，并成为Volvo公司的主要供应AMT产品。

德国Mercedes-Benz公司的Powershift变速器是另一代表性的AMT产品。Mercedes-Benz公司经过30多年的研究，已成功推出多款Powershift系列产品，并装配于各型号卡车。当前使用的是第三代Powershift产品，可实现8挡、12挡和16挡，主要产品型号有G 140-8、G 211-12、G 230-12、G 280-16、G 281-12、G 330-12等。第三代Powershift变速器没有同步器，通过主动调速，实现无同步器换挡。该变速器具有慢行（maneuvering）、动力性（power）、经济性（ecoroll）和应急（rocking free）等模式，可满足不同驾驶需求。图1.7所示为欧洲中重型车辆代表性AMT产品。

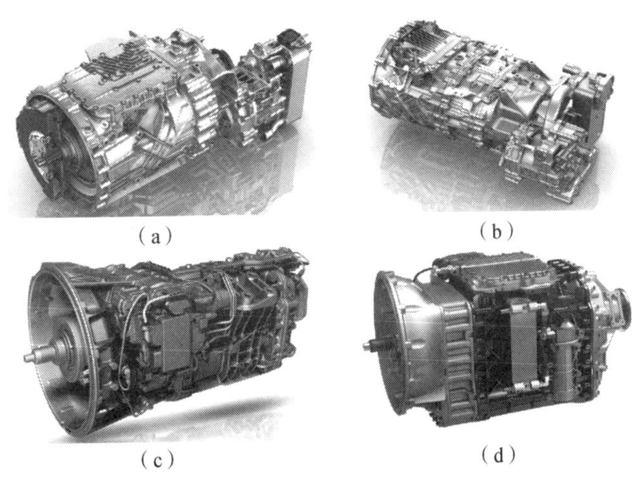

（a） （b） （c） （d）

**图1.7 欧洲中重型车辆代表性AMT产品**

（a）TraXon；（b）As Tronic；（c）Powershift；（d）I-Shift

随着欧洲排放标准的提高以及AMT技术的广泛应用，不难得出，AMT将继续主导欧洲中重型商用车市场，并且市场份额会不断扩大。

2. 北美重型商用车辆自动变速器发展现状

与欧洲不同，北美更青睐于自动变速器，特别是AT，北美中重型商用车多配备Allison公司的3000系列、4000系列大功率液力自动变速器。近年来，

AMT 在北美中重型商用车的占比逐年快速增长，北美中重型商用车已由 AT 主导逐渐向 AT、AMT 并驾齐驱转变。北美货运效率委员会（North American Council for Freight Efficiency，NACFE）对北美货运市场进行调查统计，于 2014 年给出的一份关于重型车辆变速器的报告 *Confidence Report：Electronically Controlled Transmissions* 中指出：相比于手动变速器，AMT 可降低 1% ~3% 的油耗，每辆卡车按每年平均 120 000 mi（1 mi≈1. 609 3 km），每 mi 油耗 0. 65 美元计算，每年可节省 2 300 美元。每 gal（1 gal≈3. 785 L）柴油会释放 22. 38 lb 的 $CO_2$，如果按 4 美元/gal 的油价计算，每台卡车每年可以减少 13 000 lb 的温室气体。该报告显示北美中重型商用车市场已打破 AT 的垄断，走向 AT、AMT 共存局面，而且 AMT 市场前景广阔。

（1）北美四大变速器供应商：Allison、Daimler、Eaton、Volvo 中的后三家都已推出 AMT 相关产品，并装配于中重型商用车。例如 Daimler 公司的 DT12 系列（如型号 DT12OA、DT12DA、DT12OB、DT12DB 等）、Eaton 公司的 Ultrashift 系列（如型号 MHP、MXP、LAS 等）、Volvo 公司的 I - Shift 系列（如型号 AT2612D、ATO2612D、ATO3112D 等）。图 1. 8 所示为 Eaton 公司的 AMT 产品研发历程，Eaton 公司经过 30 多年的研究，实现了 AMT 产品的多轮更新换代，其软硬件水平已达到北美甚至全球领先水平。

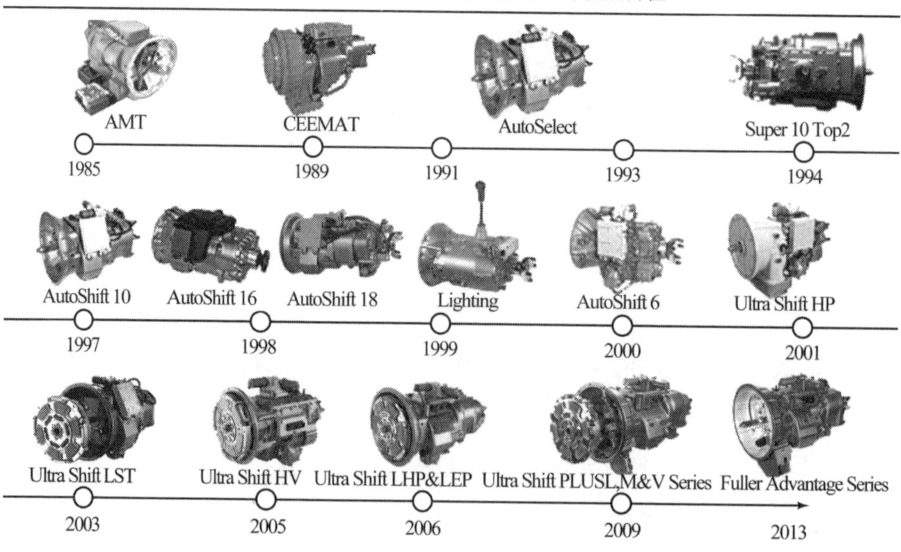


**图 1. 8 Eaton 公司的 AMT 产品研发历程**

（2）北美中重型卡车制造商也纷纷出台相应政策，增加AMT产品的配备比例。Kenworth公司已与Eaton公司合作，并指出AMT产品的配备比例为20%～25%，在未来几年内将增加至30%～50%；北美最大的卡车制造商Paccar公司于2017年推出一款自主AMT产品“Paccar Automated Transmission”，该变速器为12挡，于2018年装配在Kenworth T680型重型卡车上；Navistar公司长期以来一直与Allison合作，装配AT变速器，近年来也开始与Eaton公司合作，投产装配AMT的卡车；Volvo北美分部在2014年的报告中指出，I-Shift变速器在新产品中的占比达到70%，Mack公司也指出旗下卡车的mDRIVE配备率已超过40%，并于2016年3月推出新一代mDRIVE AMT，包含13挡和14挡两种型号。图1.9所示为Volvo公司和Mack公司卡车的AMT配备比例，表1.3给出了北美重型卡车（8级）动力系统的主要供应商。

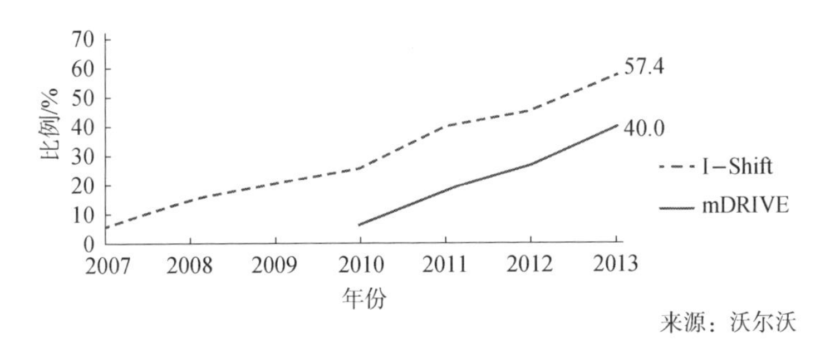


**图1.9 Volvo公司和Mack公司卡车的AMT配备比例（见彩插）**

**表1.3 北美重型卡车（8级）动力系统的主要供应商**

| 卡车制造商 | 发动机供应商 | 变速器供应商 |
|---|---|---|
| Freightliner & Western Star | Detroit | Detroit（DT12 AMT） |
| Freightliner & Western Star | Cummins | Eaton（AMT） |
| Volvo | Volvo | Volvo（I-Shift AMT） |
| Volvo | Cummins | Eaton（AMT） |
| Mack | Mack | Mack（mDRIVE AMT） |

续表

| 卡车制造商 | 发动机供应商 | 变速器供应商 |
|---|---|---|
| International | Cummins | Eaton（AMT） |
| International | MaxxForce | Allison（AT） |
| International | MaxxForce | Eaton（AMT） |
| Peterbilt & Kenworth | Paccar | Eaton（AMT） |
| Peterbilt & Kenworth | Cummins | Eaton（AMT） |

表1.3中所示变速器供应商，除了Allison（TC10）的为AT产品，其他均为AMT产品。由此可见，AMT在北美中重型车辆的市场份额将会持续增加。从发动机供应商来看，Cummins是北美最大的发动机供应商，已与Eaton公司建立长期合作关系，该公司于2017年首届亚特兰大“北美商用车展”上推出了新一代中重型商用车动力传动系统，该系统配备康明斯发动机和Eaton的AMT变速器，如图1.10所示。

**图1.10 Cummins新一代中重型商用车动力传动系统**

（3）AMT高效节油的优点，可有效降低运输成本。NACFE的报告指出，装配AMT变速箱的重型商用车，平均每台车每年可节省2 300美元的成本，减少5.8 t温室气体。Navistar公司也表示，装配AMT变速箱可增加3 000～5 000美元的利润。图1.11所示为Detroit DT12 AMT与手动变速器的油耗对比曲线。对比显示，装配自动变速器的车辆能帮驾驶员提高驾驶车辆的平均燃油经济性。

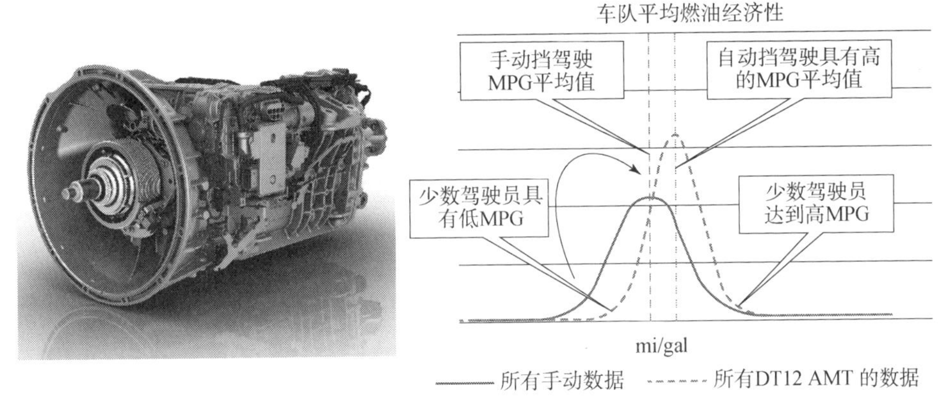


**图 1.11 Detroit DT12 AMT 与手动变速器的油耗对比曲线（见彩插）**

（4）AMT 多挡位使其在中重型商用车中更具优势。中重型商用车为得到良好的动力性、经济性，需要配备多挡位变速器。从技术角度来讲，国外大功率 AT 的最高挡位基本是 7 挡，而 AMT 可达到 16 挡甚至更高挡位。北美重型卡车配备的 Allison TC10 变速器，并非传统意义的 AT，应属于复合型 AT，其结构形式如图 1.12 所示，有液力变矩器、定轴式变速器（图中的 MT 的三轴结构）和行星齿轮机构（图中的 AT 的行星齿轮机构）。为保证良好的经济性，液力变矩器只在起步和低速时使用。

**图 1.12 Allison 的 TC10 变速器结构形式**

综上所述，AMT 在北美中重型商用车的渗透率正在快速增长，已经打破 AT 在北美中重型商用车自动变速器市场一家独大的局面。AMT 良好的发展前景和快速增长趋势，很有可能在未来成为中重型商用车的首选。民用车辆的发展往往会影响军用车辆的发展方向，AMT 在北美中重型商用车具有良好的发展现状和前景，很有可能被用于军用车辆。

### 1.2.3 国外自动变速器的发展趋势

1. AT、AMT、CVT、DCT 竞相发展，百花齐放

全球自动变速器市场份额将会持续增长，AT、CVT、DCT 和 AMT 会凭借其各自优势，继续稳定发展：AT 技术成熟，仍将占据自动变速器市场的主导地位；CVT 和 DCT 会继续扩大乘用车市场的份额；AMT 在中重型商用车市场的占比会持续快速增长，有望超越 AT，成为中重型商用车的主流变速器，AMT 车辆也会在新能源、乘用车等领域得到更多的应用。Mercedes - AMG 推出的新一代插电混动跑车 Project One 于 2019 年上市，预产 275 台已全部售罄。该车配备 1.6 L V6 缸内直喷发动机和 8 速 SpeedShift AMT 系统，最高车速为 350 km/h，0 ~ 200 km/h 的加速时间为 6 s；英国 Xtrac 公司推出一款新型变速器 “Hybridized Automated Manual”，该变速器是为混合动力车辆设计的一款 7 挡手自一体变速器，传动比可实现 6 : 1。该变速器计划 2020 年上市，装配于超级跑车和豪华轿车，以满足严格的燃油经济性和排放法规。图 1.13 所示为 AMT 在混合动力车辆的应用。

（a）

（b）

**图 1.13 AMT 在混合动力车辆的应用**

（a）Project One 动力传动系统实物图；（b）Xtrac 公司变速器

2. 自动变速技术的不断提升

当前的自动变速技术还有许多需要提升的地方，如多挡化、轻量化。乘

用车用的 AT 当前已经发展到 10AT，而大功率 AT 还基本维持在 7 挡的水平，AMT 产品的挡位可实现 16 挡，对此 AT、DCT 还有很大的提升空间，美国 Ford 公司、日本 Honda 公司都已开始研究 11 挡 AT 变速器。Paccar 公司推出的自主 AMT 产品“Paccar Automated Transmission”，质量只有 657 lb，比 Eaton 的 Advantage AMT 轻近 200 lb，各 AMT 相关企业正通过轻量化设计优化和提升现有产品。针对 AMT 动力中断问题，英国 Zeroshift 公司推出的新型 AMT，采用牙嵌式离合器来替代传统 AMT 中的同步器组件，其换挡原理类似于两个超越离合器交替工作。换挡时，高挡位“Zeroshift Ring”进入工作状态，对应的低挡位“Zeroshift Ring”在分离斜面的相互作用力下，自动脱开，实现直接换挡，提高了 AMT 的动力性能。图 1.14 所示为 AMT 产品技术的提升。

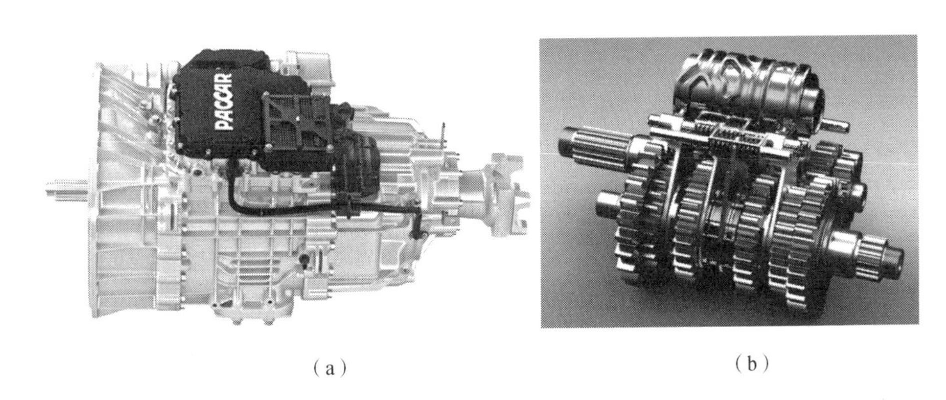


（a） （b）

**图 1.14 AMT 产品技术的提升**

（a）Paccar 公司的 AMT 变速器；（b）Zeroshift AMT 变速器

3. 新型自动变速技术的出现与发展

AT、AMT、CVT 和 DCT 各自结构与工作原理不同，也具有不同的优缺点，但并不是独立的，应该各自取长补短，提高自动变速器产品的性能。大功率、多挡位的 AT（如 10 挡）虽没有出现，但 Allison 公司推出的 TC10 变速器可用于重型卡车（图 1.12）。德国 ZF 公司为插电式混合动力车辆提供了一款新型 8 挡机械式自动变速器，该变速器与传统 AMT 不同，采用离合器 + 行星齿轮机构组成，如图 1.15 所示。

**图 1.15 ZF 的 8 挡机械式自动变速器**

混合动力、纯电动车辆等的发展，将会带动自动变速器进行新一轮的提升，更多的自动变速器类型将会出现。AMT 因其操控系统结构的不同，有电控液动、电控气动、电控电动形式，电控电动 AMT 将会成为混合动力、纯电动车辆的最佳选择，虽然混合动力、纯电动车辆出现一些新型变速器，但 AMT 的自动控制技术仍可移植使用。

4. 自动变速技术的智能化发展

智能化是车辆未来发展的一大方向，ZF、Volvo、Detroit、Paccar 等推出的新一代 AMT 产品，都配备有 GPS 系统，提升了动力传动系统的智能化水平。车辆可通过 GPS 系统实时定位，选择合适的行驶模式和挡位，以改善车辆燃油经济性。戴姆勒北美于 2017 年推出了新一代 DT12 机械式自动变速器（图 1.11）的智能动力传动系统，该系统包含一套智能动力管理（intelligent powertrain management，IPM），它可以根据地形、地图信息获取前方道路情况，以此调控发动机和变速器，实现加速、换挡、滑行（coast）、制动等操控，以提升车辆的经济性、动力性。该系统还具有巡航控制功能，可实现全速范围内巡航控制，并设有慢行模式，可满足低速慢行的使用要求。Detroit™ 认为该智能动力传动系统是新一代动力传动系统的研究方向。图 1.16 所示为 Volvo I - Shift 配备的“I - See”智能巡航控制系统。

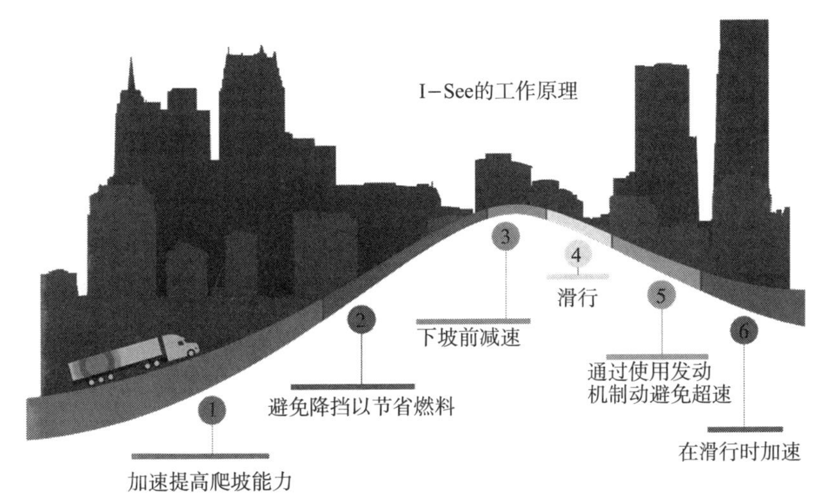


图 1.16 Volvo I-Shift 配备的“I-See”智能巡航控制系统

# 1.3 国内发展现状

## 1.3.1 国内乘用车自动变速器发展情况及趋势

国内乘用车自动变速器的技术和应用要落后于欧美发达国家。图 1.17 所示为国内自动变速器在乘用车上的装配情况，由图可见，2017 年，国内乘用车自动变速器的装配比例刚刚超过 50%，并呈现快速增长趋势。

虽然国内乘用车自动变速器的市场正快速增长，但主要依赖于进口。中国欧洲经济技术合作协会副会长、自主汽车分会会长李庆文在首届“龙蟠杯”2016 中国汽车十佳变速器评选启动新闻发布会上指出：“中国的汽车工业的当下最薄弱的部分是变速器，特别是自动变速器。”2015 年，我国乘用车年销量已经突破 2 100 万辆，但装配自主自动变速器的车辆年配套量不足 5%。

## 1.3.2 国内中重型车辆自动变速器发展现状及技术先进企业对比

相比国内乘用车市场，中重型车辆配备自动变速器的比例更低，国内重型商用车主要配备手动变速器，少数配备 AMT 自动变速器，有着很大的提升空间。

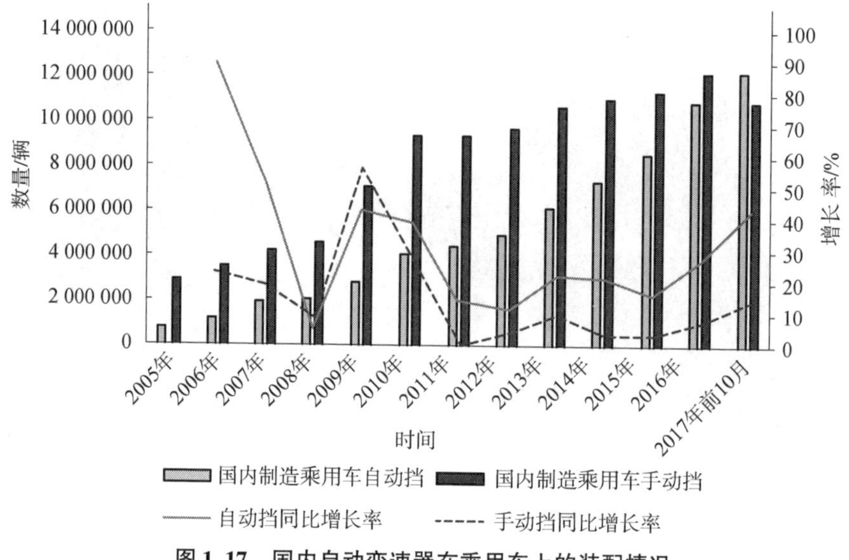


**图 1.17 国内自动变速器在乘用车上的装配情况**

1. 国内大功率 AT 研究发展现状

目前，国内从事大功率液力机械自动变速器技术研究的高校有北京理工大学、哈尔滨工业大学、同济大学和吉林大学等；中国北方车辆研究所、中国兵器内蒙古第一机械集团有限公司、陕西法士特汽车传动集团公司、贵州凯星液力传动机械有限公司、中国三江航天工业集团特种车辆技术中心等企业和研究所。

贵州凯星液力传动机械有限公司通过逆向设计和自主创新，开发的大功率液力变速器产品功率范围覆盖 200 ~ 3 000 hp（1 hp = 735.499 W），广泛应用于煤层气和油气田开采装备、工程机械及矿用车辆、轨道交通等领域。

中国三江航天工业集团特种车辆技术中心采用引进、消化吸收和再创新的方式，与相关单位共同攻关，进行 6 速大功率 AT 国产化研究并掌握相关技术，历时 3 年于 2012 年成功研制出我国首台 500 hp 大功率 AT，并初步形成了国产化配套体系。

陕西法士特汽车传动集团公司（以下简称“法士特”）与美国卡特共同出资成立西安双特公司，推出 FC 系列 6 速大功率 AT，可广泛匹配 600 ~ 3 000 N · m扭矩范围的工程机械、重型卡车、豪华客车和特种车辆等；同时，在国家高技术研究发展计划（简称“863”计划）的资助下，通过校企合作的形式，在“大功率动力总成”项目范畴内积极开展大功率AT国产化技术研究。

总体来看，国内大功率AT还处于研发阶段，在重型商用车上也未能应用。

2. 国内AMT研究发展现状

我国对AMT的研究发展始于20世纪80年代中期，“八五”期间，“电控机械式自动变速器”被列为国家火炬预备计划。“九五”期间，AMT的研究开发被列为国家“九五”科技攻关项目。从2006年开始，AMT技术作为现代交通技术领域“汽车开发先进技术”重点项目课题被列入国家“863计划”，对AMT电控系统软、硬件开发和控制策略研究，智能换挡规律和执行机构快速响应控制技术研究，AMT与动力系统的综合控制技术研究和整车动力传动系统匹配标定技术研究，故障诊断技术研究和故障诊断软、硬件开发以及AMT安全性、可靠性、电磁兼容性、产品一致性研究进行扶植和支持；而在2009年及2010年初出台的《汽车产业调整振兴规划》、中华人民共和国工业和信息化部发布的《汽车产业技术进步和技术改造投资方向（2010年）》中也都明确提出要发展AMT技术，鼓励企业开发AMT产品，重点支持、鼓励企业研发商用车AMT。

我国对重型商用车进行研究的机构主要包括科研院校、重型汽车变速箱厂家以及重型汽车整车厂。国内科研高校如北京理工大学、清华大学、吉林大学、上海交通大学、同济大学、重庆大学等，都对AMT技术进行了多年的研究。重型汽车生产厂家是AMT产品研发的主体，在AMT产品研发方面取得领先的有中国重汽集团、法士特、中国第一汽车集团有限公司（以下简称“一汽集团”）及东风汽车集团有限公司等。

一汽集团自2001年起便开始着手产品的研发，最初是进行公交车AMT的研发，随着研发的推进，轿车和卡车AMT也依次立项，经过产品研发以及样机制造、试验、标定，于2008年进入产品化阶段。2012年12月，一汽集团J6的AMT车型以及新大威的AMT车型正式亮相。2015年搭载AMT手自一体变速器的J6领航版重型卡车正式投放市场，该车配备锡柴CA6DM2－46E4发动机，最大输出功率为460 hp，当发动机在1 100～1 400 rpm下实现最大输出扭矩2 100 N·m。搭载的CA12TAX210A1手自一体变速器机械部分采用主副箱，双中间轴结构，最大输出扭矩为2 100 N·m，传动比范围为0.783～12.158。

2017 年底展示了“领航版 AMT”车型，AMT 变速器采用全铝合金壳体。

法士特早在 2006 年 12 月到 2008 年 12 月，就开展了国家“863 计划”——重型汽车机械自动变速器（2 000 N·m）课题研究，并于 2010 年 1 月通过了由中华人民共和国科学技术部组织的专家技术验收。法士特针对国内 AMT 产品需求开发的 F·Shift 系列电控机械式自动变速器产品，经过大量的匹配、标定和测试，不断改进与升级，通过 200 多万千米的高温、高寒、高原山区和平原等各种工况测试，同时经过物流车队的长期运行，充分验证了各项功能和产品可靠性，完全符合产品化要求。目前，法士特系列 AMT 已有 10 挡、12 挡、16 挡等多种挡位产品，分为卡车、客车和工程机械三个系列产品，扭矩范围从 1 000 N·m 到 2 400 N·m。图 1.18 所示为一汽集团和法士特的 AMT 产品。

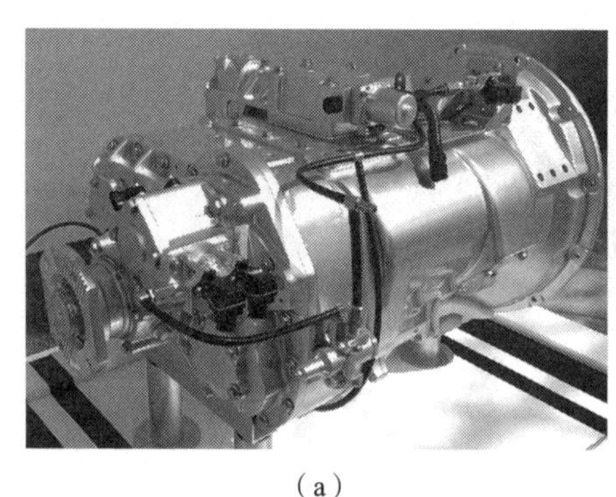

（a）

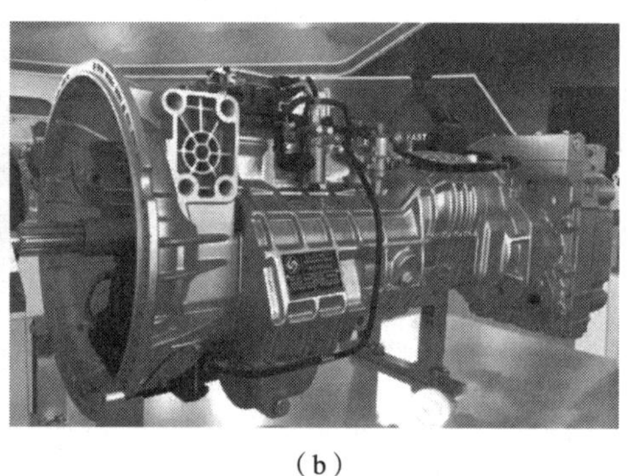

（b）

**图 1.18 一汽集团和法士特的 AMT 产品**

（a）一汽集团的 AMT 产品；（b）法士特的 AMT 产品

中国重汽集团与德国 WABCO 公司联合开发了一种商用车 AMT（Smart Shift）产品，2008 年应用于中国重汽集团的 HOWO A7 型商用车上。Smart Shift 由 16 挡手动机械变速器改进，采用了电控气动式换挡控制系统。图 1.19 所示为中国重汽集团与德国 WABCO 公司研发的 AMT 产品。

北京理工大学于 20 世纪 80 年代开始展开 AMT 技术研究及产品开发，经过 30 多年的研究，已经掌握了 AMT 软硬件核心技术，并推出了多款 AMT 产品。其包含电控液动、电控气动、电控电动 AMT 产品，已应用于重型商用车、电动大巴、电动环卫车等多种类型。图 1.20 所示为装配北京理工大学 AMT 产品的代表车型。

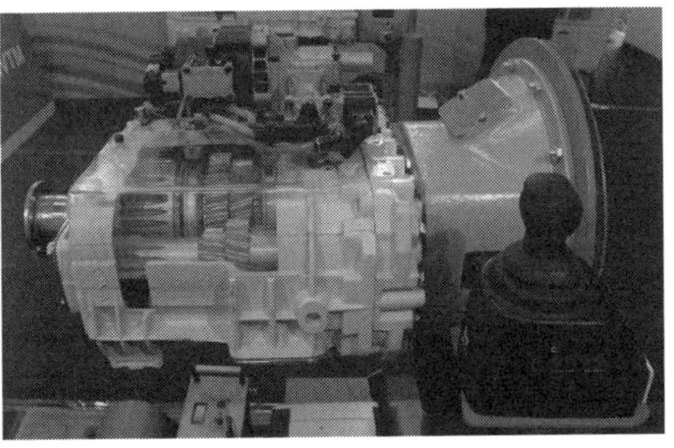

图 1.19　中国重汽集团与德国 WABCO 公司研发的 AMT 产品

图 1.20　装配北京理工大学 AMT 产品的代表车型

## 1.4　本书主要内容

本书将基于 AMT 重型车辆的自动变速操控系统，介绍其关键技术，包括总体设计、换挡规律、换挡动力学分析及自动控制、起步特性分析及控制、坡道起步控制、慢行巡航和起 - 停慢行巡航控制、故障检测和诊断技术等内容。

# 第2章　重型车辆换挡特性及AMT关键技术

## 2.1　车辆性能

评价车辆的性能，可以从不同的角度出发，如动力性、经济性、制动性、平顺性等多方面。这里介绍与自动换挡操纵密切相关的三方面性能，即车辆动力性、车辆燃油经济性和车辆舒适性。

### 2.1.1　车辆动力性

车辆动力性是指在良好路面上直线行驶时由车辆受到的外力决定的、所能达到的平均行驶速度。

一般从三个方面评价车辆的动力性，即最高车速、最大爬坡度和加速时间。

1. 最高车速

最高车速是指车辆在水平良好的直线道路（混凝土路或柏油路）上所能达到的最高行驶稳定车速。

2. 最大爬坡度

最大爬坡度以满载、良好路面上的坡度来表示，一般换算为百分数。对于重型车辆来说，进行最大爬坡度试验时，需要在同一坡度上，同时对通过坡和坡道起步进行试验。

3. 加速时间

车辆的加速时间表示车辆的加速能力，对平均行驶车速有着很大的影响。根据《汽车加速性能试验方法》（GB/T 12534—2009）的规定，常用全油门起步加速和全油门超越加速两个试验来考核加速时间。

## 2.1.2　车辆燃油经济性

燃油消耗是决定机动车效率的一个重要因素。车辆的燃油经济性，是指一定运行工况下，车辆行驶百千米的燃油消耗量或一定燃油量能使车辆行驶的里程。读者可参考《重型商用车辆燃料消耗量测量方法》（GB/T 27840—2011）。

## 2.1.3　车辆舒适性

由于动力传动系统是多转动惯量系统，起步、换挡过程不可能瞬时完成，所以，对机械式变速器在其传动比变化及离合器接合过程中都会有不同程度的冲击。冲击严重时，不但会影响乘坐舒适性，而且会增加传动系统的动载荷，缩短其使用寿命。为了深入研究起步、换挡过程，首先需要确定起步及换挡品质的含义及其评价指标。

无论是起步还是换挡，常用的过程品质评价指标是滑摩功和冲击度。

（1）滑摩功。离合器接合过程中的滑摩功主要产生于滑摩阶段。滑摩功 $W$ 计算式如公式（2.1）所示：

$$W = \int_{0}^{t_1} T_c(t) \cdot \omega_e(t) \cdot dt + \int_{t_1}^{t_2} T_c(t) \cdot [\omega_e(t) - \omega_1(t)] \cdot dt \qquad (2.1)$$

式中，$T_c(t)$ 为离合器传递的扭矩，N · m；$0 \sim t_1$ 为离合器从开始滑摩到达到半接合点（车辆开始运动的时刻）位置时所对应的时间段，s；$t_1 \sim t_2$ 为离合器从半接合点位置到停止滑摩所对应的时间段，s；$\omega_e$，$\omega_1$ 为离合器主、被动轴角速度，rad/s；$W$ 为滑摩功，J。

离合器在接合过程中，主动元件与被动元件经历由转速不等到转速一致的滑摩过程。滑摩产生的热量使压盘和飞轮元件温度升高，加剧摩擦片的磨损，缩短离合器的使用寿命。因此在离合器接合过程中，应力求做到滑摩功最小。

（2）冲击度。冲击度是指车辆纵向加速度的变化率。作为客观评价起步、换挡过程平稳性的评价指标，其数学表达式为

$$j = \frac{\mathrm{d}a}{\mathrm{d}t} = \frac{\mathrm{d}^2 v}{\mathrm{d}t^2} \tag{2.2}$$

式中，$j$ 为冲击度；$v$，$a$ 为车身行驶的速度、加速度。

车辆在平直良好路面起步过程中，忽略风阻、坡道阻力及滚动阻力，则车辆动力学平衡方程式如下：

$$\eta \frac{i_g i_o}{r} T_c(t) = \delta m \frac{\mathrm{d}v}{\mathrm{d}t} \tag{2.3}$$

式中，$r$ 为车轮半径，m；$\delta$ 为汽车旋转质量换算系数；$m$ 为汽车质量，kg；$\eta$ 为传动效率；$i_g$ 为变速器传动比；$i_o$ 为主减速器和轮边减速器的总传动比。

将式（2.3）代入式（2.2）中，推导：

$$j = \frac{\mathrm{d}^2 v}{\mathrm{d}t^2} = \frac{1}{\delta m} \cdot \eta \frac{i_g i_o}{r} \cdot \frac{\mathrm{d}T_c(t)}{\mathrm{d}t} = k_g \frac{\mathrm{d}T_c(t)}{\mathrm{d}t} \tag{2.4}$$

式中，

$$k_g = \eta \cdot \frac{1}{\delta m} \cdot \frac{i_g i_o}{r} \tag{2.5}$$

式（2.4）表明，起步过程中的车辆换挡冲击度是由离合器传递扭矩的变化率决定的，而离合器传递扭矩的变化率则是由离合器的接合速度决定的，故离合器的接合速度间接决定了车辆起步过程中的换挡冲击度。

冲击度的概念，是与起步、换挡的主观评价方法相对应而提出的。冲击度的实测值经过频率修正后，可以很好地与主观评定的感觉相一致。为了把因道路条件引起的高度方向弹跳和颠簸加速度的影响以及驾驶员等影响排除在外，应该选择车辆重心处的加速度作为计算冲击度所用的加速度大小。而在研究乘员对车辆起步、换挡品质的感受程度时，可以根据具体研究情况选择加速度的测量位置。

## 2.2 被研究重型越野车辆基本参数

本书以某型重型越野车辆作为试验车辆，该车型的动力系统采用 BF6M1015 型柴油发动机，变速器为基于 5S－111GP 型改进的 9 挡机械变速

器。表 2.1 所示为整车主要总成机构及相关参数。

**表 2.1　整车主要总成机构及相关参数**

| 车型 | 某型重型越野车辆 |
| --- | --- |
| 发动机 | BF6M1015，220 kW/2 100 r·min$^{-1}$ |
| 离合器 | 双盘干式离合器 |
| 离合器操纵方式 | 气压助力式液压操纵 |
| 变速器 | 基于 5S-111GP 型改进的 9 挡机械变速器，最大输入扭矩 2 000 N·m/1 300 r·min$^{-1}$，传动比 1.0~13.1 |
| 整车质量/kg | ≤23 000 |
| 最高行驶速度/(km·h$^{-1}$) | ≥100 |

## 2.3　动力传动系统建模及换挡操纵特性分析

车辆行驶中的换挡特性是指与车辆换挡操纵有关参数的变化规律，对于手动换挡车辆来说，包括油门操纵、离合器操纵、换挡力、换挡行程、换挡时间及换挡点等参数。换挡基本过程是收油门→分离离合器→挂挡→接合离合器→加油，是发动机、离合器、变速器联合操纵的过程。本书通过分析其换挡过程中各部件的运动状态，为设计最佳的控制方法提供支撑。

重型车辆不但要求具有较好的通过性，可以在复杂越野路面上行驶，还要具备在高速公路高速行驶的能力，因此需要其动力传动系统既能输出高的驱动扭矩，又能提供足够的输出转速，在需要匹配合适功率的发动机的同时，还需要传动系统能够覆盖较宽的传动比范围。

### 2.3.1　发动机建模

该动力传动系统中，发动机为电控柴油发动机，该发动机采用全程调速特性，可以提高发动机对道路的适应性，其万有特性曲线如图 2.1 所示。

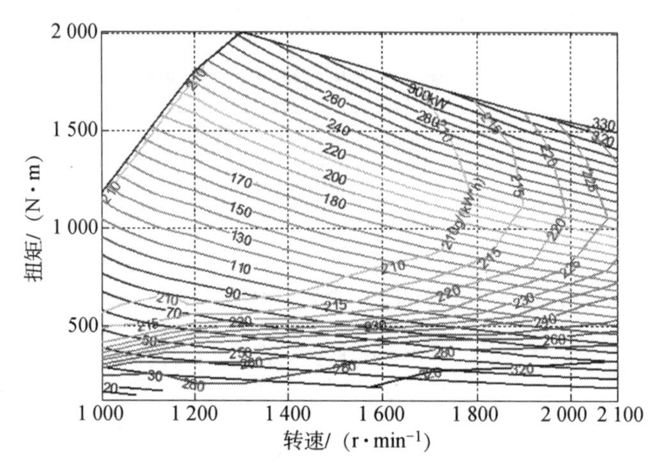


**图 2.1　柴油发动机的万有特性曲线**

在车辆变速操纵过程的研究中，发动机的高频振动被忽略，故可将发动机曲轴作为一个旋转的刚体。发动机输出扭矩 $T_e$ 是传动系统的主要影响参数，可被描述为油门开度 $\alpha$ 和发动机转动角速度 $\omega_e$ 的相关函数：

$$T_e = T_e(\alpha,\ \omega_e) \tag{2.6}$$

发动机的动力学平衡方程式如下：

$$I_e \frac{d\omega_e}{dt} = T_e(\alpha,\ \omega_e) - T_c \tag{2.7}$$

式中，$T_e$ 为发动机输出扭矩，N · m；$T_c$ 为离合器传递扭矩，N · m；$I_e$ 为飞轮、活塞及离合器主动部分等换算到曲轴上的转动惯量，kg · $m^2$。

该车辆所用发动机速度特性曲线如图 2.2 所示，转速在 1 300 r/min 时，发动机输出最高扭矩 2 000 N · m。利用式（2.6）和式（2.7），通过对油门开度、发动机的转速及其变化率的检测，就可以推断离合器传递给发动机的负载扭矩情况，这对于变速操纵过程控制具有重要的意义。

同时，如图 2.3 所示，发动机油门全开时，1 300 r/min 以上的转速范围是起步过程中发动机可以稳定工作的区域，随着离合器传递扭矩逐渐增加，当发动机转速逐渐降低至 1 300 r/min 以下时，说明离合器传递的负载扭矩已经超过发动机的最大输出扭矩，如果不减小离合器传递给发动机的负载扭矩，则发动机转速会持续下降直至发动机被憋熄火，这在变速操纵过程中是要尽量避免的。

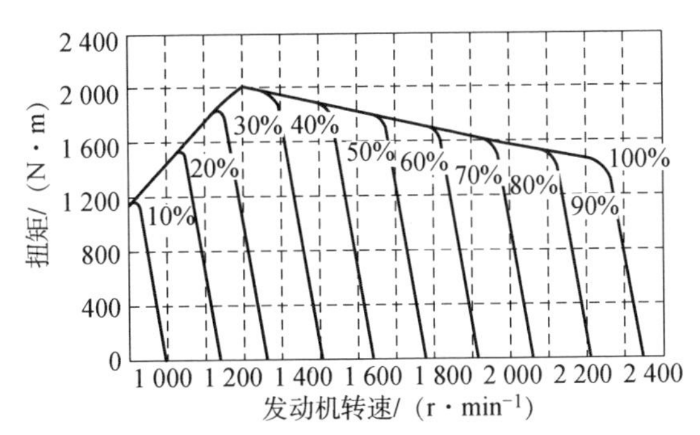


**图 2.2　发动机速度特性曲线**

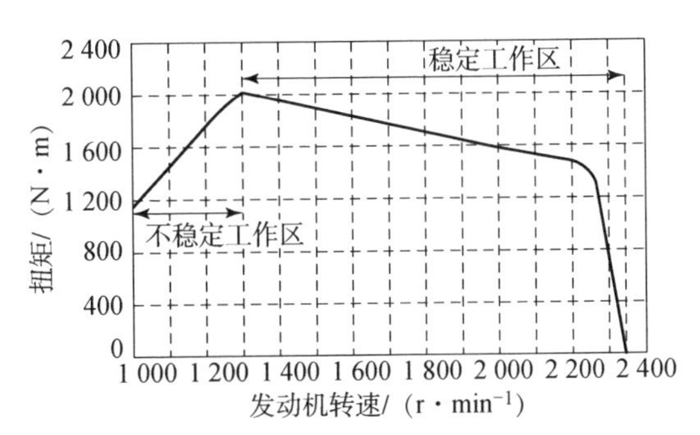


**图 2.3　发动机外特性曲线**

### 2.3.2　离合器工作特性分析

对于摩擦离合器，离合器摩擦片传递的扭矩与离合器摩擦片的等效摩擦半径、摩擦工作面数、摩擦系数、离合器压紧力等有关，其计算公式如下：

$$T_c = \mu r_c F_c Z \tag{2.8}$$

式中，$\mu$ 为离合器摩擦片摩擦系数；$F_c$ 为离合器压紧力，N；$r_c$ 为离合器摩擦片的等效摩擦半径，mm；$Z$ 为摩擦工作面数。

根据前文，离合器的接合过程被分成三个阶段：无扭矩传递阶段、滑摩阶段和同步阶段，可由图 2.4 来描述。

第一阶段为无扭矩传递阶段（$0 \sim t_1$）：无扭矩传递，接合速度要快，以缩短起步或换挡期间的动力中断时间。

第二阶段为滑摩阶段（$t_2 \sim t_3$）：要放缓接合速度，以期获得平稳起步或换挡，提高乘坐舒适性，减少传动系统的冲击载荷；但为了防止滑摩时间过长导致离合器发热过多而影响寿命，亦需控制在一定时间内完成。

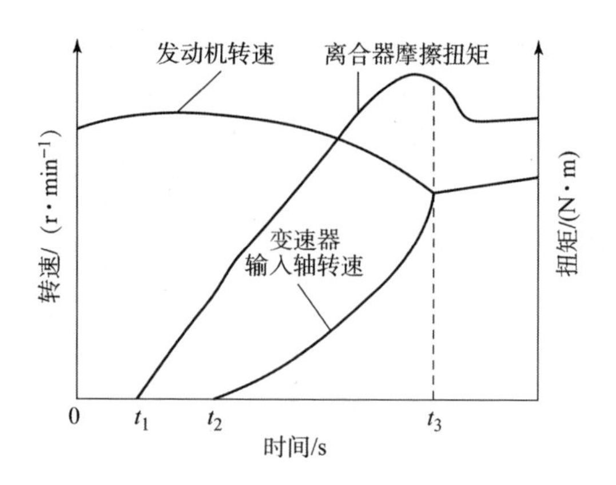


**图 2.4 离合器的接合过程**

第三阶段为同步阶段（$t > t_3$）：主、从动部分已同步，应尽可能快地接合，建立储备扭矩。

由此可见，离合器的接合过程可以简单表述为一个“快—慢—快”的过程，在无扭矩传递阶段和同步阶段，离合器接合得越快越好，滑摩阶段对起步换挡品质影响最大，需要控制离合器的接合速度。

离合器的接合过程根据其工作状态的不同分为三个阶段：消除间隙、滑摩及同步接合。同步接合阶段，离合器输出扭矩是静摩擦扭矩，扭矩值不受离合器的接合行程影响而由发动机输出扭矩决定，但随着离合器的继续接合，静摩擦扭矩的极限值会逐渐增加，静摩擦扭矩的极限值超出实际值的部分即为离合器的储备扭矩。此阶段不影响整车的起步品质，因此不作为研究重点，此阶段的基本原则是尽快完成离合器的接合。

在实车控制中，离合器的工作状态只能通过系统检测到的信号进行预估，难以准确获知，因此不适合将前文中根据离合器的工作状态划分的三个阶段用于离合器的接合过程控制。

下面以离合器主、从动部分的转速作为标识将离合器的接合过程重新分为三个阶段并用于起步过程控制。

第一阶段：离合器从动部分转速为零的阶段。该阶段分为前、后两个部分：前一部分属于无扭矩传递阶段，用于消除离合器主、从动部分之间的间隙；后一部分属于滑摩阶段，离合器主、从动部分已经开始接合，但由于离合器的压紧力比较小，其传递的扭矩不能克服地面的静摩擦力等阻力，车速依然为零。

第二阶段：离合器从动部分转速出现并增加，但离合器依然存在转速差的阶段。随着离合器的压紧力的增加，其传递的扭矩逐渐增加，车辆出现了加速度和速度，在一定时间内离合器主、从动部分之间的转速差逐渐减小直至消失。

第三阶段：离合器主、从动部分的转速差消失。离合器继续接合直至终了，离合器达到最大压紧力状态，即离合器同步后的接合阶段。

为缩短起步时间，第一阶段应该尽量快速完成，但是第一阶段的终了时刻离合器的主、从动部分开始接合，离合器操纵机构的惯性以及操纵机构响应的滞后，使得离合器主、从动部分的过快接合导致较大冲击或引起系统的扭振，降低起步品质，这也影响第二阶段的控制效果。因此，第一阶段的快速接合不能以“快”作为唯一的追求目标，还要“快中有稳”。图 2.5 所示为第一阶段离合器不同接合过程对比。图中，$\omega_1^*$、$\omega_{11}$、$\omega_{12}$ 分别为变速器输入轴角速度的理想值、快速值、慢速值；$l_c^*$、$l_{c_1}$、$l_{c_2}$ 分别为离合器接合行程的理想过程、快速过程、慢速过程；$t_a$、$t_{a1}$、$t_{a2}$ 分别为不同接合速度时车速出现的时刻。

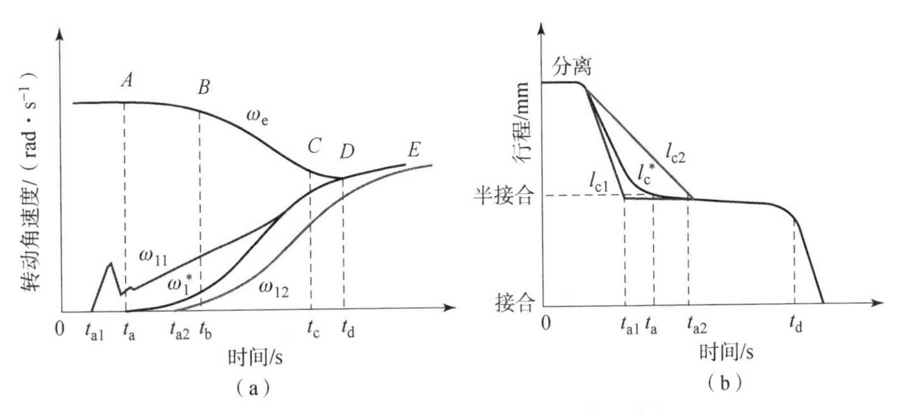


**图 2.5　第一阶段离合器不同接合过程对比**

（a）转动角速度变化；（b）行程变化

图 2.5 中的曲线可直观地表示第一阶段离合器接合速度差异对起步过程的影响。从图 2.5 中可以看出，第一阶段离合器接合速度快时，车速出现的时刻早，但是由于离合器主、从动部分的快速接合而导致冲击，一方面将传动系统中的齿轮间隙和弹性变形等影响因素放大，使得系统监测到的变速器

输入轴转速短时间达到一个较大值，甚至会影响后续的离合器控制；另一方面也造成较大的车辆纵向冲击度，起步品质变差。但如果为追求平稳，过分降低第一阶段离合器的接合速度，则会增加离合器接合在第一阶段的工作时间，延长车速出现的时间，降低车辆动力性。

### 2.3.3 传动系统动力学模型

在对系统进行建模分析之前，需要对动力传动系统进行基本的假设。

（1）忽略发动机扭振、轴的扭振和离合器扭转减震器对系统的影响。

（2）忽略轴的横向振动。

（3）将各元件视为完全刚性无阻尼的惯性元件，并以集中质量的形式表示。

（4）忽略齿轮的啮合间隙，不考虑齿轮啮合时的刚度变化，以综合刚度表示齿轮的啮合刚度。

（5）忽略系统其他运动副的间隙。

（6）除离合器和同步器的摩擦力外，忽略轴承和轴承座之间的摩擦阻力、搅油阻力等系统其他运动副的摩擦阻力。

（7）假定车轮与地面间接触良好，无滑转和滑移。

根据车辆动力传动系统的结构特点，在以上假设的条件下，将其简化为发动机、离合器、变速器及动力输出四个模块，正常运转情况下的动力传动系统基本模型如图 2.6 所示。

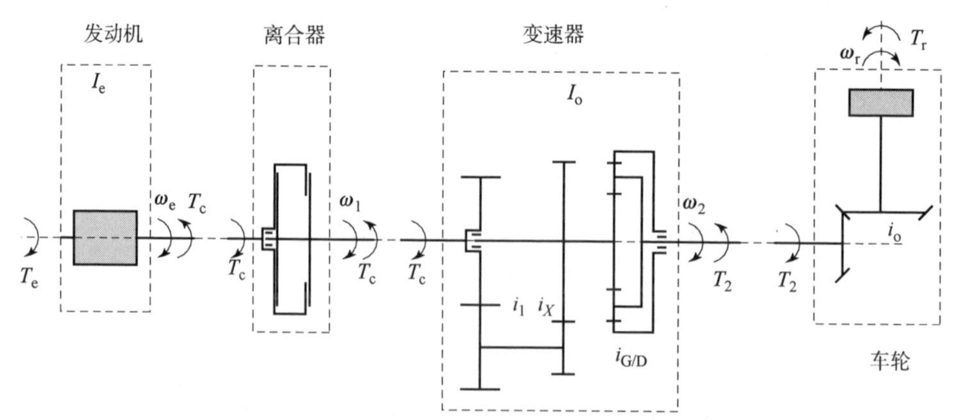


**图 2.6 正常运转情况下的动力传动系统基本模型**

图 2.6 中，$T_2$ 为变速器输出扭矩，N·m；$T_r$ 为地面阻力矩，N·m；$\omega_e$ 为发动机曲轴转动角速度，即离合器主动部分转动角速度，rad/s；$\omega_1$ 为离合器从动部分转动角速度，即变速器输入轴转动角速度，rad/s；$\omega_2$ 为变速器输出轴转动角速度，rad/s；$\omega_r$ 为驱动轮转动角速度，rad/s；$I_o$ 为离合器从动部分、与变速器相连的整车惯量换算到变速器输入轴上的转动惯量，kg·m$^2$；$i_1$ 为中间轴和输入轴常啮合齿轮的传动比；$i_X$ 为挡位齿轮的传动比；$i_{G/D}$为副变速器的传动比；$i_o$ 为主减速器和轮边减速器的总传动比。其余参数含义同前。

图 2.6 中的变速器由两部分组成：主变速器和副变速器，两个变速器分段式配成 10 个挡位：R（倒）挡、C（爬）挡、1~8 挡，其中主变速器部分的 1~4 挡的变换采用同步器式换挡，R 挡和 C 挡的变换采用结合齿套式换挡；副变速器主要是由一组行星齿轮构成高、低两个挡位，配合主变速器实现 1~8 挡的变换，高低挡的切换同样采用同步器式换挡机构。

R 挡和 C 挡都是起步挡，挂入起步挡前，只需要离合器彻底分离，并且等变速器输入轴转速降至较低时，即可进行换挡，对车辆的连续行驶没有影响，因此这里不对 R 挡和 C 挡的结合齿套式换挡做深入的讨论，下文只针对同步器式换挡过程进行研究。

变速器的换挡过程根据不同的换挡需求分为两种情况："主变速器换挡"和"副变速器换挡 + 主变速器换挡"，前者多为普通的连续升、降挡过程，后者则是在 4、5 挡之间换挡或跨越 4、5 挡的跳挡。

1. 主变速器换挡过程动力学模型

车辆在某一挡位行驶时，变速器传动比 $i_g$ 为

$$i_g = i_1 \cdot i_X \cdot i_{G/D} \tag{2.9}$$

式中，$i_g$ 为某一挡位的传动比，其余各变量含义同前。

整个传动系统被简化为一个刚体处理，传动系统的动力学平衡方程式如下：

$$T_c \eta = I_o \cdot \frac{d\omega_1}{dt} + T_r \tag{2.10}$$

式中，$\eta$ 为传动效率，其余各变量含义同前。

主变速器换挡期间，变速器被简化为两个部分：一个是与离合器从动部

分相连的输入轴部分，另一个是与分动箱、传动轴等相连的输出轴部分，其升档模型如图 2.7 所示。

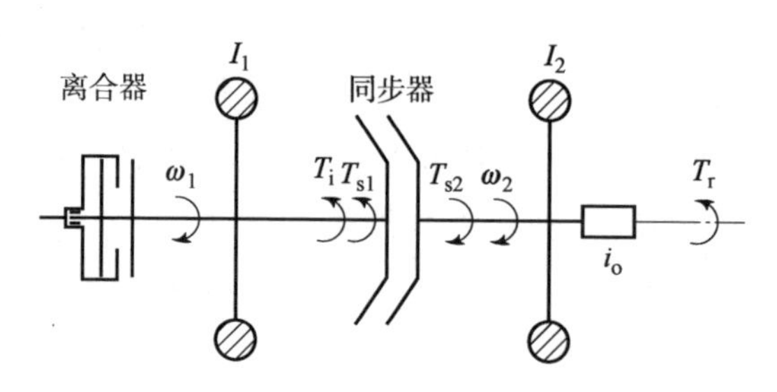


**图 2.7　主变速器升挡模型**

图2.7 中，$\boldsymbol{T}_{s1}$为同步器作用在输入轴部分的摩擦力矩，N · m；$\boldsymbol{T}_{s2}$为同步器作用在输出轴部分的摩擦力矩，N · m，$\boldsymbol{T}_{s2}$与$\boldsymbol{T}_{s1}$大小相等，方向相反；$\boldsymbol{T}_i$为轴承摩擦、搅油损失等效到变速器输入轴上的阻力矩，N · m；$\boldsymbol{I}_1$ 为离合器从动盘、一轴齿轮、中间轴齿轮及各挡位的常啮合齿轮等换算到变速器输入轴上的转动惯量，kg · m²；$\boldsymbol{I}_2$ 为与变速器输出轴相连的整车惯量等效到变速器输出轴上的转动惯量，kg · m²；其余各变量含义同前。

变速器从低挡升至 $X$ 挡时，变速器输入轴部分和输出轴部分的动力学平衡方程式如下：

$$\frac{T_{s1}}{i_1 i_X} + T_i = I_1 \frac{d\omega_1}{dt} \tag{2.11}$$

$$\frac{T_r}{i_o} - T_{s2} = I_2 \frac{d\omega_2}{dt} \tag{2.12}$$

车辆运行时等效至输出轴的阻力矩为滚动阻力 $F_f$、空气阻力 $F_w$、坡道阻力 $F_i$ 和加速阻力 $F_j$ 共同作用在车轮上的阻力矩：

$$T_r = (F_f + F_w + F_i + F_j) r \tag{2.13}$$

式中，

$$F_f = fmg\cos \alpha_i \tag{2.14}$$

$$F_i = mg\sin \alpha_i \tag{2.15}$$

$$F_j = \delta m \frac{r}{i_o} \frac{d\omega_2}{dt} \tag{2.16}$$

$$F_w = \frac{1}{2} C_D \rho_a A \left(\frac{\omega_2}{i_o} r\right)^2 \tag{2.17}$$

式中，$r$ 为车轮半径，m；$f$ 为滚动阻力系数；$m$ 为整车质量，kg；$\alpha_i$ 为道路坡度角；$C_D$ 为空气阻力系数；$\rho_a$ 为空气密度，kg/m$^3$；$A$ 为迎风面积，m$^2$；$\delta$ 为车辆旋转质量换算系数。

主变速器降挡模型如图 2.8 所示。

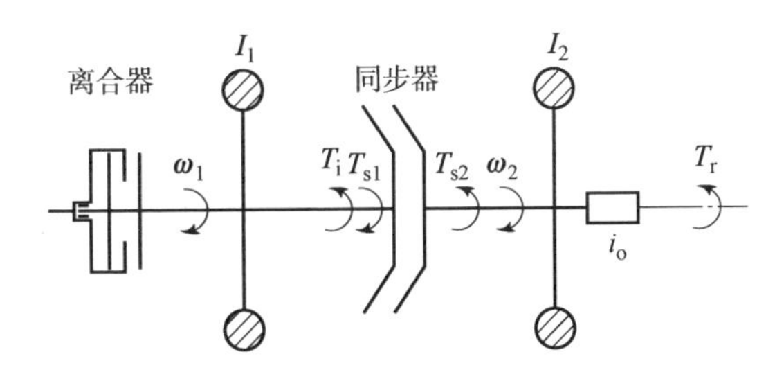


**图 2.8　主变速器降挡模型**

变速器从高挡降至 $X$ 挡时，变速器输入轴部分和输出轴部分的动力学平衡方程式如下：

$$\frac{T_{s1}}{i_1 i_X} - T_i = I_1 \frac{d\omega_1}{dt} \tag{2.18}$$

$$\frac{T_r}{i_o} + T_{s2} = I_2 \frac{d\omega_2}{dt} \tag{2.19}$$

综合式（2.11）及式（2.18），得到主变速器换挡同步过程中与输入轴相连部分的动力学方程式：

$$\frac{T_{s1}}{i_1 i_X} + KT_i = I_1 \frac{d\omega_1}{dt} \tag{2.20}$$

式中，升挡时 $K=1$，降挡时 $K=-1$。

主变速器的换挡过程研究，主要是针对同步过程，由于变速器输入轴部分的受力较为简单，故而一般将变速器的输入轴部分作为研究对象。

换挡前后变速器输入轴部分的动能变化量 $\Delta W_{动}$ 为

$$\Delta W_{动} = \frac{1}{2} K I_1 (\omega_1^2 - \omega_1'^2) \tag{2.21}$$

式中，$\omega'_1$ 为换挡结束后的变速器输入轴转动角速度，rad/s。

同步过程中，作用在变速器输入轴部分上用于改变其动能的功率及同步器摩擦功率的计算公式为

$$\begin{cases} P_{动} = \left(\dfrac{T_{s1}}{i_1 i_X} + KT_i\right)\omega_1 \\ P_{摩} = KT_{s1}\left(\dfrac{\omega_1}{i_1 i_X} - \omega_2 \cdot i_{G/D,X}\right) \end{cases} \tag{2.22}$$

式中，$i_{G/D,X}$为目标挡位副变速器的传动比。

在普通路况下，同步过程时间短暂，在此期间车速变化较小，一般认为变速器输出轴转动角速度 $\omega_2$ 在同步过程前后相同，同时也可以认为 $T_s$ 和 $T_i$ 是固定值。则同步器的摩擦功可通过下式进行计算：

$$W_{摩} = \Delta W_{动} \cdot \frac{P_{摩}}{P_{动}} \tag{2.23}$$

将 $P_{动}$、$P_{摩}$、$\omega_2$ 等参量代入，推导得

$$W_{摩} = \frac{1}{2}KI_1(\omega_1^2 - \omega'^2_1)\ \frac{KT_{s1}\left(\dfrac{\omega_1}{i_1 i_X} - \omega_2 \cdot i_{G/D,X}\right)}{\left(\dfrac{T_{s1}}{i_1 i_X} + KT_i\right)\omega_1} \tag{2.24}$$

如换挡只在主变速器部分进行，则可以进一步推导得

$$W_{摩} = \frac{1}{2}I_1\omega_1^2\ \frac{T_{s1}\left(1 - \dfrac{i_X}{i_{当前}}\right)\cdot\left(1 - \dfrac{i_X^2}{i_{当前}^2}\right)}{T_{s1} + KT_i \cdot i_1 i_X} \tag{2.25}$$

式中，$i_{当前}$为当前挡齿轮副的传动比。

由式（2.25）可知，在换挡同步过程中：首先，同步器的摩擦功与换挡时的变速器输入转动角速度 $\omega_1$ 即换挡点有关，换挡点越高，则换挡时的同步器摩擦功越大；其次，同步器的摩擦功和当前挡与目标挡的传动比阶比 $i_X/i_{当前}$相关，传动比阶比越大，则摩擦功越大；最后，作用在变速器输入轴部分的阻力矩，也会影响同步器的摩擦功，升挡时 $K=1$，阻力矩有利于换挡，降挡时则相反。

在越野路面条件下，车辆滚动阻力较大，变速器输出轴转动角速度 $\omega_2$ 在同步过程前后的变化不能被忽略，因此同步器的摩擦功需要通过对摩擦功率的积分计算获得，如下式：

$$W_{摩} = \int_0^{t_4} P_{摩}\,dt \tag{2.26}$$

式中，$t_4$ 为同步时间，s。

根据式（2.22）可知，升挡时，在同步过程中如果输出轴转动角速度 $\omega_2$ 增加，则摩擦功率减小，同时有利于缩短同步时间，减小换挡过程中同步器摩擦功；如果输出轴转动角速度 $\omega_2$ 减小，则摩擦功率增加，同时会延长同步时间，增加换挡过程中同步器的摩擦功。降挡时则情况刚好相反。

2. 副变速器换挡过程动力学模型

副变速器换挡期间，为减少副变速器同步过程的同步惯量，降低同步难度，主变速器一般处于空挡位置，变速器被简化为三个部分：与离合器从动盘相连的主变速器一轴部分、主变速器的二轴部分和与分动箱传动轴相连的副变速器的输出轴部分，其模型如图2.9所示。

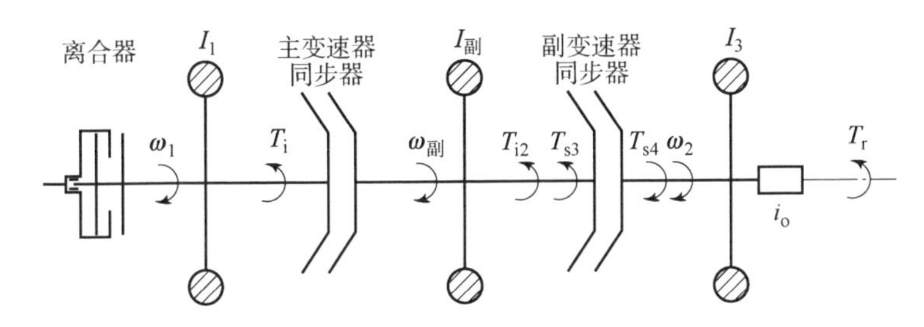


**图2.9 副变速器升挡模型**

图2.9中，$T_{i2}$为轴承摩擦、搅油损失等效到主变速器二轴上的力矩，N·m；$T_{s3}$为副变速器同步器作用在二轴部分的摩擦力矩，N·m；$T_{s4}$为副变速器同步器作用在输出轴部分的摩擦力矩，N·m；$I_副$为与二轴相连的挡位齿轮、行星排等换算到二轴上的转动惯量，kg·m$^2$；$I_3$为与副变速器输出轴相连的整车惯量等换算到变速器输出轴上的转动惯量，kg·m$^2$；$\omega_副$为主变速器二轴的转动角速度，rad/s；其余各变量含义同上。

升挡时，副变速器同步器主、从动部分的动力学平衡方程式如下：

$$T_{s3} + T_{i2} = I_副 \frac{d\omega_副}{dt} \tag{2.27}$$

$$T_r i_o - T_{s4} = I_3 \frac{d\omega_2}{dt} \tag{2.28}$$

副变速器换挡时，由于主变速器先换至空挡，因此主变速器上与一轴相连的离合器摩擦片、中间轴等转动惯量均不对副变速器的换挡过程造成影响，副变速器的换挡过程只影响主变速器的二轴及与其相连的挡位齿轮和副变速器的行星排等，其转动惯量较小，同步过程较为容易实现。

以本书试验车辆的变速器为例，副变速器采用气动换挡，由换挡气缸简单的充放气动作实现换挡，操纵简便易行，后文对此不做深入的讨论，只将主变速器的换挡过程作为研究的重点。

3. 起步过程动力学模型

车辆起步过程动力学简化模型如图 2.10 所示。车辆起步时已经挂上起步挡，所以动力传动系统被分为两个自由体：发动机动力输出至离合器主动部分、离合器从动部分至驱动轮。

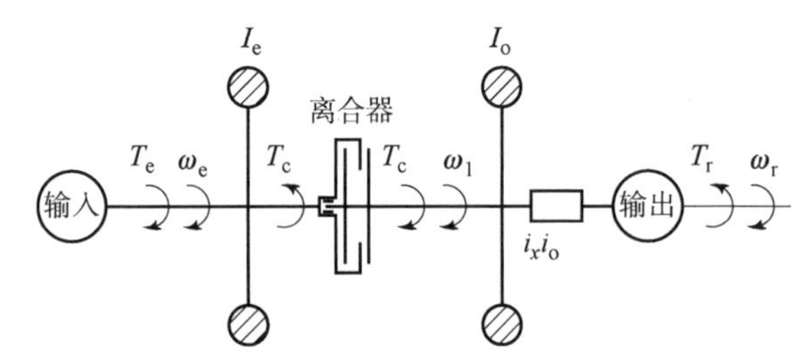


**图 2.10　车辆起步过程动力学简化模型**

设以 $\boldsymbol{\theta}(t)$ 为变量的二自由体运动方程的矩阵形式为

$$\boldsymbol{I}\ddot{\boldsymbol{\theta}}(t)+\boldsymbol{C}\dot{\boldsymbol{\theta}}(t)+\boldsymbol{K}\boldsymbol{\theta}(t)=\boldsymbol{M}_{\mathrm{d}}(t)-\boldsymbol{M}_{\mathrm{l}}(t) \tag{2.29}$$

式中，$\boldsymbol{I}$，$\boldsymbol{C}$ 和 $\boldsymbol{K}$ 分别为系统惯性矩阵、阻尼矩阵和刚度矩阵；$\ddot{\boldsymbol{\theta}}(t)$，$\dot{\boldsymbol{\theta}}(t)$ 和 $\boldsymbol{\theta}(t)$ 分别为角加速度、角速度和角位移向量；$\boldsymbol{M}_{\mathrm{d}}(t)$ 和 $\boldsymbol{M}_{\mathrm{l}}(t)$ 分别驱动扭矩向量和负载扭矩向量。

根据建模假设，其阻尼矩阵和刚度矩阵为 $\boldsymbol{O}$，因而可以把式（2.29）简化为

$$\boldsymbol{I}\dot{\boldsymbol{\omega}}(t)=\boldsymbol{M}_{\mathrm{d}}(t)-\boldsymbol{M}_{\mathrm{l}}(t) \tag{2.30}$$

式中，$\dot{\omega}(t)=\ddot{\boldsymbol{\theta}}(t)$。

式（2.30）是典型的集中转动惯量的运动方程。

根据式（2.30）分别对图 2.10 的车辆动力传动系统简化模型进行分析。

1）发动机至离合器主动部分

对于这部分的构件，发动机的有效输出扭矩 $T_e$ 为其驱动扭矩，离合器的

传递扭矩 $T_c$ 为其阻力矩。根据式（2.30）有

$$I_e\dot{\omega}_e(t)=T_e(t)-T_c(t) \tag{2.31}$$

$$\omega_e(t)=\omega_1(t) \tag{2.32}$$

2）离合器从动部分至驱动轮

对于这部分构件，离合器所传递的扭矩 $T_c$ 为其驱动扭矩，$T_r$ 为驱动轮所受的地面阻力矩。根据式（2.30）有

$$I_o\dot{\omega}_1(t)=T_c(t)-\frac{T_r(t)}{i_X i_o\eta} \tag{2.33}$$

$$\omega_r(t)=\frac{\omega_1(t)}{i_X i_o} \tag{2.34}$$

式（2.31）~式（2.34）组成了动力传动系统模型的基本公式，可以把其用矩阵表示如下：

$$\boldsymbol{I}=\begin{bmatrix} I_e & 0 \\ 0 & I_o \end{bmatrix},\ \dot{\boldsymbol{\omega}}(t)=\begin{bmatrix} \dot{\omega}_e(t) \\ \dot{\omega}_1(t) \end{bmatrix},\ \boldsymbol{M}_d(t)=\begin{bmatrix} T_e(t) \\ T_c(t) \end{bmatrix},\ \boldsymbol{M}_1(t)=\begin{bmatrix} T_c(t) \\ \dfrac{T_r(t)}{i_X i_o\eta} \end{bmatrix}$$

$$\begin{bmatrix} I_e & 0 \\ 0 & I_o \end{bmatrix}\begin{bmatrix} \dot{\omega}_e(t) \\ \dot{\omega}_1(t) \end{bmatrix}=\begin{bmatrix} T_e(t) \\ T_c(t) \end{bmatrix}-\begin{bmatrix} T_c(t) \\ \dfrac{T_r(t)}{i_X i_o\eta} \end{bmatrix} \tag{2.35}$$

离合器从开始接合到接合完成的过程可分为三个阶段：无扭矩传递阶段、滑摩阶段和同步阶段，其中滑摩阶段可再分为两个阶段。以上四个阶段的具体情况如下。

（1）无扭矩传递阶段。用于消除离合器主、从动部分的间隙，此阶段：

$$T_c(t)=0,\ \omega_1(t)=0,\ j=0$$

式中，$j$ 为冲击度，$m/s^3$。

离合器主、从动部分未接合，离合器未传递扭矩，因而不存在冲击，只有当离合器主、从动部分间隙消除后，离合器才会传递扭矩。

（2）滑摩阶段前半段。有扭矩传递但无车速，此时两个自由体的动力学方程分别为

$$I_e\dot{\omega}_e(t)=T_e(t)-T_c(t)$$

$$T_c(t)=\frac{T_r(t)}{i_X i_o\eta}$$

$$j=0$$

此阶段离合器主、从动部分开始滑摩，但其所传递的扭矩 $T_c(t)$ 不足以克服阻力矩 $T_r(t)$，使车辆移动。

(3) 滑摩阶段后半段。离合器继续滑摩，有扭矩传递，车辆出现速度和加速度，此时两个自由体的动力学方程分别为

$$\begin{bmatrix} I_e & 0 \\ 0 & I_o \end{bmatrix}\begin{bmatrix} \dot{\omega}_e(t) \\ \dot{\omega}_1(t) \end{bmatrix}=\begin{bmatrix} T_e(t) \\ T_c(t) \end{bmatrix}-\begin{bmatrix} T_c(t) \\ \dfrac{T_r(t)}{i_X i_o \eta} \end{bmatrix}$$

$$j=k_g\frac{\mathrm{d}T_c(t)}{\mathrm{d}t}$$

式中，$k_g$ 为计算系数。

可见，此阶段存在冲击，并且与离合器传递扭矩 $T_c(t)$ 的变化率相关。

(4) 同步阶段。此时离合器主、从动部分的滑摩结束，有关系式：

$$T_e(t)=(I_e+I_o)\dot{\omega}_1(t)+\frac{T_r(t)}{i_X i_o \eta}$$

$$\omega_e(t)=\omega_1(t)=i_X i_o \omega_r(t)$$

$$j=k_g\frac{\mathrm{d}T_e(t)}{\mathrm{d}t}$$

可见，同步阶段的冲击度的大小与发动机输出扭矩的变化率相关。

车辆的纵向冲击度决定了乘员的乘坐舒适性，是起步过程的一个重要控制目标。结合上文中起步过程冲击度的计算公式可知，冲击度出现在滑摩阶段后半段和同步阶段。

在无扭矩传递阶段和滑摩阶段的承接点处，是离合器输出扭矩从无到有的过程，如果离合器输出摩擦扭矩变化较快，即离合器接合速度较快，则容易导致较大的冲击，此处是起步过程控制的第一个关键点。为避免在无扭矩传递阶段和滑摩阶段的承接点处产生较大的冲击度，则需要控制离合器在滑摩阶段初始时刻的接合速度，减缓离合器输出摩擦扭矩的变化率。

通过上文的公式推导可知，滑摩阶段离合器输出的摩擦扭矩由离合器主、从动部分的压紧力决定，而同步阶段离合器输出的扭矩由发动机输出扭矩决定，因此在滑摩阶段和同步阶段的承接点处，即离合器的同步点处，会由于离合器输出扭矩的剧烈变化而导致较大的冲击，此处是起步过程控制的第二

关键点，这也在实车试验中得到了验证。为降低离合器同步点处的冲击度，则需要滑摩阶段后半段的离合器输出摩擦扭矩不能超过发动机输出扭矩太多，这是控制离合器同步点处冲击度的有效方法。

## 2.4　换挡操纵特性实车测试

为了更好地进行自动机械变速系统的设计，采集、分析人工手动换挡的工作过程、操作特性，是最直接、最有效的方式之一。

### 2.4.1　人工操纵换挡过程分析

在试验车辆上（装备手动机械变速器）安装信号采集系统，对人工换挡过程的试验数据进行采集，其中人工换挡曲线如图 2.11 所示。

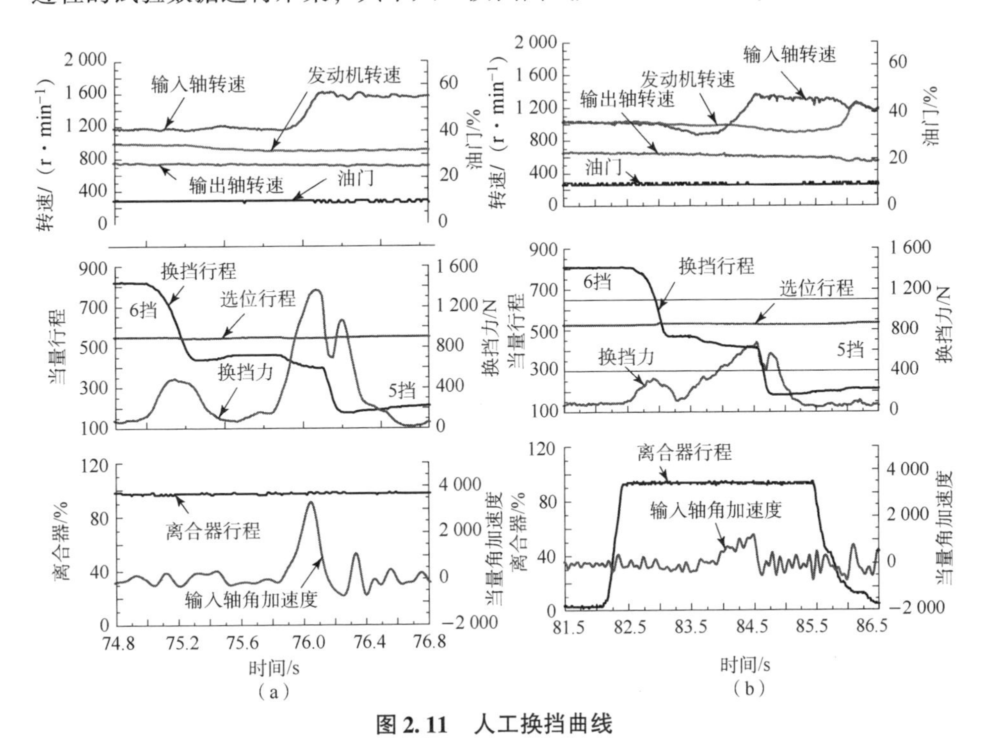


**图 2.11　人工换挡曲线**

（a）第一次换挡过程；（b）第二次换挡过程

综合图 2.11（a）、（b）的共同特征，换挡过程中换挡力均出现三个峰值，第一峰值出现在摘挡期间，为摘挡力；第二峰值出现在同步期间，并且是换挡过程中换挡力的最大峰值，用于为同步器提供同步力矩；第三峰值出现在换挡行程到位后，驾驶员继续施加换挡力，当感觉换挡行程不能再增加时，便确认换挡已经到位。从换挡行程的变化过程可知，挂挡过程中，换挡行程可以被描述为“快—慢—快”三个阶段：第一阶段，换挡行程变化迅速，用于消除结合套、同步器等部件之间的间隙，变速器输入轴的转速不受换挡行程的影响；第二阶段，换挡行程缓慢变化或保持不变，这一阶段同步器开始起作用，从图 2.11（a）、(b）中可以看出这一阶段输入轴转速受同步器的作用而快速地变化；第三阶段，换挡行程变化最为迅速，幅值也最大，此阶段是同步过程结束后的结合套和齿圈的快速接合的过程。

另外，从图 2.11 中可以直观地看出同步期间换挡力和换挡时间的对应关系，图 2.11（a）中同步期间换挡力的峰值达 1 380 N，同步时间 0.2 s，而图 2.11（b）中同步期间换挡力峰值为 630 N，同步时间则长达 0.6 s。

图 2.12 所示为换挡过程中的顶齿现象。

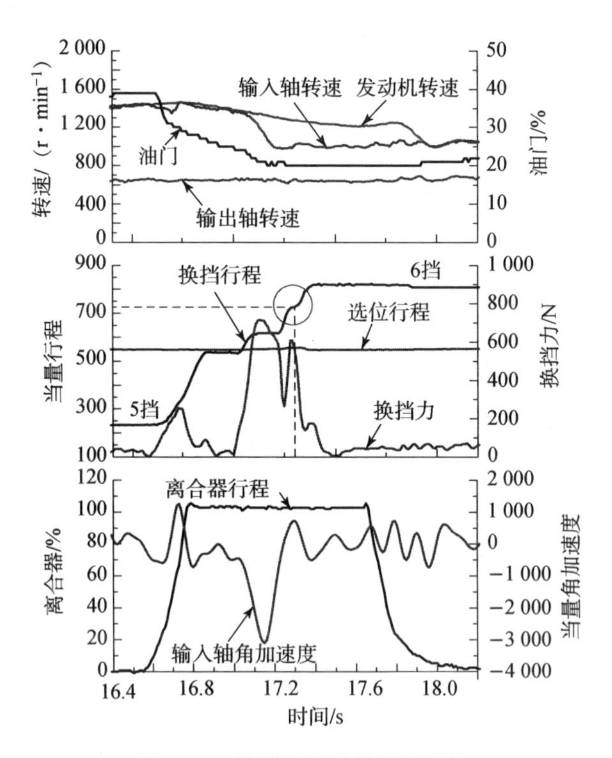


**图 2.12 换挡过程中的顶齿现象**

如图 2.12 所示，同步过程结束后，结合套和齿圈相接合的时候，在 17.3 s处，当换挡当量行程运动到 740 时，结合套和齿圈的齿尖相顶，换挡行程不能继续变化，此时又出现了一个较大的换挡力峰值，用以推动变速器的输入轴部分转动一个小的角度，以满足结合套与齿圈啮合的需要。换挡过程中结合套与齿圈存在齿尖相顶的可能，但这一现象的出现有一定的概率，受机构位置影响，图 2.11 中的两次换挡均没有出现，但在图 2.12 所示的换挡过程就存在此现象。

通过对人工换挡过程的数据采集和分析，为换挡过程的自动控制策略设计提供了依据。

## 2.4.2　人工操纵起步过程分析

图 2.13 所示为熟练驾驶员驾驶装备手动机械变速器的试验车辆在相同挡位起步时的两组试验曲线，离合器当量接合速度由行程传感器检测到的离合器接合行程对时间求一阶导数而得到，当量冲击度是通过对变速器输入轴转速求二阶导数而得到，可以间接地反映车辆的起步冲击状况。

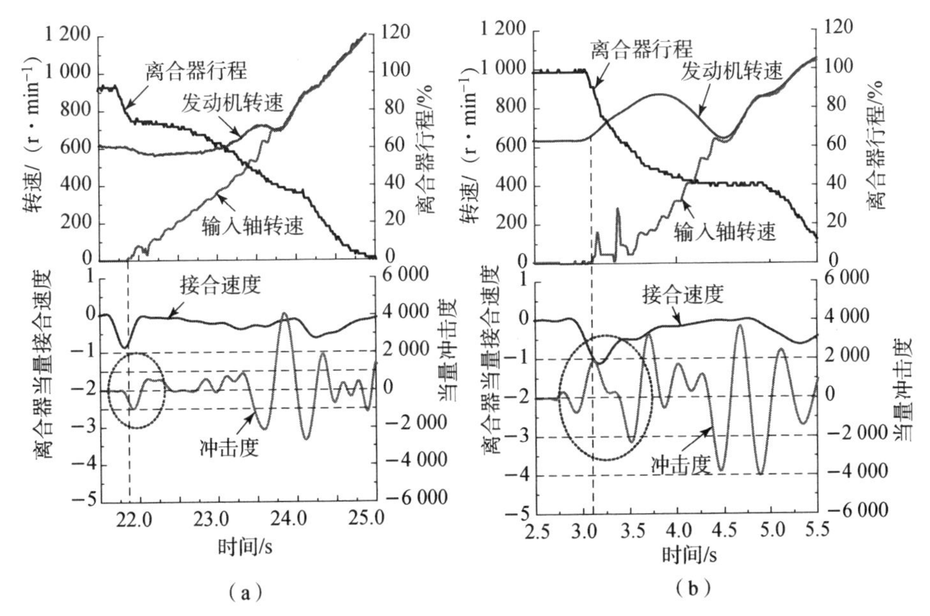


**图 2.13　人工起步试验曲线 1**

（a）第一组试验；（b）第二组试验

图2.13（a）起步过程的第一阶段离合器接合速度平缓，乘员在现场的主观感受评价良好；图2.13（b）的起步过程的第一阶段离合器接合速度快，乘员在现场的主观感受评价稍差，起步过程的起始阶段有冲击。图2.13（b）中离合器接合第一阶段（图中圈出的部分）的当量冲击度是图2.13（a）中的两倍，说明乘员的现场感受和试验数据体现出的结果相吻合。

试验数据同样可以验证上文的分析，第一阶段出现较大冲击的原因是在半接合点前的离合器接合速度过快，离合器主、从动部分以较快的速度接合会造成冲击，如图2.13（b）中，变速器输入轴的瞬时转速较高，更有甚者，离合器从动部分的瞬间转速与发动机转速相同，此类数据若出现在AMT起步控制中，会严重干扰起步过程的后续控制。人工操纵车辆起步的试验数据进一步验证了图2.5中的分析。

图2.14（a）、（b）中，离合器同步前发动机转速不下降或者下降平缓，即表示离合器传递的扭矩与发动机的输出扭矩相差不大；图2.14（c）、（d）中离合器同步前发动机转速以较快速度下降，即表示离合器传递的扭矩超出发动机的输出扭矩较多。图2.14（a）、（b）中的起步过程在离合器同步点处的车辆冲击度较小，而图2.14（c）、（d）中的起步过程在离合器同步点处的车辆冲击度较大。因此，使离合器的传递扭矩与发动机的输出扭矩相当，是在离合器接合第二阶段抑制起步冲击度的有效方法。

由于越野车辆对动力性要求较高，需要提高离合器在滑摩阶段传递的摩擦扭矩，而为了控制车辆的起步冲击，又需要使得离合器在滑摩阶段传递的摩擦扭矩与发动机的输出扭矩相当。因此，提高发动机的输出扭矩，并且使得离合器在滑摩阶段传递的摩擦扭矩与发动机的输出扭矩差距较小，就可以在控制车辆起步冲击度的前提下，有效缩短车辆的起步时间，提高动力性。

发动机的输出扭矩是一个与发动机转速相关的变化量，以发动机在当前油门开度下可以输出最大扭矩时的转速作为第二阶段离合器接合控制的目标，即可以实现在控制冲击度的前提下提高车辆的动力性。

本书试验车辆采用的是全程调速柴油发动机，其不同油门下的发动机转速控制目标如图2.15所示，当油门开度小于40%时，以各自油门开度下发动机输出最大扭矩的转速作为目标转速；当油门开度超过40%时，均以1 300 r/min作为控制目标，此时发动机可以输出2 000 N·m的最大扭矩。

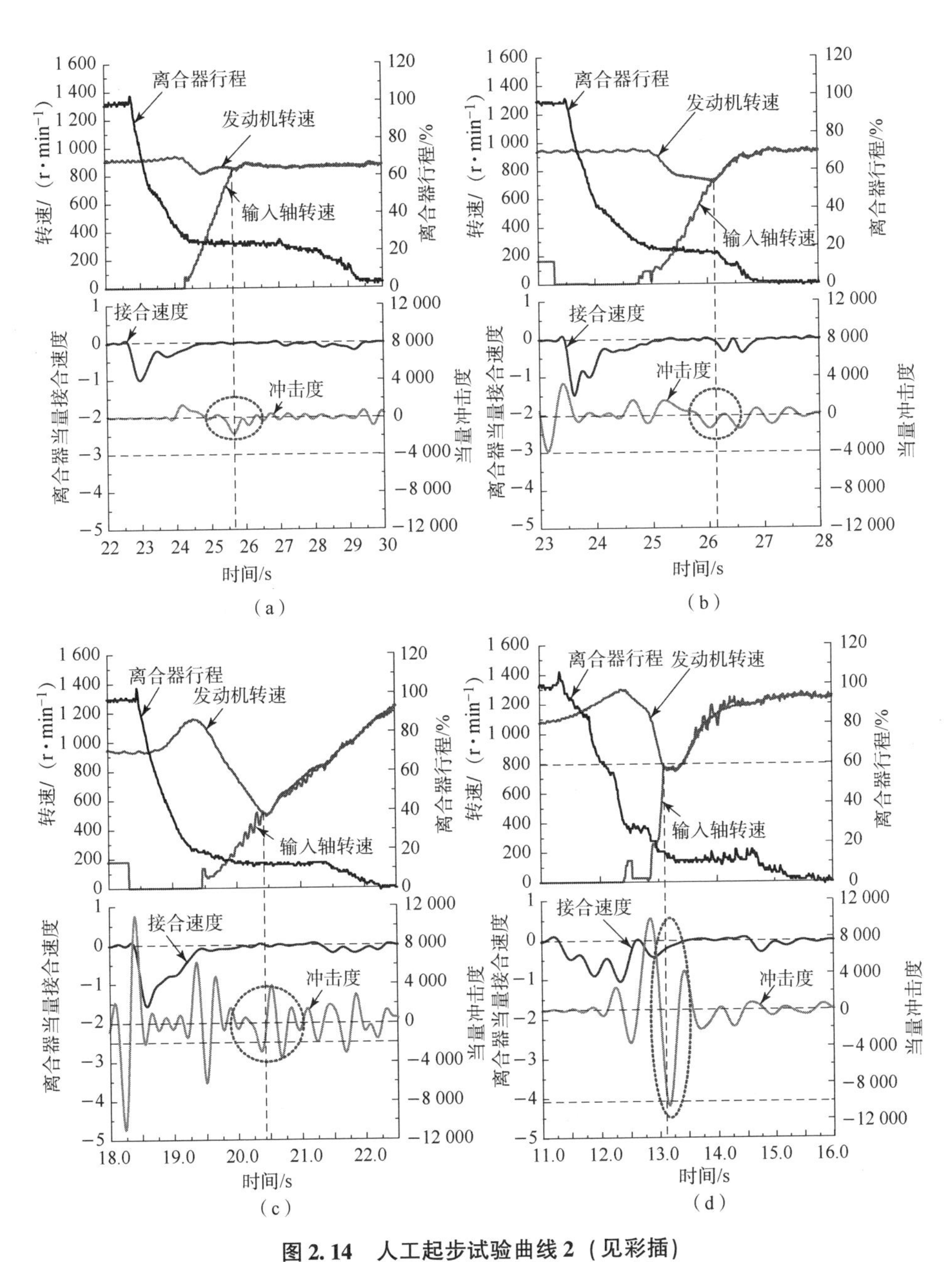


**图2.14　人工起步试验曲线2（见彩插）**

（a）第一组试验；（b）第二组试验；（c）第三组试验；（d）第四组试验

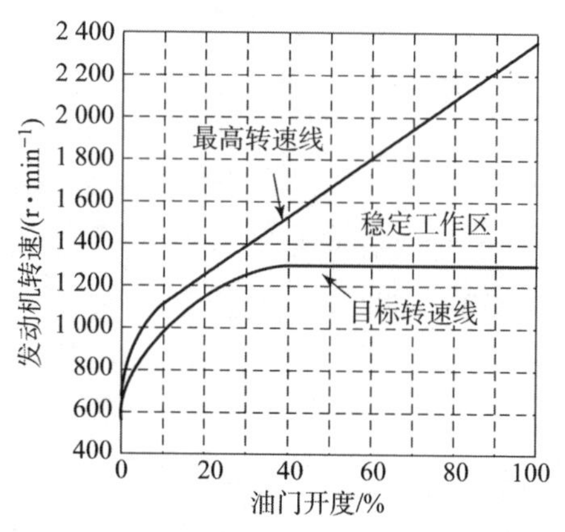


**图 2.15 发动机转速控制目标**

发动机在输出较高扭矩的同时，其转速也相对较低，这也有利于离合器的滑摩控制，如图 2.16 所示。

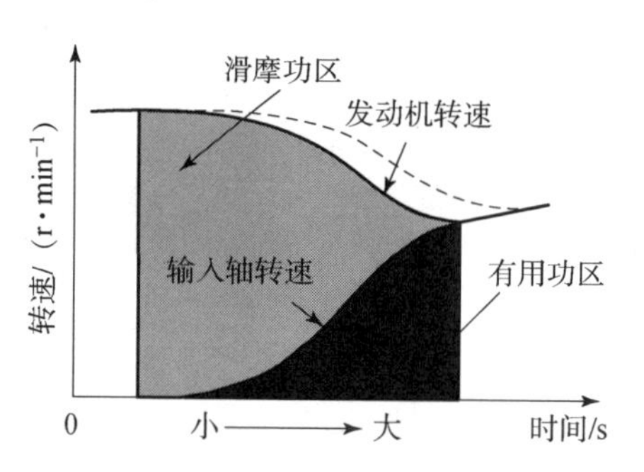


**图 2.16 起步过程中发动机输出功率分配**

发动机所输出的功率被分为两部分：一部分通过离合器从动盘，作用在整车上，用于增加车辆的动能，提高车速；另一部分被用于离合器的滑摩功，产生热能。产生磨损的功率是需要尽量减小的，其在整个发动机输出功率中占的比重越大，越不利于快速起步，还会增加离合器的磨损，相较于图 2.16 中的虚线部分，如果将发动机的转速控制在实线部分，则离合器的滑摩功小，有利于延长离合器的使用寿命。

因此，通过离合器的接合使发动机工作在能够输出较大扭矩的转速点，还可减小离合器的磨损。

下面的内容通过对坡道起步人工控制的分析，研究坡道起步过程中第一阶段的自动控制策略，特别是基于驻车制动的辅助控制策略。

通过对装备手动变速器的试验车辆安装数据采集系统，对人工操纵坡道起步过程的试验数据进行了采集，为坡道起步过程的自动控制提供相应的参考，如图 2.17 所示。

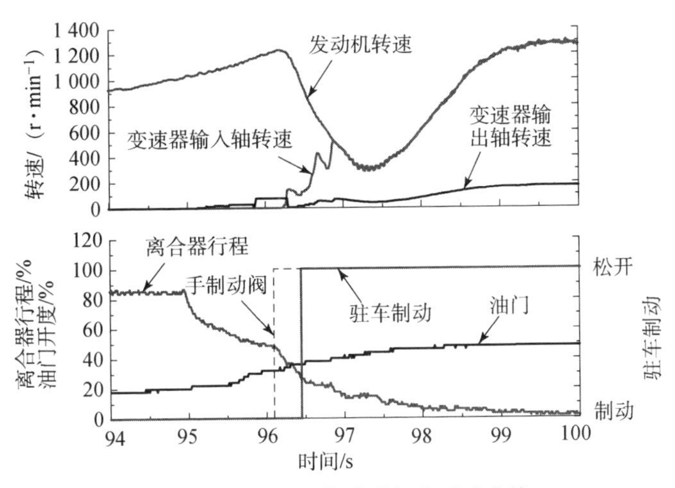


**图 2.17　人工操纵坡道起步试验曲线**

图 2.17 中，在坡道起步前车辆处于驻车制动状态，驾驶员先慢抬离合器踏板，然后根据当前的坡度角给予较大的油门开度，图中所示的坡道起步过程由于起步坡度角较大，油门开度达 40% 以上，随着离合器的逐渐接合，离合器传递给发动机的负载扭矩逐步增加，当离合器接合到 50% 时，发动机运转声音沉闷并且车身出现一定程度的抖动，如图中变速器输出轴出现较低的转速，由此驾驶员判断离合器已经输出足够的摩擦扭矩，然后打开手控驻车制动阀，驻车制动解除，车辆转为正常起步，随着离合器的继续接合，其主、从动部分的转速差逐步减小直至差值为零。

根据以上坡道起步过程的分析，其中的关键步骤是驾驶员根据车辆当前的状况，判断离合器是否输出足够的摩擦扭矩，只有离合器输出足够大的扭矩时，驻车制动才能解除。当驾驶员听到发动机运转声音沉闷并且感觉到车身有一定程度的抖动时，就认为离合器已经传递足够大的扭矩了。因此，在坡道起步的自动控制策略中，需要 AMT 能够根据其采集到的车辆状态信号，包括发动机的当前工作状态及变速器输入输出轴的转速变化等，判断离合器传递扭矩的情况，然后对驻车制动实施准确控制。

# 2.5 重型车辆 AMT 操纵控制的关键技术

相对于公路用车辆，重型车辆的行驶路况更为复杂，对车辆的通过性和动力性要求较高，基于这一特点，AMT 如要在重型车上广泛应用，就需要能够处理好以下问题。

## 2.5.1 起步控制

重型车辆行驶路面条件多变，包括公路、土路、沙石路等，不同路面条件下的起步阻力差异较大，如果车辆的起步过程自动控制策略对起步阻力差异的适应性差，就会降低车辆的起步品质。例如，车辆在土路起步时，如果按照公路的起步阻力进行控制，就会出现前期离合器到达半接合点的时间变长，后期发动机负载过大而加剧起步冲击。如图 2.18 所示，在越野路面起步时，由于起步阻力大，若离合器按照普通起步策略接合，导致发动机转速被拖至 400 r/min 的极低转速，并且伴随有较大的起步冲击。

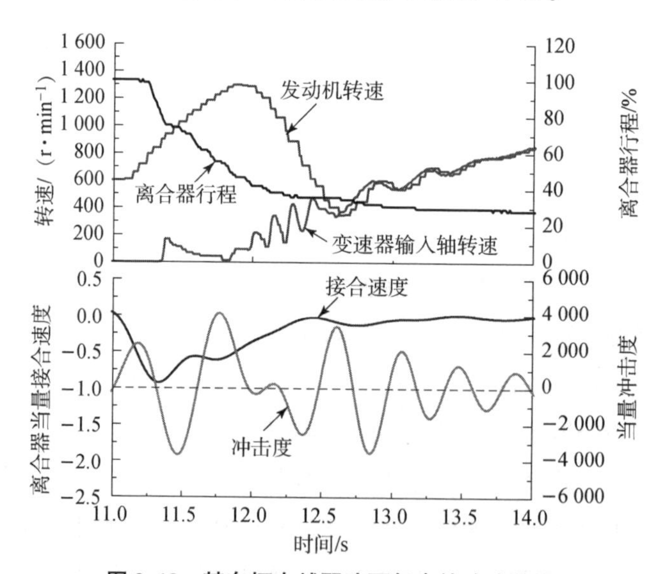


**图 2.18 某车辆在越野路面起步的试验曲线**

因此要求重型车辆 AMT 的起步控制策略具备良好的兼容性，能够满足车辆在不同路面起步时的要求，无论是铺装路面还是越野路面，均要有良好的起步品质。

### 2.5.2　坡道起步控制

重型车辆在越野行驶时，车辆经常会遇到坡道起步的工况。坡道起步时，尤其是在坡度角越大的坡道上起步时，由车重所引起的车辆在坡道上后溜的趋势就越发严重。受系统机构特点所限，AMT 在车辆起步过程中存在离合器不输出扭矩的时间段。在坡道起步过程的动力中断时间内，如果不能抑制车辆的后溜，就会导致危险，如图 2.19 所示。

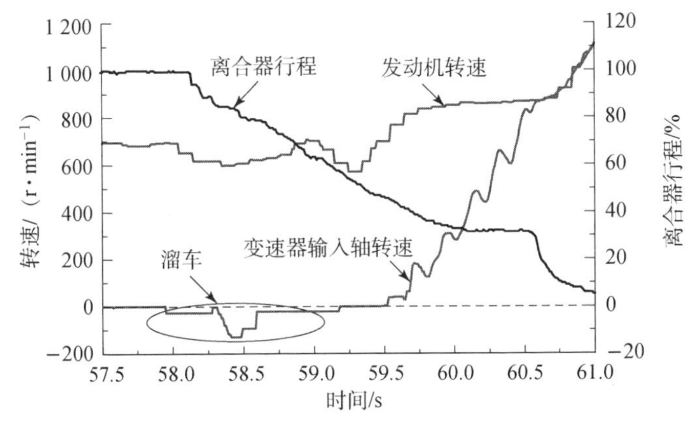


**图 2.19　车辆坡道起步溜车试验曲线**

为防止这一情况出现，一般采用增添辅助制动的方法来实现车辆的坡道起步，即在离合器尚不能传递足够扭矩时，由辅助制动来抑制车辆的后溜。但是如果此项制动解除得早，就无法起到辅助坡道起步的作用；相反，如果解除得晚，则会增加车辆在坡道上起步的阻力，因此油门、离合器以及坡道辅助制动的协调控制是重型车辆的 AMT 技术所需解决的问题之一。

### 2.5.3　换挡控制

相对于乘用车，重型车辆对动力性要求更高，因此需要换挡过程迅速，尽量缩短动力中断的时间。换挡过程主要包括离合器分离、挡位切换和离合器接合三个过程，离合器分离过程时间短暂，对整个换挡过程影响小，动力传动一体化控制实现了发动机转速扭矩的调整，降低了离合器接合过程的控制难度。因此，挡位切换过程成为换挡控制的关键。

为追求较高的动力性，重型车辆的换挡点一般较高，无论是自动模式还是手动模式，发动机在高转速时换挡都会使得换挡速差增加，加剧同步器的磨损。因此在高换挡点的前提下，如何在缩短换挡时间的同时，保证同步器等换挡机构的使用寿命、提高换挡品质是越野车辆的 AMT 技术所面临的又一问题。

对于高机动性越野车辆，为了追求越野路面上较高的平均行驶速度，驾驶员踩下和抬起油门的动作频繁且幅值大。油门开度的剧烈变化使得车辆的运行状态不平稳，从而导致了频繁换挡和意外换挡。如图 2.20 所示。

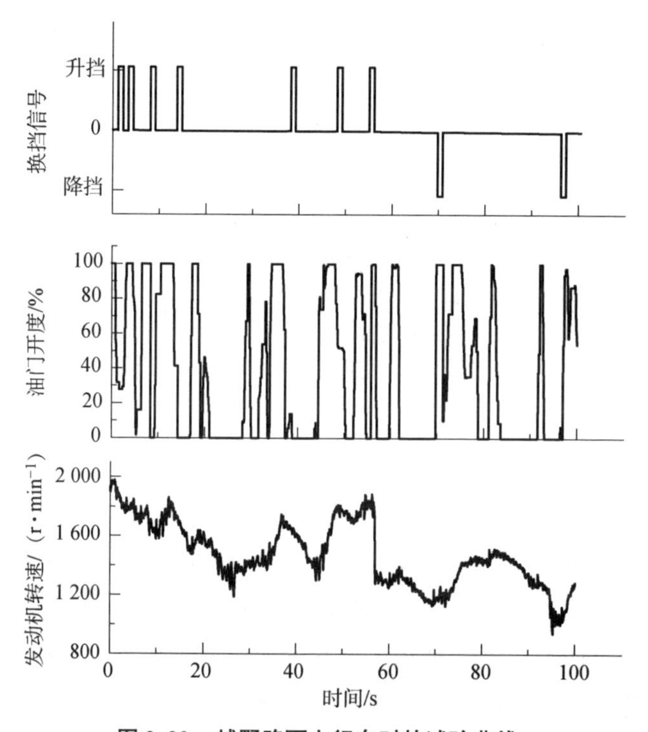


**图 2.20　越野路面上行车时的试验曲线**

换挡过于频繁会降低车辆的动力性和经济性，同时加剧换挡机构的磨损，因此需要 AMT 的换挡策略能适应越野车的这一工况特点，在保证车辆动力性的前提下，尽量减少无谓的频繁换挡。

### 2.5.4　故障诊断与容错技术

AMT 系统通过控制定轴式机械变速器的挡位、离合器的分离/接合和发动机扭矩/转速来实现车辆的自动变速功能。除控制功能外，AMT 故障诊断技术对于提高车辆和变速器本身的可靠性与可维修性以及车辆的行驶安全性均具有重要的意义。

AMT 是机电液（气）等技术一体化的产物，其故障具有复杂机电系统的特点，诊断难度大，传统的故障诊断方法已经无法满足 AMT 系统的要求。现有的故障诊断理论和方法多数只能支撑机械变速器本体，对于包含机械、电子和液压等在内的自动变速操控系统（automatic shift control system，ASCS）通常采用基于人工经验的故障诊断方法，缺乏系统的、工程可实现的故障诊断技术。

# 第3章 重型车辆自动变速操控系统总体设计

相比于乘用车辆，对于重型车辆而言，由于其品种（变型）多、批量小，在采用和发展自动变速技术方面所面临的困难更大。如何发展适合我国国情的自动变速技术，使它为提高汽车技术做出贡献，具有迫切的现实意义。

AMT系统是典型的机电液（气）一体化的产品，其总体设计涉及执行机构、电控系统、液压（气压）系统、软件系统等多个方面，是首先需要确定的内容。

## 3.1 概述

重型车辆AMT系统是机电液（气）一体化产品，是在原有有级固定轴式机械变速传动系统基础上增加自动变速操控系统组成的，以电控液压/气动/电动系统完成对变速器换挡和离合器的自动操控，从而实现传动系统的自动变速功能，图3.1所示为AMT的工作原理示意图。

本章以第2章介绍的重型车辆来介绍AMT系统的总体设计内容。该车辆的动力总成由电控柴油发动机和多挡式机械变速器组成，采用干式离合器。变速器包括主箱和副箱两个部分，主箱有6个挡位（1、2、3、4、R、爬），副箱有2个挡位（高、低），通过主箱和副箱不同的传动比组合实现了9个前进挡和1个倒挡。在手动机械变速器的基础上进行AMT改造设计，较大程度地利用原变速器的机构，保留原机构的布置方案，增加产品的生产继承性，降低了成本。

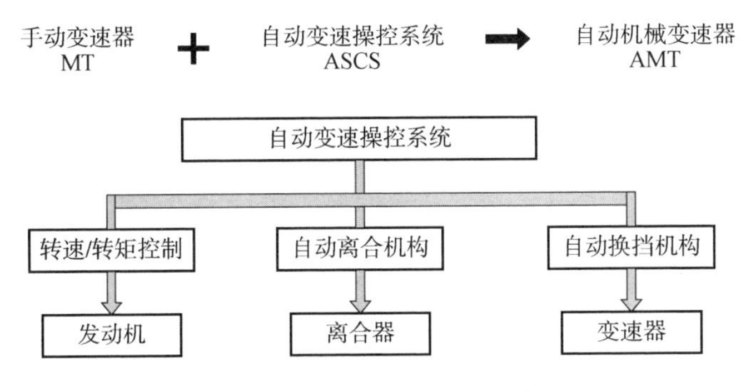


图 3.1　AMT 的工作原理示意图

## 3.2　操纵源的设计

### 3.2.1　操纵源的选择

AMT 系统依据其操纵源的不同，可以分为电控 - 液动 AMT、电控 - 电动 AMT 和电控 - 气动 AMT。其具体特点和应用车型如下。

(1) 电控 - 液动 AMT。电控 - 液动 AMT 以液压为动力源，根据电控单元的指令控制电磁阀开闭或对比例电磁阀进行 PWM (pulse width modulation，脉冲宽度调制) 控制，从而实现选换挡机构的选换操作和离合器的分离/接合。电控 - 液动 AMT 的能容量大、体积小，还具有一定的吸振和抗冲击的能力，但采用液压油作为工作介质，增加了液压元件制造的精度要求和密封件的要求，且液压油黏度随环境温度改变有较大变化，增加了系统控制的难度。目前，国外市场上的电控 - 液动 AMT 产品如意大利 Magneti Marelli 公司开发的 Selespeed 自动机械变速器、德国 Mercedes - Benz 公司研制的 Sprintshift 自动机械变速器等主要应用于带有液压动力源的商用车及重型载货车辆上。电控 - 液动 AMT 市场应用如图 3.2 所示。

(2) 电控 - 电动 AMT。早期电控 - 电动 AMT 的执行机构较多通过直流电机驱动，目前研究的执行机构则采用电磁驱动机构，它改变了传统电机的旋转运动，直接在电磁力的作用下做直线运动，具有结构简单、输出力大、速度快等优点。典型的电控 - 电动 AMT 产品如美国 Eaton 公司推出的 Fuller

AutoShift/UltraShift 系列自动变速器，其主要应用于中型商用车。电控－电动 AMT 市场应用如图 3.3 所示。

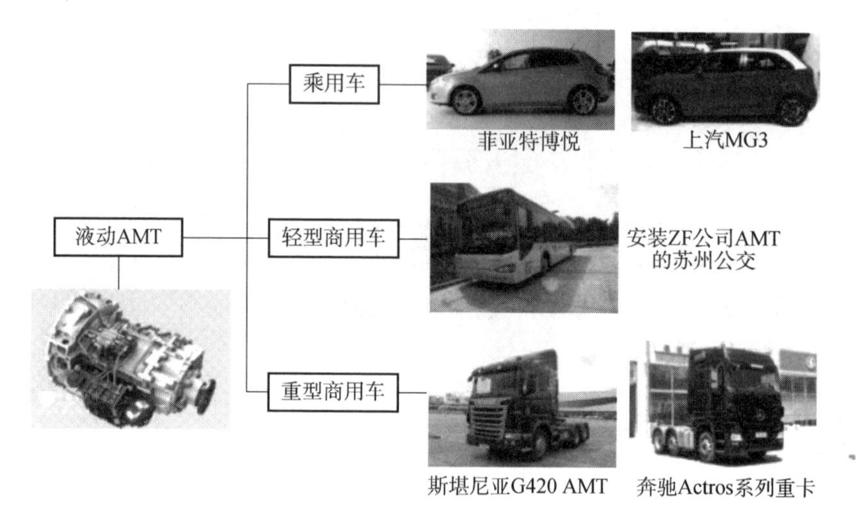


**图 3.2 电控－液动 AMT 市场应用**

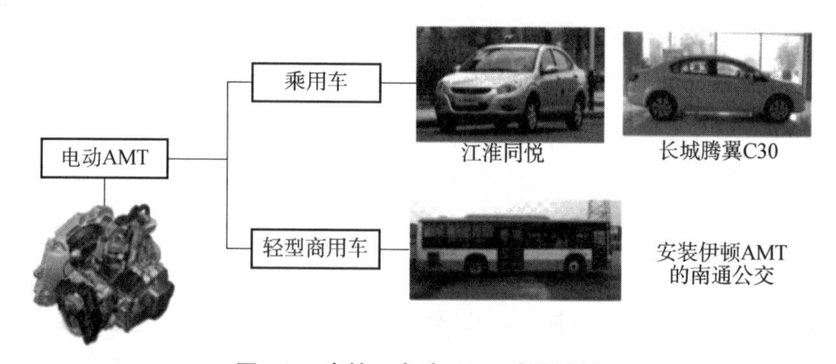


**图 3.3 电控－电动 AMT 市场应用**

（3）电控－气动 AMT。电控－气动 AMT 具有结构简单、气动执行元件寿命长且维护方便、工作介质清洁、受环境温度影响小、使用安全等优点。对于重型车辆若利用车上的气源，将大大简化结构，降低成本，但气体的体积可压缩，使得对运动部件的速度稳定性和定位精度的控制难度增大。目前市场上的电控－气动 AMT 产品有德国 ZF 公司推出的 ASTronic 自动变速系统，以及德国 MAN 公司与 ZF 公司联合开发的 TipMatic 自动变速器，其主要应用于中重型商用车。电控－气动 AMT 市场应用如图 3.4 所示。

**图3.4　电控-气动AMT市场应用**

综上所述，重型车辆主要采用液压或气动驱动方式，并各有优势和不足，选用哪种类型应依整车情况和批量等决定。同时，两种类型的AMT系统的性能和可靠性也在很大程度上依赖于执行机构的加工制造的成熟程度和控制技术的成熟程度。基于上述AMT应用分析，并考虑本书的原机械变速器的换挡特性和使用要求，提出了两种类型的AMT系统方案，分别为电控-液动AMT系统方案和电控-气动AMT系统方案。气压源的设计主要依据整车情况，这里不再赘述。下面主要对独立液压油源的设计进行介绍。

### 3.2.2　独立液压油源的设计

独立液压油源的作用是为自动变速操纵机构各液压执行机构提供动力源。独立油源可以保证液压油不被污染，减少自动变速操纵机构油缸运动部件的磨损，提高自动变速操纵机构的使用寿命和可靠性能，为自动变速操纵系统提供稳定、可靠的压力油。本书的独立油源直接使用车辆24 V直流电源（车载电瓶）供电，在发动机不工作、车辆电源允许的情况下，系统可以正常工作，方便系统调试及维修保养。

该独立油源主要由油箱、电机泵集成系统、蓄能器、压力传感器、电磁继电器、电源控制开关、出油口控制开关、连接油管、控制电缆等组成。如图3.5所示。系统液压油源的工作原理如图3.6所示。

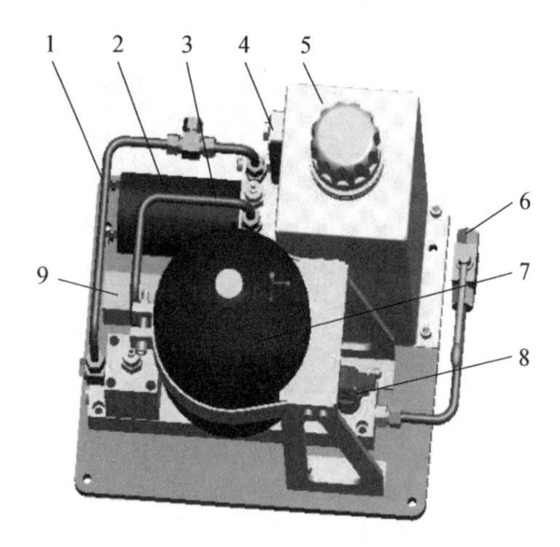


**图 3.5　独立油源**

1—回油管；2—电机；3—进油管；4—油量观测计；5—油箱；
6—出油口；7—蓄能器；8—压力传感器；9—电磁继电器

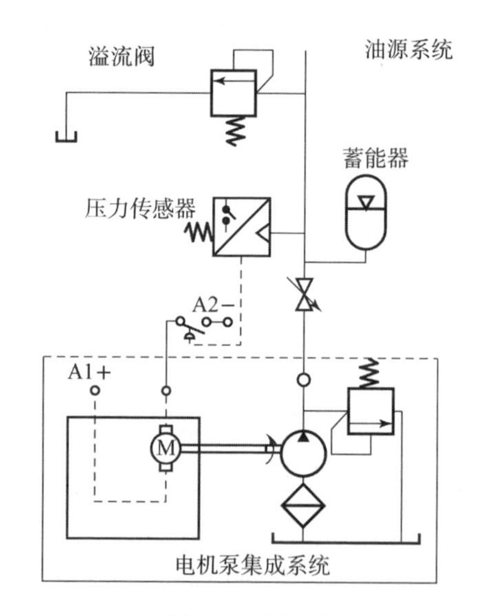


**图 3.6　系统液压油源的工作原理**

压力传感器不断检测油源压力，然后将信号传给变速器控制单元(transmission control unit，TCU)，当检测到压力低于所设定最低值时，控制电磁继电器接通，直流电机工作，启动油源泵开始打压。当检测到压力大于设定的最高值时，控制电磁继电器断开，直流电机停止工作，确保油源压力在所设定最低值和最高值之间，给自动变速操纵系统提供稳定的油压。

## 3.3　电控–液动机械执行部件设计

为了取消原有机械传动的离合器踏板和手动变速杆，只靠唯一保留下来的加速踏板，加上若干传感器实现自动变速操控，本系统通过四个部件的控制实现自动操纵。

### 3.3.1　变速器换挡控制执行部件

除了需要增加变速器的输入轴转速传感器和输出轴转速传感器外，变速器的基本结构与手动变速器没有区别，主要的变动是手动变速杆操纵的机构由液压执行器代替。

1. 选位、挂挡机构的液压驱动原理

由于变速器采用主副箱结构，因此自动换挡操纵要涉及对主变速器和副变速器两个操纵机构的改造。

副箱高/低挡转换操纵原理如图3.7所示。采用两个二位三通电控气动换向阀替代原机械变速器高低挡的换挡气动阀。电磁阀控制动作如表3.1所示。通过控制Q1与Q2两个电控气动阀的通、断电，控制高/低挡转换气缸的动作，实现高低挡的转换。高/低挡转换操纵动作的反馈通过变速器上已配置的高/低挡开关信号获得。

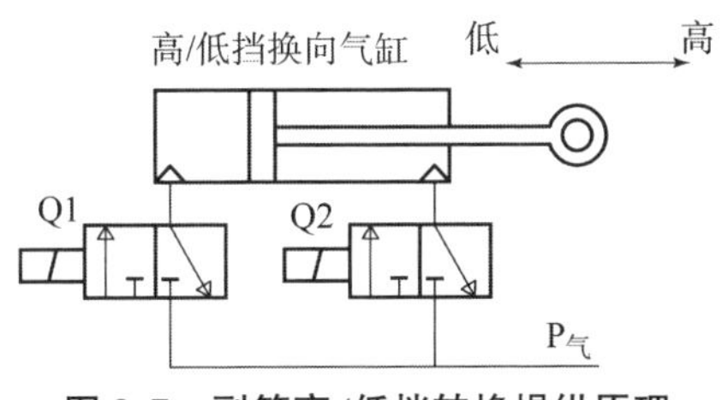


**图3.7　副箱高/低挡转换操纵原理**

**表3.1　电磁阀控制动作**

| 动　作 | Q1 | Q2 |
|---|---|---|
| 高　挡 | ○ | |
| 低　挡 | | ○ |
| 自由位置 | | |
| 注：“○”表示电磁阀通电 | | |

主变速器的电控操纵机构方案原理如图 3. 8 所示。

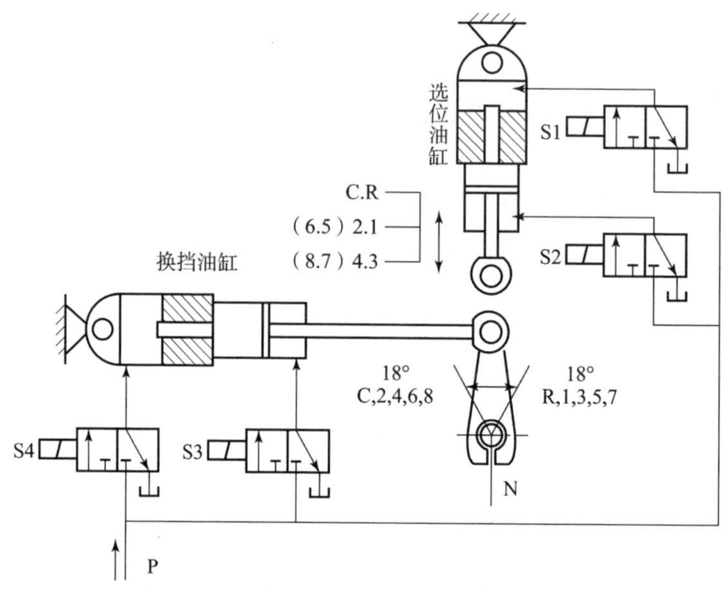


**图 3. 8　主变速器的电控操纵机构方案原理**

轴线互成 90°垂直布置的两个油缸分别负责完成选位和换挡操作，换挡油缸和选位油缸都是三位油缸。通过 S3 与 S4 两对电磁阀可控制换挡油缸实现摘空挡和挂挡操作。通过 S1 与 S2 两个电磁阀可控制选位油缸活塞杆在三个槽位中自动选位。两个油缸均设有行程传感器，向 TCU 发送动作位置的反馈信号。从结构原理中可以看到，电磁阀只有在换挡操作期间才需通电工作。而换挡操作完成之后，就可恢复断电状态，这样有利于减少电磁阀的功耗，提高它的工作可靠性和寿命。同时，换挡过程中，电磁阀采用 PWM 控制，可以实现换挡过程的柔性操作。

2. 换挡工作原理

当 TCU 发出换挡指令时，相关电磁阀按表 3. 2 的逻辑适时通电即可完成选位、换挡操纵。

**表 3. 2　电磁阀动作逻辑**

| 挡位 | S1 | S2 | S3 | S4 | Q1 | Q2 |
| --- | --- | --- | --- | --- | --- | --- |
| R 挡 | | ● | | ● | | ● |

续表

| 挡位 | S1 | S2 | S3 | S4 | Q1 | Q2 |
|---|---|---|---|---|---|---|
| C 挡 | | ● | ● | | | ● |
| 1 挡 | ● | ● | | ● | | ● |
| 2 挡 | ● | ● | ● | | | ● |
| 3 挡 | ● | | | ● | | ● |
| 4 挡 | ● | | ● | | | ● |
| 5 挡 | ● | ● | | ● | ● | |
| 6 挡 | ● | ● | ● | | ● | |
| 7 挡 | ● | | | ● | ● | |
| 8 挡 | ● | | ● | | ● | |
| 空挡 | | | ● | ● | ● | |

以2 挡换3 挡为例来说明其工作原理。首先假定液压缸处于2 挡位置，换挡时，TCU 发送控制指令给离合器执行机构，使离合器分离。接着，TCU 发送换挡指令给换挡执行机构，同时接通电磁阀 S3、S4，使换挡液压缸两腔分别作用相同压力的油，使换挡活塞杆回到中间位置，原来的 2 挡换为空挡。当换挡传感器确认其到达指定位置时，同时断开电磁阀 S3、S4，接通电磁阀 S1，使选位油缸中的活塞杆运动到最下端，即 3 挡所在的位置。当选位传感器确认其到达指定位置时，接通电磁阀 S4，使换挡活塞杆向右移动至最右端，由空挡挂到 3 挡。之后，换挡传感器会发出信号表明液压缸已经到位，这时，TCU 控制电磁阀 S1 断电，再将电磁阀 S4 断电。选位液压缸和换挡液压缸高压油腔都接回油路，自动卸荷。活塞杆依靠换挡锁紧机构作用不至于跳挡、乱挡。最后 TCU 向离合器执行机构发送指令，使离合器接合。简而言之，换挡过程为离合器分离→摘空挡→选位→挂挡→离合器接合。

### 3.3.2　离合器控制执行部件

1. 离合器自动操纵实现

电控液压式操纵机构具有功率质量比大、工作平稳、适于自动控制的优点，适合重型车辆使用。重型车辆的离合器分离弹簧尺寸较大，对操纵力要求高，由于液压操纵机构功率质量比大，小的尺寸就可以输出较大的力，有助于减小离合器操纵机构的尺寸，便于机构在整车上的布置。本章设计了液压式离合器自动操纵机构，安装在试验车辆原有的气助力式人工离合器操纵机构上，实现了离合器的自动操纵，如图 3. 9 所示。

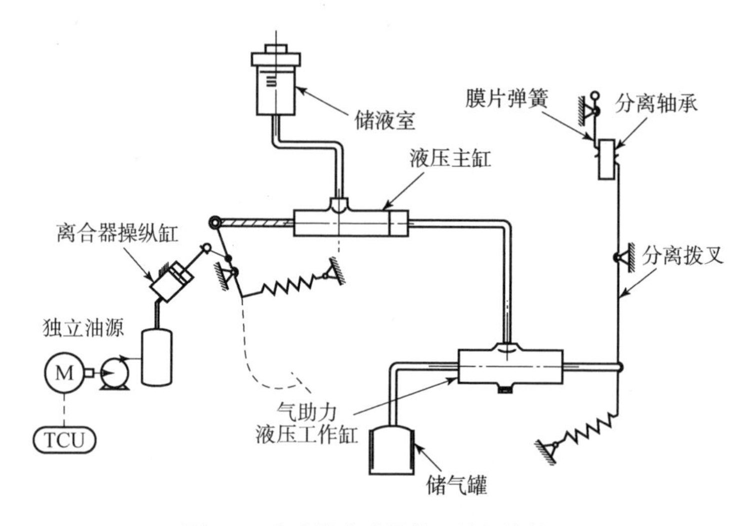


**图 3. 9　离合器自动操纵系统机构简图**

图 3. 9 所示的离合器自动操纵系统保留了原有的人工离合器操纵系统的基本机构，由自动操纵油缸代替驾驶员推动离合器主缸活塞，在主缸内形成操纵油压，通过油管传递到气助力液压工作缸，在液压工作缸内，操纵油压触发气压助力，在气压和液压的共同作用下，液压工作缸的推杆伸出，推动离合器分离杠杆，达到分离离合器的效果。离合器接合时，系统的工作流程与分离过程相反。当操纵缸充高压油时，离合器主缸内的工作液被施加压力，离合器分离；当操纵缸接通回油路时，离合器主缸内的工作液被推回，离合器接合。

这种结构的离合器自动操纵系统可靠性高、改装成本低，只需要根据人工操纵力的大小和操纵时间等设计离合器操纵缸的工作直径等相关参数，就可以满足离合器操纵的基本性能要求。同时系统通过保留人工操纵踏板，在离合器自动操纵缸发生故障时，则可以将自动操纵转变为人工操纵，使 AMT 具备一定的故障应急能力，提高车辆的野外生存能力。

依据图 3.9 所示的离合器自动操纵系统机构简图，可以将整个系统分为两个部分：第一部分是离合器自动操纵部分，包括独立油源、控制单元、离合器操纵缸等，该部分的油路简图如图 3.10 所示；第二部分是离合器的原始人工操纵部分，包括液压工作缸、辅助气源、离合器分离杠杆等。

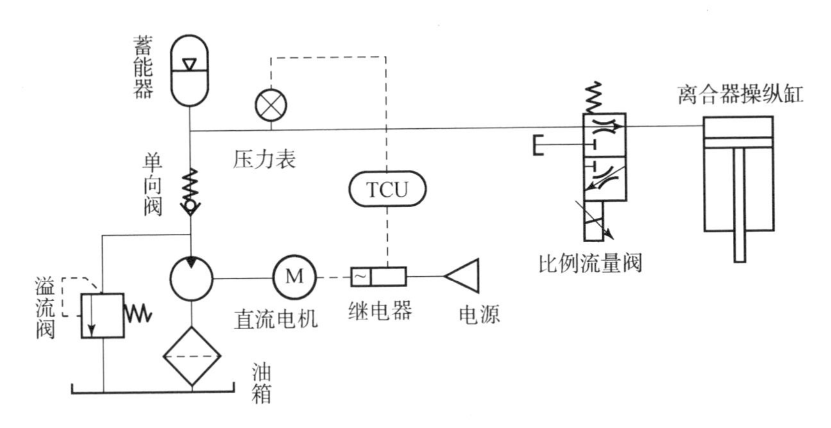


**图 3.10　离合器自动操纵机构油路简图**

通过 TCU 可以将独立油源蓄能器中的工作油液压力保持在适当的范围内，以满足离合器操纵力的需求。离合器自动操纵部分采用比例流量阀，有分别连接高压油路、回油路及油缸工作腔的三个通路，通过对其工作电压进行调节，进而实现油路连接的切换及出入油流量的调节。当高压油路与离合器操纵缸工作腔相连时，工作油液进入工作腔，离合器分离；当工作腔与回油路连接时，工作油液自工作腔中卸出，离合器接合。

2. 自动操纵机构工作特性计算

离合器操纵机构的运动学关系可用图 3.11 说明。离合器液压主缸和液压工作缸的复位弹簧的弹性力、传动机构的摩擦力等对离合器液压操纵机构的影响不大，在下面的理论计算中忽略不计。如图 3.11 所示，当离合器操纵缸进油时，其活塞杆伸出，通过中间的连接杠杆推动液压主缸的活塞杆，在液压主缸与气助力液压工作缸之间的油路内形成工作油压，再通过气助力液压工作缸的随动活塞开启气阀门，接通助力气压。

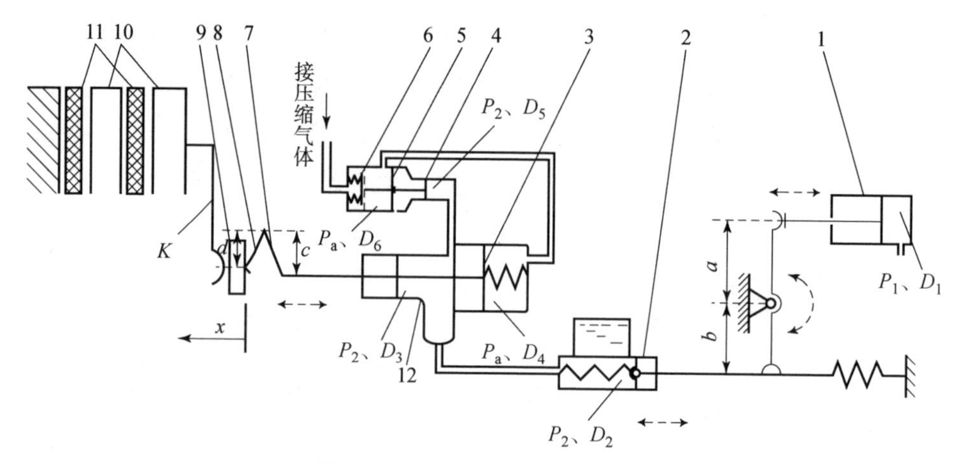


**图 3.11 离合器操纵机构的简图**

1—离合器操纵缸；2—液压主缸；3—气助力液压工作缸活塞；4—换向活塞；5—随动活塞；
6—气阀门；7—分离臂；8—分离拨叉；9—分离轴承；10—分离杠杆及压盘；
11—从动盘；12—气助力液压工作缸

图 3.11 中，$P_1$ 为离合器操纵缸内的工作压力，MPa；$P_2$ 为液压主缸内的工作压力，MPa；$P_a$ 为助力缸气体压力，MPa；$D_1$ 为离合器操纵缸活塞直径，mm；$D_2$ 为液压主缸活塞直径，mm；$D_3$ 为气助力工作缸液压部分活塞直径，mm；$D_4$ 为气助力工作腔直径，mm；$D_5$ 为换向活塞的液压工作腔直径，mm；$D_6$ 为随动活塞的气压工作腔直径，mm；$x$ 为离合器分离轴承行程，mm；$a$，$b$，$c$，$d$ 为各传动杆件的等效长度，mm。令 $k_1$ 为踏板部分传动比，$k_1 = a/b$；$k_2$ 为分离轴承杠杆传动比，$k_2 = c/d$。

设 $l_1$ 为离合器操纵缸活塞行程，mm；$l_2$ 为液压主缸活塞行程，mm；$l_3$ 为气助力液压工作缸活塞行程，mm；$l_5$ 为换向活塞打开气阀门所需的行程，mm；$\Delta l$ 为消除离合器操纵机构各部件自由行程所消耗的离合器操纵缸的行程，mm；$x_{max}$ 为离合器完全分离所需要的分离轴承的行程，mm。

以上各参量满足式（3.1）。

$$\begin{cases} l_1 = Dl + k_1 l_2 \\ l_2 D_2^2 = l_3 D_3^2 + l_5 D_5^2 \\ l_3 = k_2 x \end{cases} \tag{3.1}$$

对式（3.1）进行迭代计算，得到离合器操纵缸活塞行程的计算公式（3.2）。

$$l_1 = Dl + \frac{k_1}{D_2^2}\ (k_2 D_3^2 x + l_5 D_5^2) \tag{3.2}$$

当离合器分离行程到达极大值 $x_{max}$ 时，离合器操纵缸活塞的行程极限值 $l_{1max}$ 为

$$l_{1max} = Dl + \frac{k_1}{D_2^2}\ (k_2 D_3^2 x_{max} + l_5 D_5^2) \tag{3.3}$$

由于离合器操纵系统中各部件的惯量较小，因此离合器分离和接合过程中，各部件的加速阻力对操纵过程影响较小，可以忽略不计，在车辆气助力系统能够提供足够的气压时，离合器操纵机构各部件满足式（3.4）。

$$\begin{cases} P_2 \times {D_5}^2 = P_a \times {D_6}^2 \\ F_{sp} = k_2 \eta_1 \left( P_2 \dfrac{\pi {D_3}^2}{4} + P_a \dfrac{\pi {D_4}^2}{4} \right) \\ P_2\ {D_2}^2 + F_{ta} = k_1\ {D_1}^2 P_1 \end{cases} \tag{3.4}$$

式中，$F_{sp}$ 为离合器膜片弹簧产生的弹性力，N；$F_{ta}$ 为离合器踏板复位弹簧产生的弹性力，N；$\eta_1$ 为离合器操纵机构的传动效率。

对以上公式进行迭代计算，得到离合器操纵缸内压力的计算公式（3.5）。

$$P_1 = \frac{F_{sp} D_2^2}{k_1 k_2 D_1^2 D_5^2 h_1 \left( \dfrac{p D_3^2}{4} + \dfrac{D_5^2 p D_4^2}{D_6^2\ 4} \right)} + \frac{F_{ta}}{k_1 D_1^2} \tag{3.5}$$

人工离合器操纵系统在使用时，气助力系统失效的条件下，驾驶员通过增加踏板力仍可以实现离合器的操纵，因此在离合器自动操纵系统设计时，仍需要满足这一特殊使用条件。

无助力条件下的离合器操纵过程中，操纵机构各部件满足式（3.6）和式（3.7）。

$$F_{sp} = P_2 k_2 h_1 \frac{p D_3^2}{4} \tag{3.6}$$

$$P_2 D_2^2 + F_{ta} = k_1 D_1^2 P_1 \tag{3.7}$$

对以上公式进行迭代计算，得到无助力条件下离合器操纵缸内压力的计算公式（3.8）。

$$P_1 = \frac{1}{k_1 D_1^2} \left( \frac{4 F_{sp} D_2^2}{k_2 p D_3^2 h_1} + F_{ta} \right) \tag{3.8}$$

根据离合器所用膜片弹簧的弹性特性曲线可知，膜片弹簧产生的最大弹性力发生在离合器行程的中间点附近，设此极大值为 $F_{spmax}$，将此值代入式（3.8）中，得到离合器操纵缸内压力的极限值 $P_{1max}$ 为

$$P_{1max}=\frac{1}{k_1D_1^2}\left(\frac{4F_{spmax}D_2^2}{k_2pD_3^2h_1}+F_{ta}\right) \tag{3.9}$$

根据以上计算，离合器操纵系统的液压自动操纵机构进行设计时，其离合器操纵缸活塞行程的设计极限值要满足式（3.3），供油系统所需提供的油压也要大于式（3.9）所示的极限油压，否则就不能满足离合器的正常操纵需求。

3. 自动操纵机构工作特性试验

依据本试验车辆的具体参数，通过设计计算得知其离合器操纵缸的活塞行程的设计值应大于 40 mm，供油系统所需提供油压应大于 2.6 MPa。

环境温度 20 ℃条件下，对离合器自动操纵机构操纵离合器接合和分离的过程进行了试验，得到其特性曲线，如图 3.12 所示，由图中曲线可知，离合器电磁阀控制占空比和离合器接合、分离速度的对应关系。

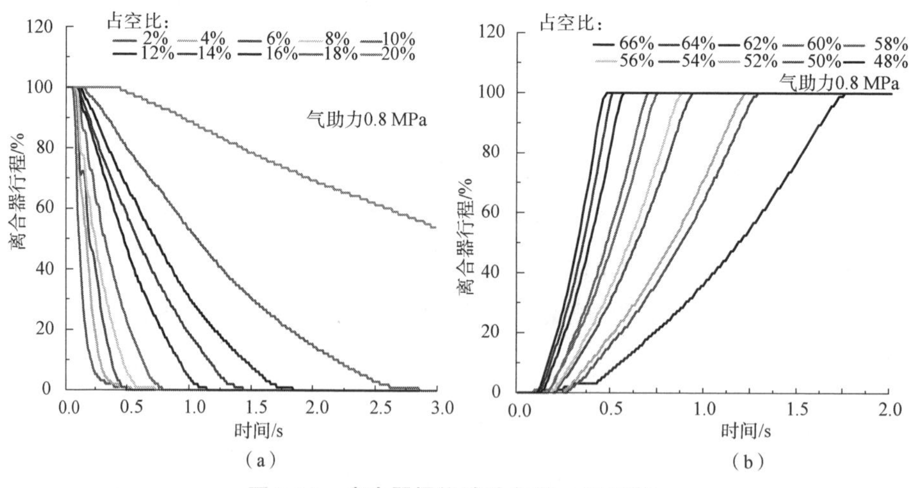


**图 3.12　离合器操纵试验曲线（见彩插）**

（a）离合器接合曲线；（b）离合器分离曲线

如图 3.12（a）所示，随着电磁阀控制占空比的增加，离合器的接合速度逐渐减慢，控制占空比增加到一定数值（30% ~40%）时，离合器接合速度趋于零，离合器处于保持状态；如图 3.12（b）所示，随着控制占空比的继

续增加，离合器的运动方向发生转变，离合器开始分离，并且分离速度逐步增加。从图 3. 12 可以得知，上文中设计的离合器自动操纵系统的最快分离时间小于 0. 3 s。

图 3. 13 所示为离合器分离人工操纵试验曲线，通过对比证明：离合器自动操纵系统操纵离合器分离的时间足够短，与相同机构尺寸的离合器人工操纵系统的人工操纵离合器分离的时间相当，能够满足车辆操纵性能需求。分离速度快有利于减小离合器分离过程中主、从动部分的磨损，同时还可以缩短换挡时间，提高车辆的动力性。

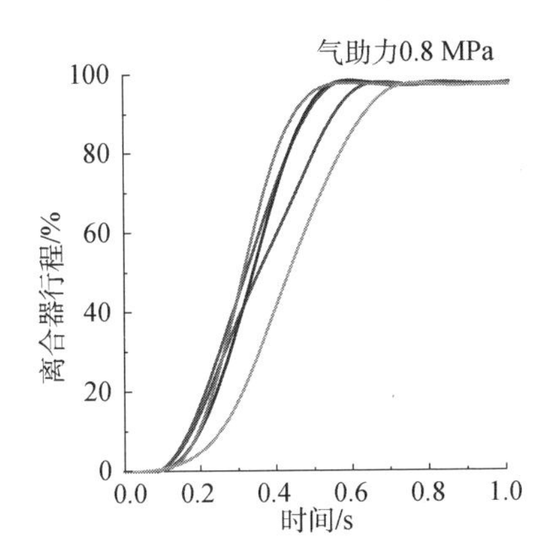


**图 3. 13　离合器分离人工操纵试验曲线（见彩插）**

离合器操纵缸的控制电磁阀通过对油路的截流口宽度进行调节的方式来控制离合器的接合速度，是典型的孔口截流工况，忽略管路系统中的沿程能量损失和局部能量损失，操纵油路内的液压油流量 $v_{液}$ 可以用下面的公式计算：

$$v_{液}=C_{u}\sqrt{\frac{2}{r}P_{1}}=C_{u}\sqrt{\frac{2}{r}\left[\frac{F_{sp}D_{2}^{2}}{k_{1}k_{2}D_{1}^{2}D_{5}^{2}h_{1}\left(\frac{pD_{3}^{2}}{4}+\frac{D_{5}^{2}pD_{4}^{2}}{D_{6}^{2}\ 4}\right)}+\frac{F_{ta}}{k_{1}D_{1}^{2}}\right]} \tag{3.10}$$

式中，$C_u$ 为速度系数，一般取 0. 97 ~0. 98；$\rho$ 为工作油液密度，$kg/m^3$。

操纵油路内液压油流量与离合器操纵缸的活塞运动速度呈正比，又由式（3. 2）可知，离合器操纵缸的活塞运动速度与离合器的接合速度呈正比关系，因此可用液压油的流量 $v_{液}$ 表示离合器的运动速度。结合式（3. 10）可知，同一节流孔径下，离合器的接合速度取决于膜片弹簧的弹力。

同一占空比下，离合器自动接合速度曲线如图 3. 14 所示，在离合器接合过程中当行程达60% ~80%时，其接合速度达到最大值，而后随着其分离行程的减小，离合器的接合速度逐渐降低，这与离合器膜片弹簧的弹性力变化趋势相符。离合器接合速度不但与控制占空比相关，还随离合器行程而变，这一趋势是起步过程控制中所必须要考虑的。

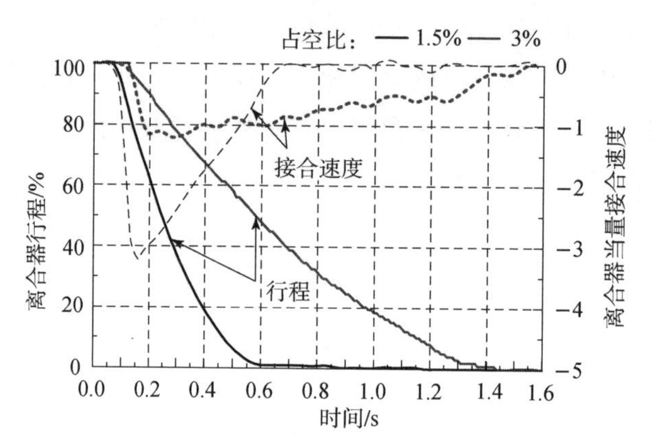


图 3.14 离合器自动接合速度曲线（见彩插）

### 3.3.3 AMT 车辆实施发动机协调控制的必要性

AMT 在切断动力换挡时，不像液力变矩器在起步、换挡过程中能缓和振动与冲击。目前在实际工作中出现的换挡品质问题主要在传动比变化较大的挡位转换过程中。由于传动比变化大，同步前变速器主、从动轴转速差大，同步时间长或产生同步冲击，从而增加了滑摩时间或造成换挡冲击。因此应主要解决换挡时序、离合器与发动机的协调控制问题。

换挡时序是发动机、离合器、变速器三者协调动作的时序。换挡时序的重点是离合器的分合动作与发动机转速控制间的配合。以升挡过程举例说明，要求在离合器分离时，控制油门刚好使发动机转速下降，如果油门动作过晚，由于负荷减小可能使发动机转速上升。反之可能造成离合器未完全分离，而发动机转速下降，造成车速下降，影响车辆的动力性。在离合器接合阶段恢复油门开度，使发动机输出扭矩按一定速度回升，并保持在冲击度允许的范围内。若离合器接合过早就会产生扭矩振荡；若油门开度恢复，指令发出过早，则会使发动机转速在离合器未接合之前回升，加剧离合器的滑摩。

起步与换挡过程都需要对发动机转速/扭矩进行自动控制，使发动机按照设定的目标转速运行。起步阶段发动机转速控制的目标是：将发动机转速/扭矩维持在不会引起熄火又能使车辆正常起步的较低稳定转速，这样既可减小起步过程的滑摩功，又可避免发动机轰响。发动机转速/扭矩的调节通过油门控制实现，换挡过程发动机转速控制目标是：以升挡过程为例，在分离离合器的同时降低发动机转速，避免发动机空载高速。挂挡动作完成后离合器接合的同时，使发动机转速/扭矩调节到新挡位离合器从动盘的转速/扭矩。该转速由当时车速、新挡变速器传动比及传动系统参数决定。当由低挡换高挡时，由于传动比减小，而换挡瞬间车速保持不变，换挡后发动机转速应低于换挡前转速；由高挡换低挡时，传动比增大，要求发动机转速高于换挡前转速，以适应传动比的变化，减小离合器接合时主、从动盘之间的转速差，达到同步接合，加快离合器接合过程，缩短换挡时间，延长离合器寿命和减小换挡冲击的目的。起步、换挡过程发动机转速通过自行研制开发的油门伺服控制系统自动进行控制，然后发动机转速/扭矩逐步过渡到与当前油门踏板位置所对应的转速/扭矩，并由油门踏板控制。

换挡过程中对发动机的控制有两个目的：一是减小离合器接合过程中主、从动部分的转速差；二是与离合器的接合过程相协调，以加快换挡过程。这涉及在换挡过程中对发动机控制的起始时刻和控制量的大小。

### 3.3.4　基于 CAN 总线的发动机协调控制

在柴油机的电子控制系统中，最早研究并实现产业化的是电子控制的柴油喷射系统。随着排放法规的加严以及加工和制造技术的进步，先后出现了三代电控燃油喷射系统，即第一代的位置控制式电控燃油喷射系统、第二代的时间控制式（喷射电磁阀）电控燃油喷射系统，以及第三代的高压共轨系统。其中的第一代电控系统由于不能满足更加严格的排放法规，因此将逐步退出市场，只在特定车辆上采用。无论对于哪一代柴油机电控燃油喷射系统，均留有与自动变速器的数据共享和协调控制的接口，最普遍采用的是基于 CAN（controller area network，控制器局域网络）总线的方式，应用层协议采用的是 SAE J1939。

为了共享动力参数和由 AMT 系统控制换挡时柴油机的转速与转矩，需要用到的 SAE J1939 标准的参数和参数组如下简述，并对其在系统控制中的应用进行说明。

（1）转矩/转速控制参数组。该参数组主要用于通信系统其他节点控制柴油机转速和转矩，含有五个参数，分别是：优先控制模式优先级、要求的转速控制状况、优先控制模式、要求的转速/转速极限值、要求的转矩/转矩极限值。

优先控制模式优先级是指柴油机对该控制报文的响应速度，由于是在换挡过程中实时控制柴油机，因此设定的优先权为01，该优先权用于要求实时动作以保证车辆操纵安全的应用场合。

优先控制模式区分该参数组用于转速控制还是转矩控制，提出的是目标值还是最大值。

要求的转速/转速极限值是指转速控制模式激活时期望的柴油机工作转速，或是转速限制模式激活时不希望柴油机超过的转速。换挡过程中就是通过该参数来控制柴油机转速的。

要求的转矩/转矩极限值以指示转矩占柴油机峰值转矩的百分比的形式表示，是当柴油机转矩控制模式激活时柴油机期望的工作状态下的转矩或是当转矩限制模式激活时期望柴油机不要超过的转矩。要求的转矩可以为零转矩，同时也暗示燃油供给应为零，此时柴油机不允许失速。

（2）油门位置和柴油机转速。这两个参数是传动系统中的常用参数，主要应用于换挡规律，在数据采集上也需要这两个参数做分析之用。

油门位置：油门实际位置与油门大位置的比值。此项参数除作为确定动力传动系统要求的输入之外，还向 AMT 及 ASR［acceleration slip regulation，驱动（轮）防滑］系统提供驾驶员动作的预测信息。

所在参数组：电子发动机第二控制参数组。

参数在数据场的位置：第 2 字节。

参数范围：0 ~ 100% 。

分辨率：0.4% 。

刷新率：50 ms。

柴油机转速：实际柴油机转速是用柴油机曲轴转过 720°的时间除以柴油机气缸数。

所在参数组：电子发动机第一控制参数组。

参数在数据场的位置：第4、5字节。

参数范围：0 ~8 031 r/min。

分辨率：0. 125 r/min。

刷新率：20 ms。

(3) 换挡时的辅助参数。除了动力系统常见参数外，SAE J1939 标准还提供了一些特殊参数以辅助换挡，对换挡时的品质大有助益。例如，柴油机期望工作转速不对称调节。该参数用于变速器换挡规律，表示柴油机选择相对高或低的转速使得其转速在期望转速附近略有波动。如果不启用该参数，在不分离离合器换挡操纵过程中调节变速器的输入轴转速和输出轴转速同步时，易发生齿轮没有错开以致无法挂挡。启动该调节功能会使输入轴转速和输出轴转速有细微差别以保证挂挡。

## 3. 4　电控系统设计

### 3. 4. 1　传感器

1. 选挡器

选挡器是自动变速器中的重要器件，它在 AMT 控制系统中所起的作用如下。

(1) 作为人机界面。选挡器是人与控制系统之间交互作用的界面器件。

(2) 表达驾驶意图。车辆在不同路况行驶时，驾驶员的驾驶意图可通过操作选挡器输送给控制单元，以便系统按驾驶意图执行并自动完成各种功能的操作。

选挡器的功能要求可以归纳如下。

(1) 操纵应简单轻便、省力灵活，且易于掌握，不易发生误操作。

(2) 有良好的可驾驶性，能适应各种地形、道路与交通状况的行驶需要。

(3) 能满足多种车辆传动装置的操纵要求，即在全部排挡范围内既可以自动选挡也可以手动选挡。

传统的机械挡杆受限于机械结构，必须靠近变速器。而自动变速器的选挡器是电子挡杆，不必受限于机械结构，可以远离变速器，做成各种各样的形式，而且操作更加灵敏、快捷，于是就有了怀挡、旋钮、地排、按键式等多种形式的选挡器布局。

本书介绍手柄式选挡器，其外形及主要功能如图 3.15 所示。安装在驾驶员的右侧，可用手扳动手柄在其导槽内移动。手柄式选挡器共有 8 个柄位（D3、D2、D1、H、↑、↓、N、R）。根据标牌及手感，可以选择所需的柄位。

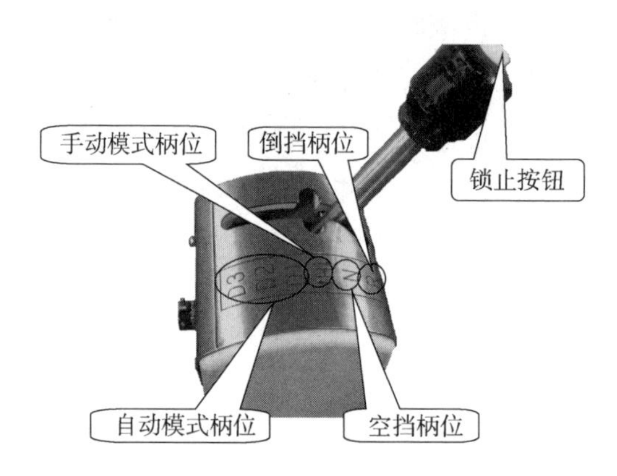


**图 3.15　手柄式选挡器外形及主要功能**

通过 8 个柄位，可以有如下选挡模式。

“D3”柄位：车辆以 3 挡起步，可在 3 ~ 8 挡自动选择最佳挡位，属于自动选挡模式。

“D2”柄位：车辆以 2 挡起步，可在 2 ~ 8 挡自动选择最佳挡位，属于自动选挡模式。

“D1”柄位：车辆以 1 挡起步，可在 1 ~ 8 挡自动选择最佳挡位，属于自动选挡模式。

“H”柄位：两个功能：①车辆起步时，以“C”（爬）挡起步。②车辆行驶时，保持当前挡位，属于手动选挡模式。车辆行驶过程中，在未踩下制动踏板的情况下，无论当时是在哪个排挡（爬挡除外）工作，一旦将手柄移至“H”位，则不管车速和油门踏板位置如何变化，均可保持该排挡不变，直到下次操作手柄为止。

“↑”柄位：手动选择升挡柄位，属于手动选挡模式。当手柄从“H”位向左拨到该柄位时，即可使变速器完成一次升挡。松开手柄后，手柄自动返回“H”位（保持挡）位置。如要多次升挡，可再多次扳动手柄。每次扳动时，手柄在此位置停留的时间应不小于0.5 s。

“↓”柄位：手动选择降挡柄位，属于手动选挡模式。与“↑”位相似，当手柄由“H”位拨到“↓”位时，可使变速器完成一次降挡，也可多次操作使之多次降挡。可降入的最低挡位是1挡。

“N”柄位：空挡位置，用于摘空挡。不论在何时将手柄移至“N”位，都可实现摘空挡操作。为了安全起见，在手柄上设置安全装置，手柄如要移离“N”位，须将手把上部的白色按钮按下后才能进行操作。

“R”位：倒挡位置，用于倒挡起步和行驶。

手柄由“N”位推至“H”“R”“D1”“D2”“D3”位时，需按下手柄上部的白色锁止按钮，其余相邻位置之间的切换无须此操作。

2. 驾驶员驾驶意图传感器

除了选挡器，能够体现驾驶员驾驶意图的传感器是加速踏板位置传感器和制动状态传感器。对于电控发动机，加速踏板位置传感器直接从CAN总线上读取。制动状态传感器一般取自整车刹车灯电路，这里不再赘述。

3. 转速/车速传感器

AMT系统需要测量的转速包括发动机转速、变速器输入轴转速和变速器输出轴转速。

（1）发动机转速。对于电控发动机，发动机转速可以直接从CAN总线上读取。

（2）变速器输入轴转速。变速器输入轴转速是代表动力传动系统状态的重要参数，尤其是可以体现离合器工作状态（配合发动机转速）、变速器挡位状态（配合变速器输出轴转速）。

（3）变速器输出轴转速。变速器输出轴转速是代表车辆行驶状态的重要参数，通常可以用其来计算获得车速，并可以体现变速器挡位状态（配合变速器输入轴转速）。

目前，常用的可以用于测量变速器输入/输出轴转速的传感器有磁电式转速传感器和霍尔式转速传感器。

磁电式转速传感器由于具有结构简单、安装方便、价格适中等优点，因此一直被广泛应用于车辆的自动控制系统中。但是，磁电式转速传感器对准静态无效。

霍尔式转速传感器外围电路简单，具有良好的低频和高频特性，低频可至0 Hz，用于旋转机械的零转速测量，高频可至20 kHz频带宽。

4. 开关信号传感器

开关信号传感器能将高电平和低电平状态传给TCU，用以反映两种不同的状态，而多个开关信号的高低电平状态的组合则能以编码的方式反映多种状态。本书的AMT系统中涉及开关量信号传感器的有如下几种。

（1）制动踏板开关信号：反映驾驶员是否对车辆实施制动操作的信号。

（2）驻车制动开关信号：反映驾驶员是否拉上手刹的信号。

（3）高低挡区信号：作为高低挡区转换气缸的反馈信号，反映气动电磁阀的动作状态。

### 3.4.2 电子控制器

电子控制器是整个AMT系统的控制中心，它由最小系统和外部处理电路组成，并通过电缆与传感器、执行器连接。TCU采集并处理各种输入信号，与系统存储的换挡规律进行匹配，然后按照控制策略对执行机构进行控制。

1. MCU选型

MCU（micro control unit，微控制单元）是动力传动一体化控制系统的核心部分。它的选型和开发对动力传动系统的控制具有重要意义。AMT电控系统具有输入信号种类多且数量大、控制对象多、控制功能复杂、运算速度快、实时性要求高、可靠性要求高以及调试方式多样的特点，普通的8位MCU难以满足系统的控制要求。考虑到控制功能的需要和系统的扩展能力，应当选择资源丰富、运算速度快、集成度高、扩展能力强的微控制器。

考虑到飞思卡尔半导体推出的Qorivva MPC56××系列微控制器，具有增强的动力总成功能，可适应发动机和变速器所处的恶劣环境（可适应$-40\sim125$ ℃的温度范围），是汽车动力和传动应用的理想之选，本书选择这一系列中的MPC5644A，其主要优势包括以下几点。

（1）运算性能强大，系统频率最高可以达到150 MHz，并拥有高达

192 KB的RAM（随机存取存储器），性能强大。

（2）拥有4 M的片内Flash，可以通过片内Flash模拟EEPROM（electrically－erasable programmable read－only memory，电子抹除式可复写只读存储器）实现数据标定，避免了受电磁干扰引起的数据丢失。

（3）有用于实时处理的增强型时间处理单元（eTPU），用于频率量采集的计数器为24位，可以准确计量两个齿之间的最长时间间隔能达到16.78 s，按照28个齿的齿轮计算，其采集的最长转速周期为7.83 min，足以满足实际应用。

2. 最小系统

最小系统包括微控制器MPC5644A、供电电路、时钟电路、复位电路、JATG（联合测试工作组）调试接口电路、CAN通信电路、SCI（串行通信接口）电路和上电指示灯电路。该最小系统上除了包括基本的微控制器外围电路外，还集成了CAN通信模块和串行通信模块。这样的设计不仅提高了最小系统PCB（printed circuit board，印制电路板）的空间利用率，而且为联合调试及MCU故障排除等提供了方便，AMT系统电控系统结构如图3.16所示。

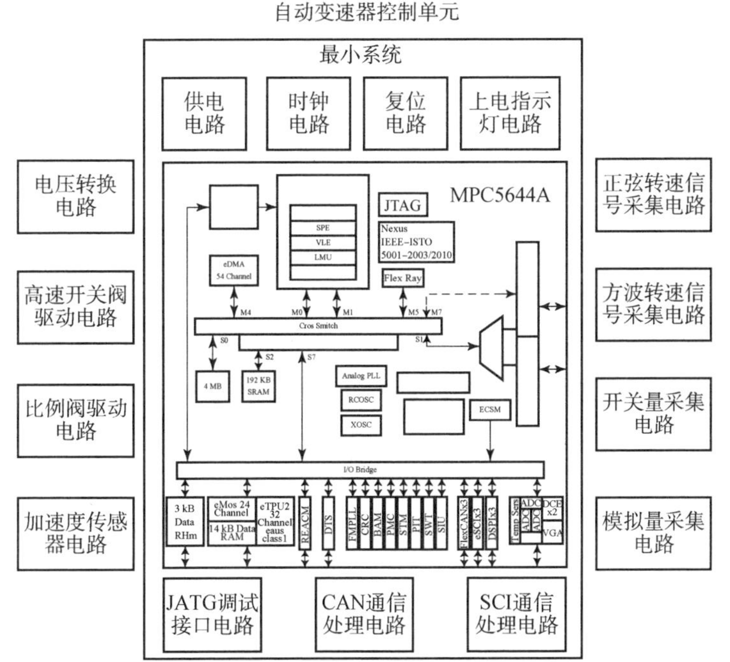


**图3.16　AMT系统电控系统结构**

3. 外围电路设计

1）开关量信号处理电路

为了防止信号的干扰，开关量信号经过图 3. 17 所示的光耦隔离电路后被微控制器接收。

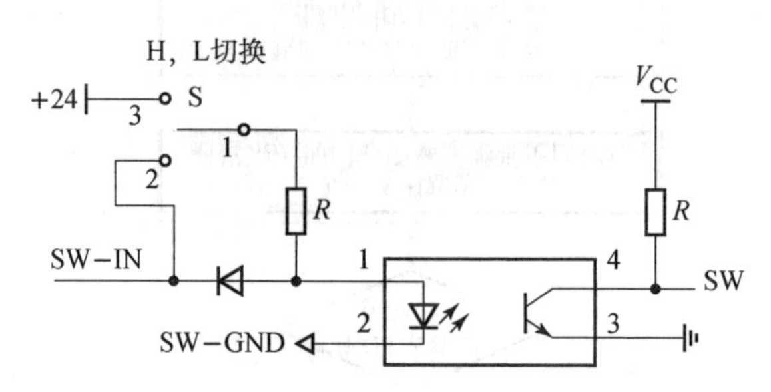


**图 3. 17 开关量光耦隔离电路**

2）转速传感器信号处理电路

在 AMT 系统中，频率量传感器主要用于采用各种旋转零件的转速信号。常见的有磁电式转速传感器和霍尔式转速传感器。为了使微控制器能识别频率信号，一般正弦波信号需要经过图 3. 18 所示的滤波电路、截压电路、放大电路和整形电路，将正弦信号转化为标准的 5 V 方波信号。

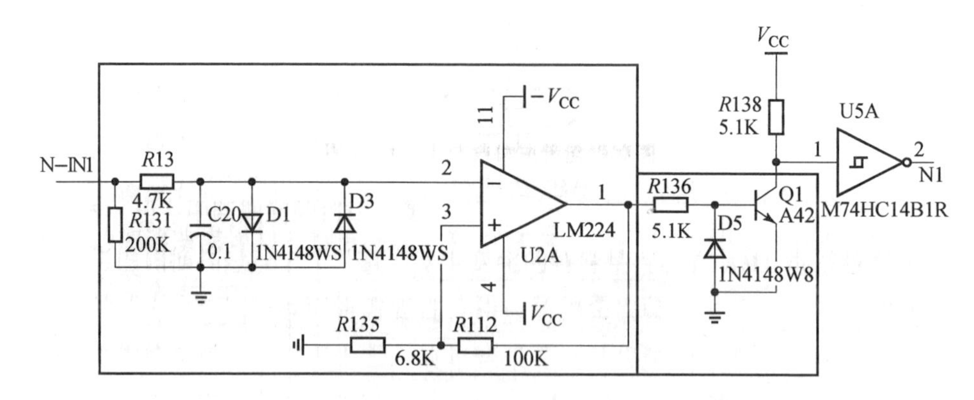


**图 3. 18 去掉黑框后得到输出轴转速信号处理电路**

双通道霍尔式转速传感器在采用 +5 V 的供电电压的情况下，只需将原有的磁电式转速信号处理电路去掉图 3. 18 中黑框中的部分即可实现对信号的处理，即频率信号直接经过上拉电阻将信号处理成方波，再经过施密特触发器即可实现对信号的处理。

3）模拟量信号处理电路

本书的 AMT 系统中主要有以下几种形式的模拟量传感器。

（1）离合器行程传感器：反映离合器分离和接合过程中执行机构的位置情况。

（2）选挡油缸行程传感器：反映选挡过程执行机构的位置情况。

（3）换挡油缸行程传感器：反映换挡过程执行机构的位置情况。

（4）液压油源的油压/油温传感器：反映液压油源系统的油温和油压值。

4）功率驱动电路

由于 MCU 输出的是数字信号，而且输出的电流小，用这种信号一般不能驱动执行器工作，需要输出电路将其转换成可以驱动执行器工作的控制信号。目前输出接口中应用较多的是开关功率器件，如功率晶体管、功率场效应管等，另外还有一些专用驱动 IC（integrated circuit，集成电路）。

对于电控－液动 AMT 系统和电控－气动 AMT 系统而言，功率驱动主要包括高速响应电磁阀和比例电磁阀的驱动，驱动方式可以是开关控制或脉宽调制控制。功率驱动电路的设计主要是选择合适的功率器件或功率驱动芯片。

（1）功率器件。对于电流较大的负载，如普通继电器和电磁阀等，可以接三极管或总线驱动芯片实现电流放大，必要时还应采用光耦隔离输出，使单片机系统免受所控外界电器的强电干扰。I/O（输入/输出）端口驱动三极管的电路如图 3.19 所示。其中图（a）为 PNP 型三极管的驱动，端口输出低电平时三极管饱和导通，其集电极电流允许数百毫安，能驱动较大负荷；图（b）为 NPN 型三极管的驱动，端口输出高电平时三极管导通。

因端口内部即使有上拉电阻，其输出电流（200 μA）也不足以使三极管饱和导通，故外接的上拉电阻 $R$ 是必不可少的，其阻值为 0.5～1 kΩ，太大不能保证饱和，会使三极管严重发热烧毁；太小会使端口在输出低电平时的吸入电流太大。

图 3.19（b）的优点是可以使用比单片机工作电压 $V_{cc}$ 高的电压（如 12 V、24 V）来驱动负荷，增大负荷器件的选择余地。但是由于使用正逻辑控制，单片机上电复位或是非正常时“看门狗”复位后端口输出高电平，有可能造成误控制。

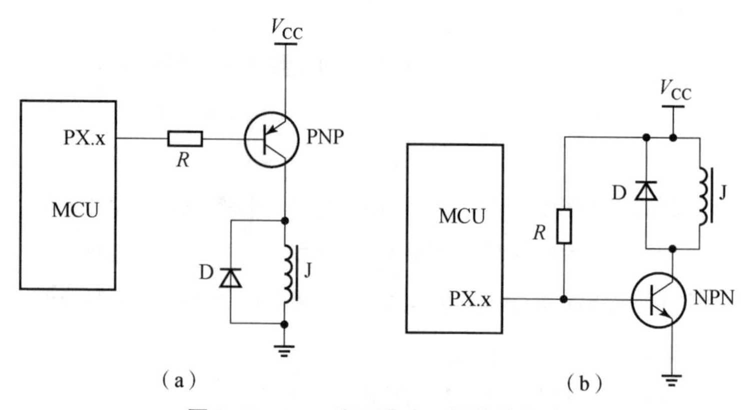


**图 3.19　I/O 端口驱动三极管的电路**

(a) PNP 型三极管的驱动；(b) NPN 型三极管的驱动

如果要达到隔离输出、防止单片机受外界强电干扰的效果，可以采用图 3.20所示单片机的光电耦合隔离输出电路，此时负逻辑控制和提高驱动电压的要求都能够一并实现。

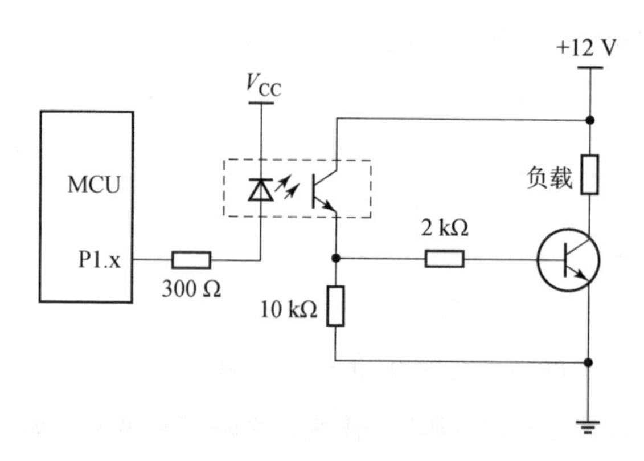


**图 3.20　单片机的光电耦合隔离输出电路**

如图 3.20 所示，为了防止产生干扰，控制电路和驱动电路之间采用了电源隔离。用光电隔离器件 TLP521 实现了数字电路同驱动电路之间的电源隔离，有效地防止了外部干扰的引入，图 3.21 所示为光电隔离器原理。

(2) 功率驱动芯片。这里列举一种基于功率驱动芯片的电磁阀驱动电路：英飞凌的 BTS724G。

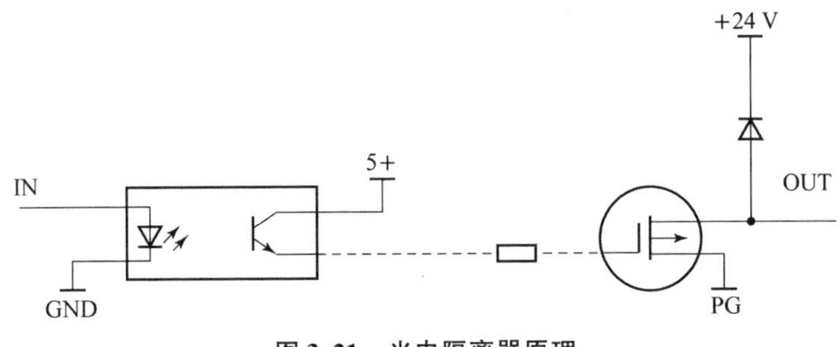

图 3.21　光电隔离器原理

英飞凌的 BTS724G 是 4 通道智能高边电源开关，通态电阻 90 mΩ，额定负载电流为 3.3 A。其内置 N 通道 MOSFET（金属－氧化物半导体场效应晶体管）栅极驱动器和电荷泵垂直功率晶体管，兼容 CMOS（complementary metal oxide semiconductor，互补金属氧化物半导体）输入。可以应用于几乎所有类型的电阻、电感和电容性负载，尤其适用于具有高浪涌电流的负载。它还具有诊断反馈功能，其中包括驱动开路和过热故障诊断反馈，可实现嵌入式保护功能。BTS724G 具体性能参数如表 3.3 所示。

表 3.3　BTS724G 具体性能参数

| 供电电压 $V_{bb}$/V | 5.5～40 | |
|---|---|---|
| 激活的通道数量 | 1 | 4 |
| 单通道激活通态电阻 $R_{ON}$/mΩ | 90 | 22.5 |
| 额定负载电流 $I_{L(NOM)}$/A | 3.3 | 7.3 |
| 电流限制 $I_{L(SCr)}$/A | 12 | 12 |

BTS724G 的结构如图 3.22 所示。其中，IN1～IN4 为逻辑电平输入通道，ST1/2、ST3/4 为第 1 通道和第 2 通道、第 3 通道和第 4 通道的诊断反馈引脚，OUT1～OUT4 为驱动信号输出通道，4 个功率输出通道由开漏输出的 CMOS 管组成，自带短路、过载、电流限制等保护，通过驱动芯片内部集成的钳位二极管，确保控制器在关闭状态下负载能处于开路状态。

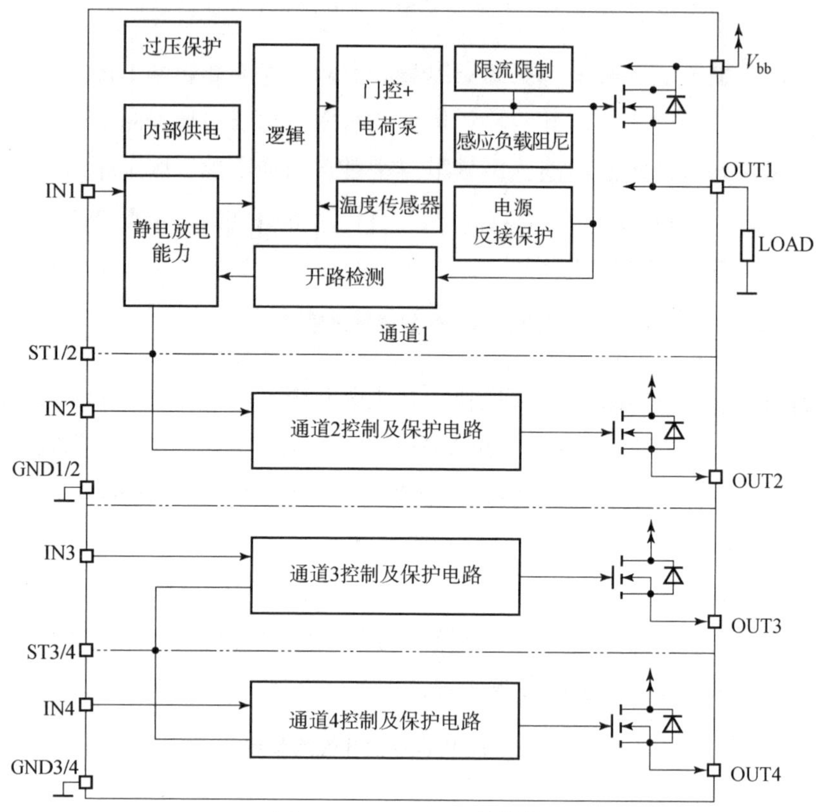


**图 3.22 BTS724G 的结构**

驱动电路举例如图 3.23 所示。

引脚定义和功能

| 引脚 | 符号 | 功能 |
|---|---|---|
| 1，10，11，12，15，16，19，20 | $V_{bb}$ | 电源电压正极。为通道1至通道2的同时最大短路电流设计，也适用于低热阻 |
| 3 | IN1 | 输入1, 2, 3, 4在逻辑高信号情况下激活通道1, 2, 3, 4 |
| 5 | IN2 | |
| 7 | IN3 | |
| 9 | IN4 | |
| 18 | OUT1 | 通道1, 2, 3, 4的输出1, 2, 3, 4, 带保护功能的高边驱动。需要设计最大短路电流的接线 |
| 17 | OUT2 | |
| 14 | OUT3 | |
| 13 | OUT4 | |
| 4 | ST1/2 | 通道1/2, 3/4的诊断反馈，漏极开路，故障时输出低电平 |
| 8 | ST3/4 | |
| 2 | GND1/2 | 地（通道1, 2） |
| 6 | GND3/4 | 地（通道3, 4） |

引脚排列图

（俯视图）

|  |  |  |  |
|---|---|---|---|
| $V_{bb}$ | 1 | 20 | $V_{bb}$ |
| GND1/2 | 2 | 19 | $V_{bb}$ |
| IN1 | 3 | 18 | OUT1 |
| ST1/2 | 4 | 17 | OUT2 |
| IN2 | 5 | 16 | $V_{bb}$ |
| GND3/4 | 6 | 15 | $V_{bb}$ |
| IN3 | 7 | 14 | OUT3 |
| ST3/4 | 8 | 13 | OUT4 |
| IN4 | 9 | 12 | $V_{bb}$ |
| $V_{bb}$ | 10 | 11 | $V_{bb}$ |

**图 3.23 驱动电路举例**

## 3.5 电控系统功能软件设计

通过对系统各种信号的循环检测、采集处理，并根据对车辆行驶状态及驾驶意图的判断，通过调用各种功能软件、各种自动变速操纵功能，满足驾驶员对各种控制功能的要求。

自动变速操纵系统主要完成的功能如下。

(1) 具有空挡起动保护控制功能，确保只有换挡手柄在“N”位，才能启动发动机。

(2) 离合器在起步与换挡过程中平稳接合的控制功能，以确保起步和换挡平稳。这是采用机械传动装置的一个重要功能，而且是技术难度很高的实用功能。

(3) 自动换挡功能。可在全部排挡范围内按照驾驶员意图实现自动换挡，包括升、降挡，摘空挡等操作。换挡期间，由TCU控制各执行机构，自动完成上述操作，而无须驾驶员进行离合器和油门踏板的配合操作。

(4) 多模式选挡功能。尤其是手动模式的选挡功能，可以确保在复杂多变的地形道路环境下具有良好的可驾驶性。

(5) 制动和转向状态下的自动换挡控制功能，可以按不同的驾驶情况和驾驶意图实施自动变速操纵。

(6) 自学习自修正功能。作为自适应控制的一部分，自学习功能可对自动变速操纵系统各传感器安装后的初始状态进行自学习，并可对长期使用后发生的变化进行自学习修正，以保证控制系统软件的正常运行。

(7) 自诊断功能。可在行驶过程中对某些传感器信号故障进行自诊断。诊断结果可用代码显示，也可在维修中利用功能软件来诊断发现系统中存在的故障。

图3.24所示为自动变速操纵系统软件流程总框图。

功能软件是完成控制任务的一些独立的功能模块。根据系统方案研究，软件功能模块可分为公共部分和变速控制模块两大部分。其中公共部分包括转速处理模块、模拟量处理模块和开关量处理模块等。

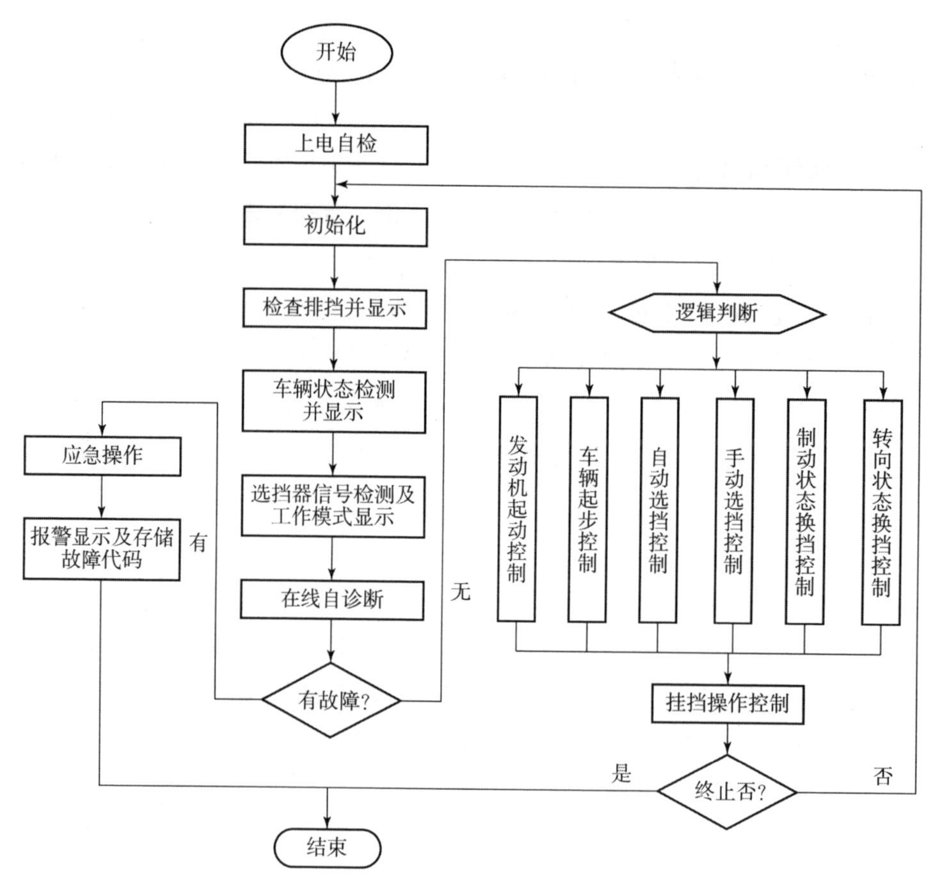


图 3.24　自动变速操纵系统软件流程总框图

### 3.5.1　转速处理模块

AMT 控制系统需要采集变速器输入轴转速和车速信号各一路。这里以双通道霍尔式转速传感器信号为例进行说明。

双通道霍尔式转速传感器正反转判断的原理：当采用推荐齿轮，并安装后，旋转方向为正转时，输出波形为通道 1 比通道 2 超前 90°，如图 3.25 所示。当旋转方向为反转时，输出波形为通道 2 波形超前通道 1 波形 90°，如图 3.26 所示。

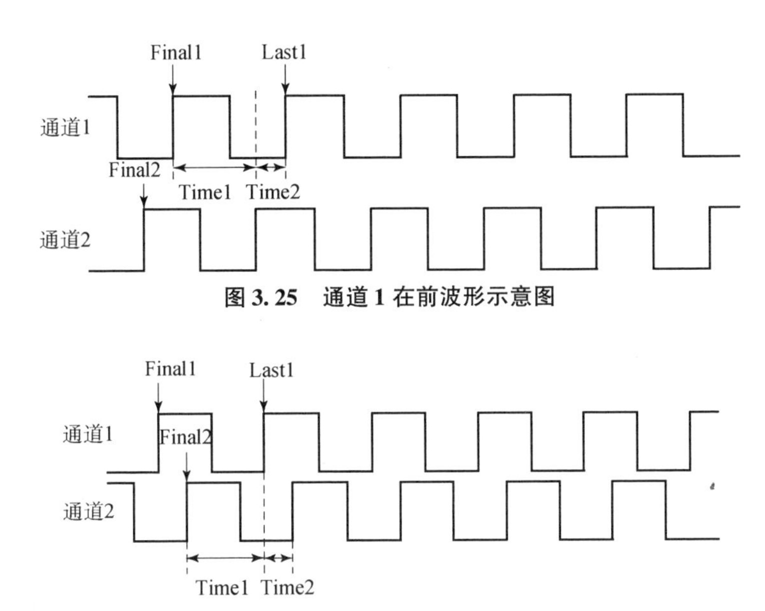


**图 3.25　通道 1 在前波形示意图**

**图 3.26　通道 2 在前波形示意图**

对通道 1、2 的波形进行相位鉴别，利用输入捕捉功能，捕捉两个通道输入信号的上升沿、两个上升沿之间的时间差和两个通道最后一次上升沿之间的时间差，实现转速的采集和正反转的判断。该传感器使用两个磁偏置的霍尔效应集成电路来感应目标齿轮的转速，当齿轮的一个齿经过该传感器时会在通道 1 和 2 中分别产生一个上升沿，且两个上升沿之间的时间差必定小于 1/2 的信号周期。但由于正反转判断程序是在周期中断中调用的，进入判断程序的时刻可能为 Time1 或 Time2 区间，因此对同一个转动方向可能出现两种不同的比较差值。正反转判断流程示意图如图 3.27 所示。

### 3.5.2　模拟量处理模块

控制系统共有 5 路模拟信号（具体见 3.4 节）。模拟信号的处理包括 A/D（模拟/数字）转换和数字滤波。A/D 转换由 QADC（队列式模数转换器）模块来完成。该模块具有 16 路 A/D 转换通道，转换精度为 10 位。A/D 转换结束以后，转换结果在事先设置好的队列中进行排队并产生中断，A/D 转换的中断处理程序只需到队列中的相应通道数据存储单元取出数据，就可以获得 A/D 转换结果。与转速处理模块的方法相同，转换结果的数字滤波也交给相应的中断服务程序来处理，然后才可作为存储数据放入相应的变量中。

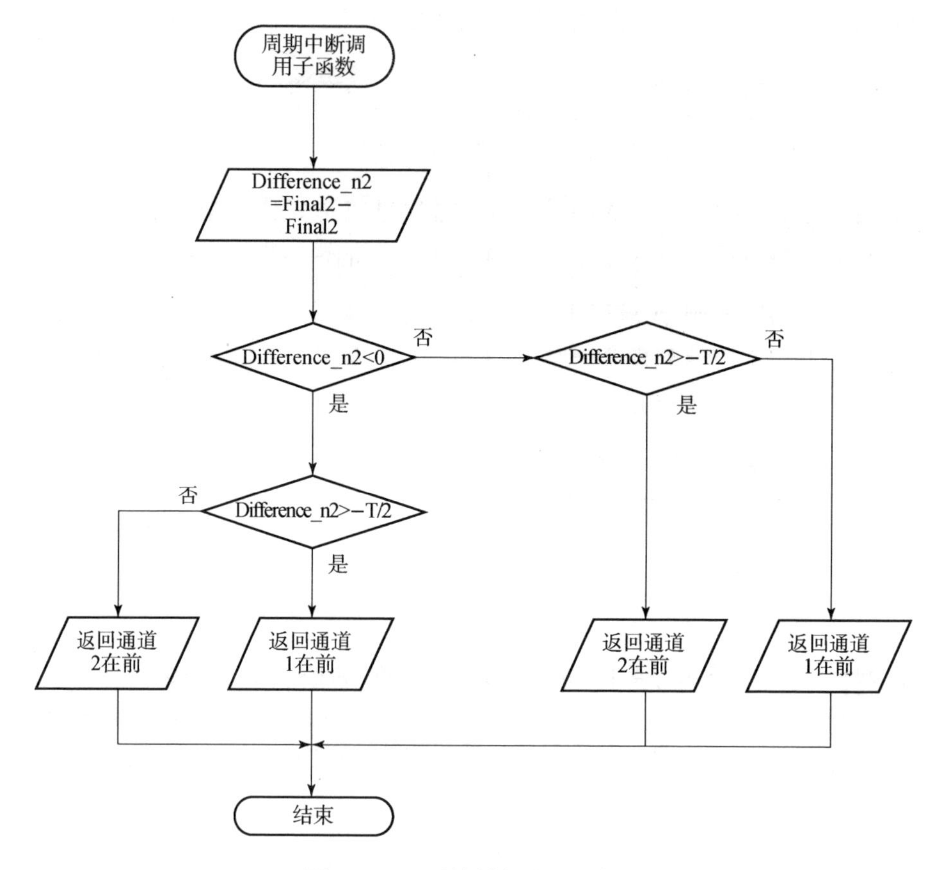


**图 3.27 正反转判断流程示意图**

### 3.5.3 开关量处理模块

控制系统共有 16 个开关量信号处理通道，分别由两个 8 位通用 I/O 端口进行处理。开关量的处理很简单，只需到两个通用 I/O 端口的数据存储寄存器中取出即可；但是，开关量在实际使用中也有可能受到过渡信号的干扰，应当对信号进行判断，等信号稳定以后再存入各变量中。

其余控制软件设计将结合具体章节进行介绍。

# 第4章　重型越野车辆自动变速操控系统换挡规律

## 4.1　换挡规律介绍

换挡规律是指两排挡间自动换挡时刻随控制参数变化的规律。自动变速车辆在行驶过程中，可以看成由驾驶员、车辆和行驶环境组成的一个闭环系统，换挡规律就是根据驾驶员意图、车辆的运行状态和道路状况等因素，按照车辆某些性能参数最优的原则，确定车辆的最佳挡位。它直接关系到动力传动系统各总成的潜力挖掘与整体最优性能的发挥，直接影响车辆的动力性、经济性、通过性及对环境的适应能力，是自动变速器控制系统的核心内容，如何设计好的换挡规律是AMT的一个重要研究方向。

在一个完善的自动换挡控制中，换挡执行机构的作用主要在于获得换挡控制指令后完成换挡操纵，解决的是“能否顺利实现换挡”的问题。然而，换挡规律是根据车辆的运行状态确定换挡控制指令，需要解决的是“什么时候应该换挡，以及换什么挡”的问题，因此换挡规律是控制决策层面的，而非操纵执行上的研究。换挡规律是自动换挡控制的基础，换挡规律的好坏直接影响车辆的动力性和燃油经济性的优劣，故换挡规律是自动换挡控制系统的核心之一。

换挡规律的主要任务是确定以下因素。

（1）换挡时机。确定当前时刻是否需要换挡，或者确定什么时候为换挡时刻。

（2）挡位决策。根据当前车辆状态等参数确定目标挡位。

采用不同的换挡规律控制参数，可能对换挡时机和挡位决策产生不同的影响。因此，换挡规律的主要研究内容首先是换挡控制参数的选择，其次是利用所选择的控制参数来确定什么时刻需要进行换挡操纵，然后进行挡位决策等。目前挡位决策的方法较多，研究也趋于智能化挡位决策方法。

针对相邻两个挡位之间切换的换挡规律，只能在相邻的挡位之间顺序升挡或降挡，故一般情况下挡位决策是确定的，而复杂的外界条件下挡位决策需要另外考虑。

## 4.2 换挡规律控制参数选择

如果一个很有经验的驾驶员对换挡时刻的选择是最优的，那么认为该驾驶员所采用的是多维参数的换挡规律，不同的是驾驶员对换挡时刻的选择是基于自己对车辆的仪表盘参数的客观认识、自身感受的主观评价、外部环境的经验估计和自我意图的解析等，而驾驶员采用的这些参数大部分是车辆自动换挡控制系统无法获取的，所以多维参数换挡规律的研究，很大程度上依赖于控制参数的选择。此外，换挡规律控制参数维度太多，自动变速控制系统将会变得相当复杂，导致换挡规律的制定难度加大，进而增加其成本，还可能使自动换挡控制可靠性变差，因此多维参数换挡规律控制参数的个数应该在合理的范围内，同时需要明确控制参数的选择标准。

### 4.2.1 控制参数分类

车辆运行过程中，可能会对车辆性能产生影响的因素很多，按照不同的参数分类标准，可以将这些参数分为不同种类。接下来分别按照参数来源、信号类型、参数获取方式来进行简单的换挡规律控制参数分类。

1. 参数来源

能够引起车辆动态性能发生变化的参数基本都隶属“人—车—路”闭环系统。按照参数与该闭环系统主要组成间的从属情况来划分控制参数，“人”代表驾驶员和自动控制器的操纵指令与相关信号，主要考虑的是驾驶员对车辆的操控和意图；“车”代表车辆所有运行部件的特性参数，包括发动机、变速器、整车等，主要反映车辆自身的变化情况；“路”代表车辆所处环境的特征参数，主要反映外界的干扰。据此划分方式将闭环系统中不同元素所具有的常规参数（除挡位之外）罗列如下。

人：油门开度、钝化油门开度、油门开度变化率、行车制动信号、驻车制动信号、柄位、转向信号等。

车：发动机转速、供油齿杆位置、喷油量、燃油消耗率、发动机扭矩（或扭矩百分比）、发动机功率、变速器输入轴转速、变速器输出轴转速、车轮驱动力矩、车轮转速、车速、加速度、整车质量等。

路：道路坡度、外部阻力、阻力系数、气温、气压、附着系数等。

2. 信号类型

不同参数有不同的属性和特点，一般控制信号主要有模拟量和开关量。模拟量是指在时间上或数值上都连续的物理量；开关量是指通断信号，针对信号的“有”和“无”；有的模拟量信号可以有不同的表现形式，也可将其看作开关量，这类参数归为复合量。将上述所有信号再按照参数的信号类型大致分类，具体如下。

模拟量：油门开度、钝化油门开度、油门开度变化率、发动机转速、供油齿杆位置、喷油量、燃油消耗率、发动机扭矩（或扭矩百分比）、发动机功率、变速器输入轴转速、变速器输出轴转速、车轮驱动力矩、车轮转速、车速、加速度、整车质量、道路坡度、外部阻力、阻力系数、气温、气压等。

开关量：驻车制动信号、柄位等。

复合量：行车制动信号、转向信号等。行车制动信号可以考虑制动强度，也可简单考虑是否有制动，转向信号可以分别考虑转向角或是否转向。

3. 参数获取方式

不同参数来源于不同的获取方式，要么通过车辆与其他系统之间的通信交换，由其他控制系统将参数信息直接发送给 AMT 电脑换挡控制器，要么通过安装的传感器直接采集，并通过电脑换挡控制器读取，或者通过其他多个参数计算转化而得。按照此分类方式将上述参数分为以下几种。

通信发送：发动机转速、供油齿杆位置、喷油量、车轮驱动力矩、车速等。

传感器采集：油门开度、变速器输入轴转速、变速器输出轴转速、车轮转速、整车质量、道路坡度、气温、气压、行车制动信号、驻车制动信号、转向信号、柄位等。

计算转化：钝化油门开度、油门开度变化率、燃油消耗率、发动机扭矩（或扭矩百分比）、发动机功率、加速度、外部阻力、阻力系数等。

通过对各个参数的分类，可知不同参数具有不同的属性，部分参数之间还存在着线性关系，如变速器输入轴转速、输出轴转速和车轮转速之间存在着一定的比例关系，这一类参数在选择时还应该考虑各个参数的特点，因此需要对这些可能的控制参数进一步进行筛选和组合。

### 4.2.2 控制参数的选择标准

换挡规律控制参数的选择是制定换挡规律和控制策略的前提，选择合理的控制参数对于换挡控制效果和车辆性能影响重大。根据上述对常规车辆参数的划分和分析，换挡规律控制参数的选择应该遵循以下几个标准。

（1）重要性。控制参数的重要性可以理解为两个方面：第一，控制参数应该尽可能全面地反映出“人—车—路”系统中的某一方面信息，并对车辆运行过程中的性能有明显影响；第二，控制参数无法被其他参数的信息所涵盖，因此是相对独立且无法取代的。

（2）易获得。显然，作为换挡规律控制参数的信号在车辆自动变速控制系统中是需要实时监测或计算的，因此换挡规律的控制参数必须容易测量或能够通过其他易测量参数的计算而得。

（3）准确性。受限于获取参数的方法，大多数控制参数不够精确，甚至有明显错误。因此要求控制参数应该能够准确地表达某一状态的变化情况。

（4）稳定性。AMT 重型越野车辆运行过程中，多数时间工作在复杂的条件下，各种参数的获取可能受到车辆振动、外界干扰的影响，信号的实际值存在明显的波动，因此应尽可能保证控制参数的数值稳定性，而部分控制参数明确后还需要对其进行一定的修正。

### 4.2.3 控制参数的分析

基于上述四条标准分析上文“人—车—路”系统不同组成元素中各个参

数是否适合作为换挡控制参数。

1. 驾驶员参数

油门开度反映了驾驶员的意图，同时油门开度又影响了柴油发动机的燃油消耗和发动机输入功率，在控制车速方面比较灵敏，此外油门开度易于准确测量，是目前最常用的两个参数换挡规律的一个控制参数。然而，考虑到驾驶员踩踏加速踏板的程度易受到车辆振动影响，需要对油门开度进行适当的滤波，避免出现油门开度阶跃跳变的情况，因此本书选用经过钝化处理的油门开度作为多维参数换挡规律的一个控制参数。油门开度变化率需要对油门开度进行差分计算，且在振动条件下体现的信息除了驾驶员的意图外，干扰信息较多，所以不考虑对油门开度变化率的选择。

车辆行驶时无须考虑驻车制动，而行车制动信号是车辆运行中另一个反映驾驶员意图的重要参数，制动信号和油门开度一般不会共存，所以二者反映的状态是相互独立的，车辆正常行驶时，制动信号主要发生在路况较为复杂的情况下，如坡道行驶、车辆交汇、转向避障等，因此普通的换挡规律主要使用钝化油门开度信号，仅在特殊工况下考虑制动信号。类似地，较大的转向信号往往伴随着制动信号出现，一方面转向信号反映了复杂路况的需求；另一方面大转向时可能会导致道路滚动阻力系数增大，进而影响外部阻力，而小转向信号基本不会影响车辆性能，在此认为转向信号的影响可以被其他参数等效替代。

另外，本书研究对象配有一个手柄式选挡器，其自动模式下具有多个不同柄位可选。原有换挡规律并未考虑在不同柄位下的区别，但是可以认为驾驶员对柄位的选择反映了驾驶员对道路条件的初步判断，所以可以考虑柄位对换挡规律的影响。

2. 车辆自身参数

发动机的部分参数由发动机电控单元通过 CAN 发送给电脑换挡控制器，这些参数可以直接利用，如发动机转速，而供油齿杆位置和喷油量等参数与油门开度的取值都是相关的，同时发动机转速又体现出了这些参数的共同作用。发动机扭矩（扭矩百分比）的计算主要依赖于试验测定的特性曲线，基于发动机转速和油门开度等参数进行插值，而发动机功率、燃油消耗率、车辆驱动力矩等参数都是基于发动机扭矩和发动机转速的计算而得，这些参数不能独立反映发动机的工作状态，因此暂不考虑这些参数的应用。

整车质量对于重型越野车辆的性能影响很大，一方面整车质量在滚动阻力和坡道阻力中有所体现；另一方面整车质量对车辆的加速度具有影响，由于该 AMT 重型越野车辆的质量较大，而变化较小，认为一般情况下整车质量是不变的，因此可以不考虑整车质量作为换挡控制参数的可能性。

车辆在非空挡运行时，发动机转速、变速器输入轴和输出轴转速、车轮转速、车速，彼此间都存在固定的比例关系，可以先从信号准确性角度分析，变速器输入轴和输出轴等采用磁电式转速传感器，相对而言在低转速下的误差更大，因此排除变速器输出轴转速、车轮转速，而发动机转速相对于变速器输入轴转速能更多体现出发动机的工作状态，车速能够反映整车动力水平，而且避免了车轮打滑时车速计算出现误差，但限于目前研究对象没有可靠的车速信号，暂时不考虑加速度。

3. 外界环境参数

道路坡度直接影响坡道阻力，进而影响外部阻力，由于外部阻力和加速度都与整车质量相关，为了隔离整车质量对外部阻力的影响，计算出单位重力对应的阻力，即阻力系数作为换挡规律控制参数，以独立反映外界环境对车辆运行的作用。气温和气压对车辆纵向动力学影响不大，暂不考虑。

## 4.3 多维参数换挡规律的求解

### 4.3.1 多维参数换挡规律的提出

换挡规律的取值应该是一个具体的点，输入不同的控制参数组合时，唯一对应一个确定的换挡点，这个换挡点同时指示了换挡时刻、当前挡位和目标挡位。针对相邻挡位之间切换的换挡规律，换挡时刻与换挡控制参数的取值有关，目标挡位为当前挡的高一个或低一个挡位。总之，换挡规律的表现形式就是一种多个控制参数作为输入、一个换挡点作为输出的单向映射关系。除了时间和空间位移，把每一个控制参数作为换挡规律的一个维度，那么就可以把换挡规律表示为一个多维度的映射关系，也就是所谓的多维参数换挡规律，图4.1给出了多维参数换挡规律元素组成。

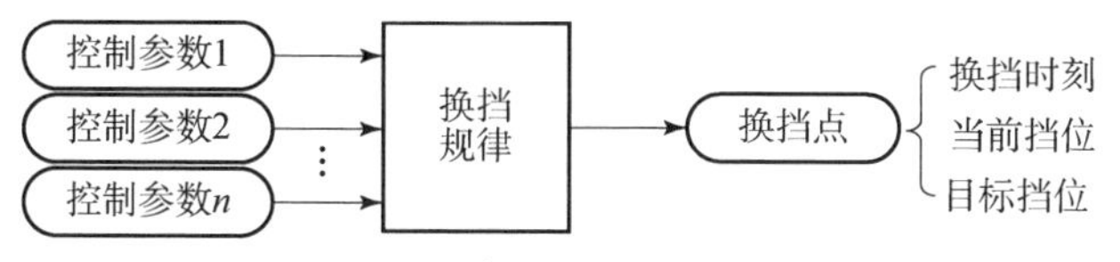


**图4.1　多维参数换挡规律元素组成**

换挡规律主要有单参数、两参数和三参数换挡规律等。单参数换挡规律一般选取车速为换挡规律控制参数，目前已经很少采用；两参数换挡规律是目前最常用的换挡规律，其在单参数基础上增加了油门开度；而三参数换挡规律又考虑了车辆的加速度，有的混合动力车辆三参数换挡规律还考虑了电机和电池状态等；另外还有关于四参数换挡规律的研究。

图4.2所示为三种维度换挡规律示例。

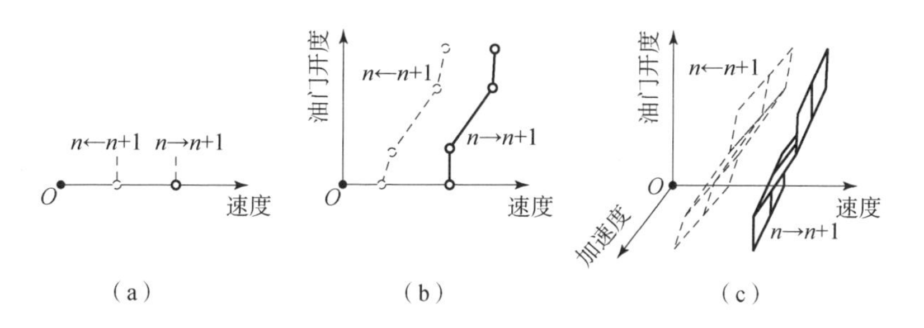


**图4.2　三种维度换挡规律示例**

(a) 单参数；(b) 两参数；(c) 三参数

按照上文所述，单参数换挡规律就是一维参数的换挡规律，其换挡规律的表现形式是一条射线，两个挡位之间的升挡点和降挡点就是这条射线上的两个点；两参数换挡规律是二维参数换挡规律，其换挡规律表现形式是两条射线构成的平面，不同的升挡点和降挡点对应于不同的油门开度与速度，整体上看，在速度和油门构成的二维平面上，升挡点和降挡点构成了两条曲线，其中实线为$n$挡至$n+1$挡的升挡线，虚线为$n+1$挡至$n$挡的降挡线；同理，三参数换挡规律构成了一个三维换挡规律，换挡规律中每一个换挡点对应于不同的速度、油门开度和加速度值，所有换挡点构成了不同挡位之间的换挡曲面，不同挡位之间的控制参数范围由升挡曲面或降挡曲面来分隔。

综上可知，两参数换挡规律考虑了不同油门开度下换挡点的变化，从而构成了换挡规律曲线，三参数换挡规律又考虑了不同加速度下换挡曲线的变化，构成了换挡规律曲面。如果进一步引入另一个新参数 $x$，考虑 $x$ 取不同值时换挡规律曲面在四维空间内的不同组成，理应可以得到四维参数换挡规律。因此可以认为，所有对车辆动态性能有影响的参数都可以作为换挡规律的控制参数，且考虑的控制参数越多，车辆运行状态被划分得越细致，在这样的情况下确定出的多维参数换挡规律越能全面地表达车辆不同状态下各个挡位对应控制参数的分布情况，对于换挡控制也越有利。

### 4.3.2 多维参数换挡规律的制定

1. 换挡规律控制参数的确定

对于 AMT 重型越野车辆，可能的多维参数换挡规律控制参数有钝化油门开度、行车制动信号、发动机转速或车速、阻力系数。由于制动时车辆所受阻力也相应增大，因此可以把行车制动信号进行拆分，把制动信号当作开关量，单纯代表驾驶员意图，其对阻力的影响则计入阻力系数中即可。由于钝化油门开度是重型越野车辆上采用的一种对油门开度变化的限制，车辆的动力性能仍与油门开度的原始信号相关，而在车辆行驶过程中，一般制动踏板和加速踏板不会同时被踩下，故在求解行驶过程换挡规律时仍然采用油门开度进行计算。制定 AMT 重型越野车辆的换挡规律时，主要考虑的是车辆的动力性能，同时保证良好的乘坐舒适性，要求换挡前后车辆的加速度相等。相较于非动态换挡规律（以换挡前后驱动力相等作为原则），动态换挡规律能够更好地保障车辆的加速性能。

2. 广义道路阻力系数 $\beta$ 的定义

车辆动力学中，由于坡度阻力和滚动阻力均属于与道路有关的阻力，而且均与车辆的重力成正比，故把坡度阻力和滚动阻力之和称为道路阻力，道路阻力与车辆重力之比则称为道路阻力系数，故一般认为车辆行驶在坡度为 $\alpha$、滚动阻力系数为 $f$ 的坡道上时道路阻力系数为 $f\cos\alpha+\sin\alpha$。在分析车辆动力学特性时，除了车辆的加速阻力，其余各项阻力均会直接影响车辆的加速度，因而道路阻力系数并不能全面体现车辆所受的外部阻力。即使考虑车辆行驶时的空气阻力，一般情况也忽略了风速，计算出的空气阻力不够准确，因此考虑定义一个新的变量来体现车辆行驶时所有外界阻力的变化情况。

当离合器接合时，如果不考虑车辆制动，处于某个特定挡位下的车辆行驶方程如式（4.1）所示。

$$F_t = F_r + F_a + F_g + F_{acc} \tag{4.1}$$

为了便于换挡规律曲面的计算，本书定义广义道路阻力系数 $\beta$ 来计算广义道路阻力 $F_{load}$。基于上述分析，非制动工况下的广义道路阻力可表达为

$$F_{load} = F_r + F_a + F_g = mg\beta \tag{4.2}$$

则广义道路阻力系数可以表示为式（4.3）。

$$\beta = f\cos\alpha + \sin\alpha + \frac{F_a}{mg} \tag{4.3}$$

### 4.3.3 多维参数换挡规律求解方法

根据上述分析，多维参数换挡规律此时退化为三参数换挡规律。通常求解换挡规律方法有经验法、图解法和解析法，为保证求解出的换挡规律更加客观，不采用经验法。动态换挡规律是基于换挡前后车辆加速度相等进行求解的，所以对车辆进行相应的牵引计算，并获得不同挡位、油门开度和外界阻力条件下的加速度关系曲线，图4.3所示为某车辆100%油门开度时的加速度曲线。

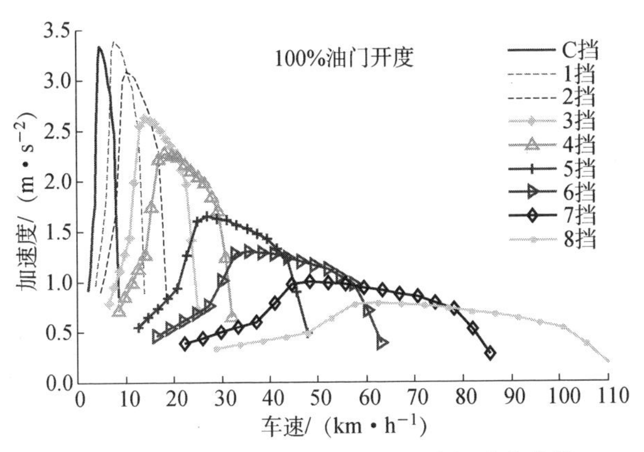


**图4.3 某车辆100%油门开度时的加速度曲线**

由图4.3可知，该油门开度下C挡至8挡的加速度曲线均有交点，通过换挡前后加速度相等可以找到相应的换挡点，各个挡位之间在等加速度点对

应的车速换挡时能够使得车辆保持较大的加速度，从而获得更好的动力性能。同理，图 4.4 给出了 C 挡和 1 挡在相同道路阻力系数下，各个油门开度下的加速度曲线，将不同油门开度下的加速度交点相连，即可得到 $f=0.015$，$\alpha=0$ 时 C 挡到 1 挡的动态升挡曲线，也就是换挡规律图解法的原理。如果使用解析法，需要先拟合不同油门开度下的发动机扭矩函数，然后建立等加速度方程对换挡点车速进行求解。

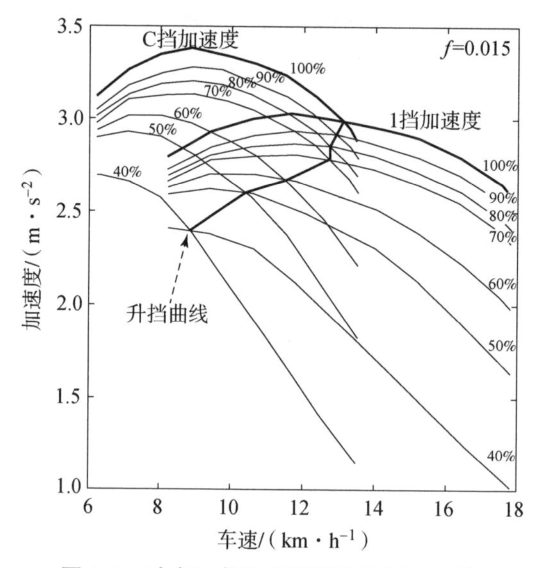


**图 4.4　动态三参数换挡规律图解法示例**

广义道路阻力系数 $\beta$ 与道路阻力系数、车速等有关，通过图解法或解析法求解基于 $\beta$ 的多维参数换挡规律，面临大量的计算或绘图，对于该 9 挡 AMT 显然不适用。本书通过计算机编程，将发动机转速和车速、挡位对应，求出不同坡度和车速下的广义道路阻力系数，不同挡位、油门开度和车速下的驱动力，进而求出相应油门开度、车速、挡位、广义道路阻力系数下的加速度。最后利用换挡前后加速度相等，求出升挡点速度。对于加速度曲线不相交的情况，为了保证动力性，则选取较低挡位的最大车速作为升挡点。

图 4.5 所示即按照不同油门开度、广义道路阻力系数和车速编程求解的动态三参数动力性升挡规律曲面，其中广义道路阻力系数对应坡度角为 $-2°\sim10°$ 的坡道，为了便于绘制曲线，图中的广义道路阻力系数忽略了空气阻力的变化。

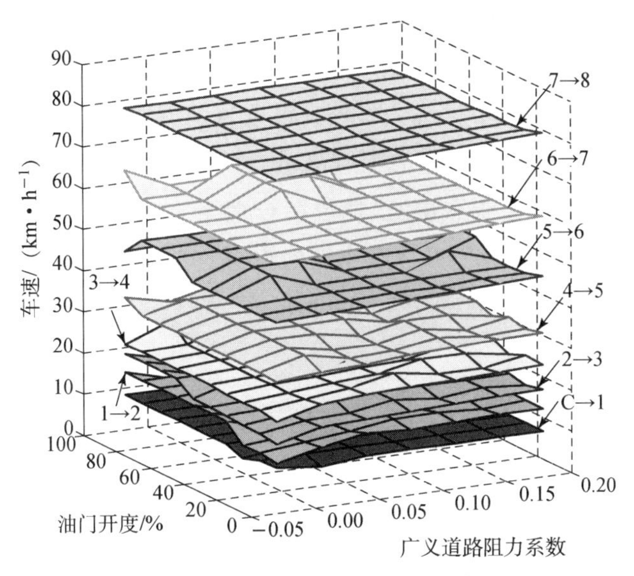


**图 4.5　动态三参数动力性升挡规律曲面**

如图 4.5 所示，7→8 挡的升挡点车速随着广义道路阻力系数增大基本保持不变，仅在 $\beta=0.191$、油门开度 20% 以下时升挡点稍有增大。从 6→7 挡和 5→6 挡的升挡曲面可以看出，在油门开度较大而广义道路阻力系数不大时，升挡点明显增大，体现出道路条件较好时驾驶员动力需求更大，因而趋于保持当前挡位；而油门开度较小且广义道路阻力系数较大时，为了提供足够的驱动力，也尽可能保持当前挡位，因而升挡点也有所增大。

### 4.3.4　多维参数换挡规律修正

考虑到 AMT 换挡过程的动力中断特性，一旦开始换挡就可能伴随车速损失，然而上述升挡点的求解是假设换挡前后车速相等的，为此对得出的升挡点进行相应的修正，即在计算所得升挡点车速的基础上增加一个车速增量，用以补偿动力中断导致的车速损失，如式（4.4）所示，$v_{\text{new}}$ 为修正后的升挡点车速，km/h；$v_{\text{old}}$ 为计算得到的升挡点车速；$\Delta t$ 为动力中断时间，此处取为 1 s。

$$v_{\text{new}}=v_{\text{old}}+\Delta t\cdot g\beta \tag{4.4}$$

显然，当道路阻力较大时，车辆不可能仍以很高的挡位行驶，否则计算出的加速度为负值。对此，在换挡点求解过程中增加条件判断，在某广义道路阻力系数下如果换挡前后两个挡位的加速度曲线有交点，而交点处加速度值为负，说明等加速度点对应的换挡点实际不能满足车辆动力需求，故认为动力性换挡规律升挡点不存在；另外，根据目前驾驶员对驾驶的主观感受，在低挡位、小油门开度和小阻力下应该适当提前升挡，以便提速。对此，设定广义道路阻力系数小于0.053，挡位在C挡至3挡之间，以40%以下油门开度行驶时，使用计算所得升挡点车速的60%作为修正的升挡点。综上，可得修正后的升挡规律曲面，如图4.6所示。

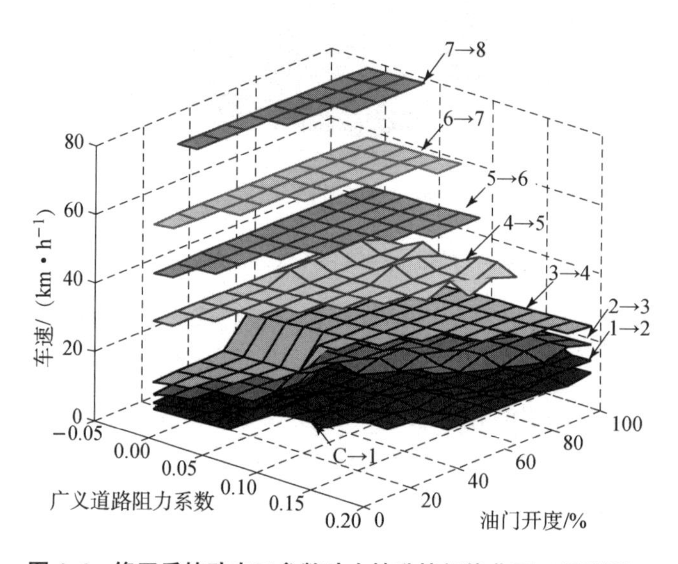


**图4.6　修正后的动态三参数动力性升挡规律曲面（见彩插）**

绘制得到的动态三参数升挡曲面在某一个广义道路阻力系数下的切面即一个两参数换挡规律，图4.7和图4.8绘出了$\beta=-0.017$和$\beta=0.053$时的两参数升挡规律曲线。图4.8所示升挡曲线中由于广义道路阻力系数较大，该车辆在当前道路条件下最高可升至7挡。

分析可知该换挡规律在保证动力性的条件下，不一定能够满足驾驶员通过加速踏板干预升挡。因此基于此换挡曲面制定降挡规律曲面时，应该考虑驾驶员干预降挡的情况，进而从驾驶员的角度提升换挡规律的实用性。

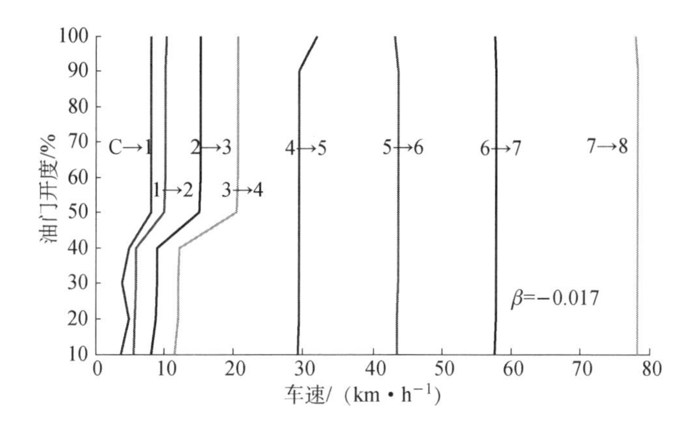


图 4.7　$\beta=-0.017$ 升挡规律曲线（见彩插）

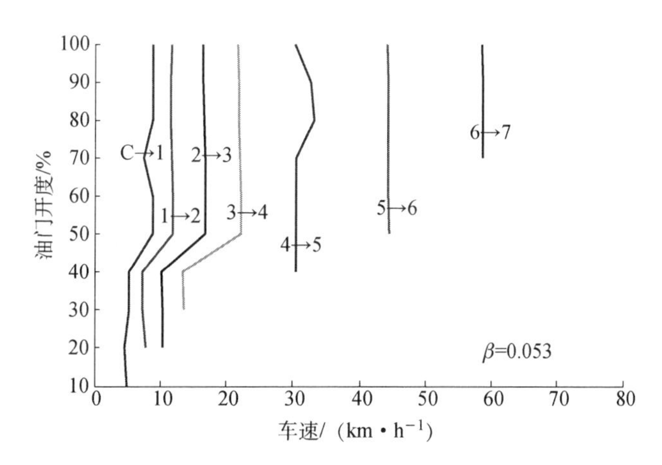


图 4.8　$\beta=0.053$ 升挡规律曲线（见彩插）

### 4.3.5　多维参数换挡规律仿真分析

将确定出的动态三参数换挡规律与原有换挡规律进行仿真对比。图 4.9 和图 4.10 分别给出了不同油门开度和广义道路阻力系数下两种升挡规律表现出的性能，而降挡规律采用的是同一个。对比可知，修正后的三参数换挡规律在 4 挡之后升挡点车速、发动机转速明显高于原有换挡规律，使得车辆保持在较低挡位和较高车速；而小坡度，以小油门低挡行驶时，升挡点有所提前。

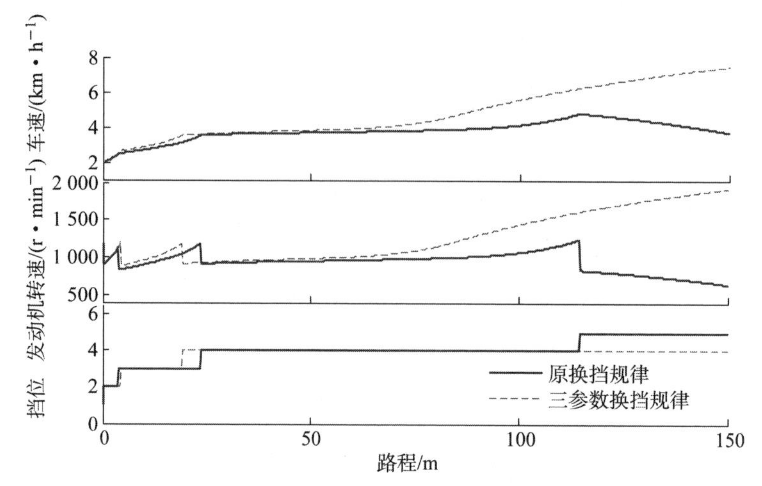

图 4.9　40%油门开度小坡度时换挡规律仿真对比

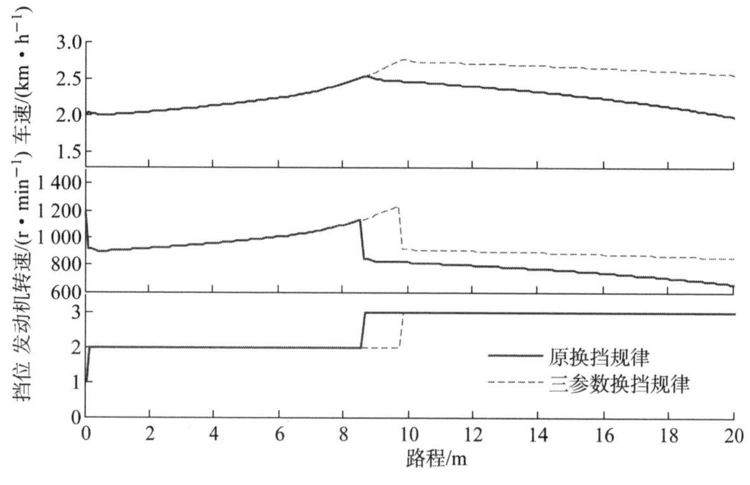

图 4.10　40%油门开度中等坡度时换挡规律仿真对比

## 4.4　频繁换挡的抑制策略设计

### 4.4.1　越野路况下车辆换挡策略的特殊需求

1. 越野路况下车辆的行驶特点

越野车使用环境复杂，除在公路上行驶外，还需在越野路面上有良好的机动性，这里的越野路面主要是指沙石路、起伏路、坑洼路等条件恶劣的路况。一般越野车辆在路况不好的越野路面条件下，会通过降低车速来增加车辆的通过性及乘坐舒适性，但对于高机动性军用越野车辆，即使在越野路面上也需要车辆具备较高的车速，如我国军用标准要求轮式军用越野车辆具有不低于 36 km/h 的越野平均车速。

由于重型越野车辆普遍采用全程调速柴油机，它的输出转速较多地取决于油门开度。因此，当车辆在越野路况下行驶时，油门操纵会出现无序的剧烈波动，其原因有两个：一是驾驶员为追求车辆的高机动性，随着道路阻力的急剧变动，人为地频繁调整油门开度；二是车身的剧烈俯仰，导致驾驶员不能十分平稳地踩踏油门踏板，导致被动的油门增减。

不同路面行驶时的油门开度变化对比如图 4. 11 所示。

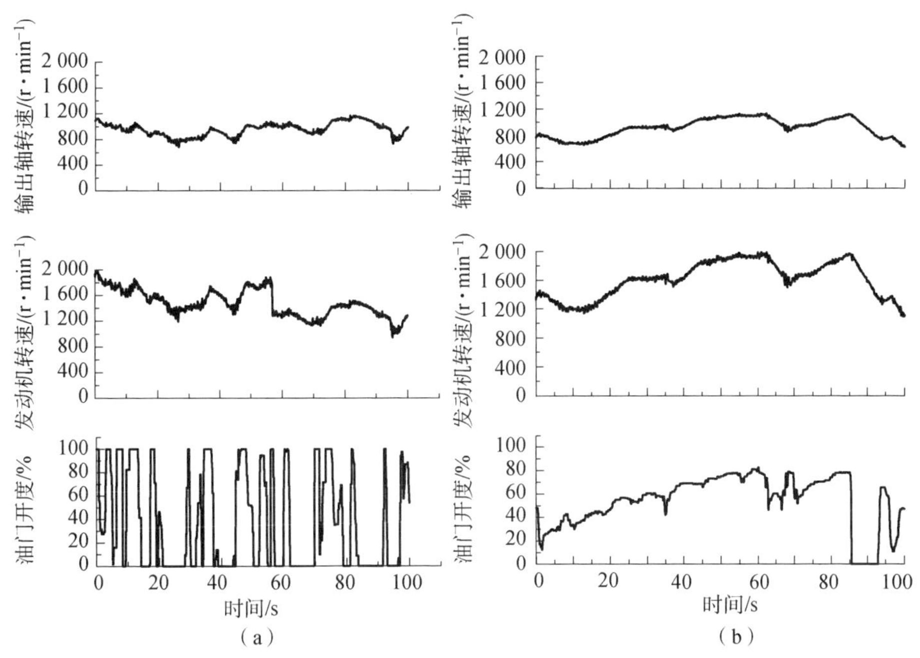


**图 4. 11　不同路面行驶时的油门开度变化对比**

(a) 越野路面；(b) 公路路面

图4. 11 (a) 中的油门开度信号短时间内的波动较为剧烈，相对应的车速波动也较大，显示出越野路面上驾驶员对车辆机动性的强烈需求；图 4. 11 (b) 中油门开度信号变化相对平缓，相对应的车速波动较小，只有在特定的路况时，驾驶员才会短时间内大幅度地变化油门开度，以期短时间内对车速进行较大的调整。图 4. 11 (a)、(b) 两组数据中最顶端的曲线为变速

器的输出轴转速，可以表示车速的变化，对比两个曲线可知越野路面上的车辆行驶速度与公路路面的基本相当，可见，为达到一个相同的平均车速，车辆在越野路面行驶时，驾驶员操纵油门的动作剧烈而频繁。

综上所述，车辆在越野路面上行驶时，为追求车辆的高机动性，油门开度信号会主动或被动地出现剧烈波动。油门的剧烈变化会使车辆非稳态行驶，导致换挡规律的控制效果下降，最直接的表现是车辆的频繁换挡，使得车辆处于非正常换挡状态，通过试验数据对比，在某些特殊路面条件下，油门的剧烈变化会使得车辆的换挡次数增加到原来的 2 倍或 3 倍以上。如此频繁的换挡，发动机的功率将得不到充分的发挥，整车动力性反而下降，同时降低车辆的燃油经济性，另外还增加换挡机构的磨损。

2. 车辆频繁换挡原因分析

以等延迟型两参数换挡规律为例，油门开度信号剧烈变化导致的意外换挡过程如图 4. 12 所示。

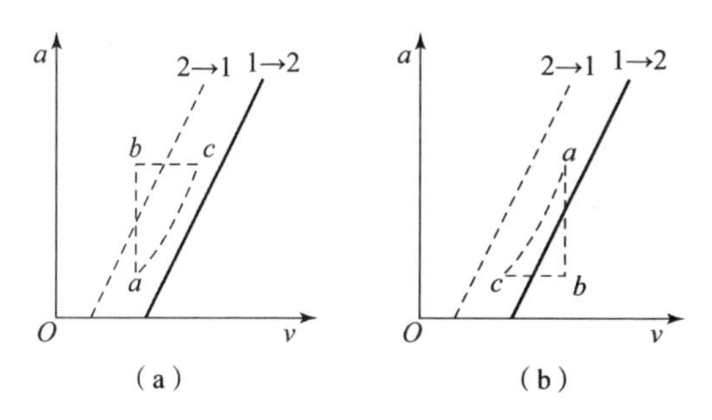


**图 4. 12 油门开度信号剧烈变化导致的意外换挡过程**

(a) 意外降挡；(b) 意外升挡

图 4. 12 (a) 中，车辆在 2 挡行驶，当油门开度平缓增加时，随着油门开度增大，车速也相应增大，车辆的状态沿 $a$—$c$ 变化，车辆不会降挡，而当油门开度剧烈增加时，车辆状态沿 $a$—$b$—$c$ 变化，就会出现降 1 挡的干预降挡现象；图 4. 12 (b) 中，车辆在 1 挡行驶时，当油门开度平缓减小时，车辆的状态沿 $a$—$c$ 变化，车辆不会升挡，当油门开度剧烈减小时，车辆状态沿 $a$—$b$—$c$ 变化，就会出现升 2 挡的干预升挡现象。

如果上述的降挡和升挡现象并不是驾驶员所预期的，则被称为意外换挡。例如，驾驶员驾驶车辆进入弯道时，为减小车速，驾驶员会减小油门，当驾驶员的减油操作柔和平缓时，车辆的行驶状态将沿着图4.12（b）中的$a$—$c$变化，车辆不会出现升挡或者降挡的现象，但若驾驶员减小油门的动作过于剧烈，则车辆的行驶状态将沿着图4.12（b）中的$a$—$b$—$c$变化，此时车辆就会做出升挡的动作，车速反有可能增加，这与驾驶员的预期相悖，所以就是意外换挡。

当车辆在越野路况下高速行驶时，油门按照图4.11（a）所示，发生剧烈而连续的变化，则会出现连续的意外干预降挡和干预升挡，从而导致车辆的频繁换挡。

分析以上的油门剧烈变化引发的换挡现象，其根本原因是换挡规律不适应于车辆的这种行驶状态。根据换挡规律的设计原理可知，换挡规律设计时，以车辆处于一种稳态行驶状态为前提，而油门开度剧烈变化时，恰恰使得车辆处于非稳态行驶状态，用稳态下的换挡规律去控制非稳态行驶的车辆，必然会导致控制效果的不理想。

因此，越野车辆的换挡策略需要能够适应越野路面条件下由于油门开度的剧烈变化而导致的车辆非稳态行驶状态，才能避免频繁换挡现象，提高换挡规律的控制效果。

### 4.4.2 越野车辆意外换挡及频繁换挡抑制策略

1. 油门开度信号“钝化”控制策略

图4.12中，如果将车辆的状态由$a$—$b$—$c$的变化过程转化为$a$—$c$的变化过程，就可以避免意外升挡和意外降挡的现象，从而抑制不必要的频繁换挡。这一个转化过程，从图形上看，可以理解为将油门开度的剧烈变化变平缓，使其变得“迟钝”，故而可以将其称为油门的“钝化”，也将这一控制策略称为油门“钝化”策略。如图4.13所示，虚线表示实际的油门开度信号变化过程，实线表示“钝化”修正处理后的油门开度信号变化。

从图4.13中可以看出，在油门操作剧烈变动时，通过对油门开度信号的“钝化”修正，处理后的信号变化趋势变得平缓，再依据“钝化”处理后的油门开度信号及车速进行换挡判断，就可以有效地避免前文中的频繁换挡现象的发生。

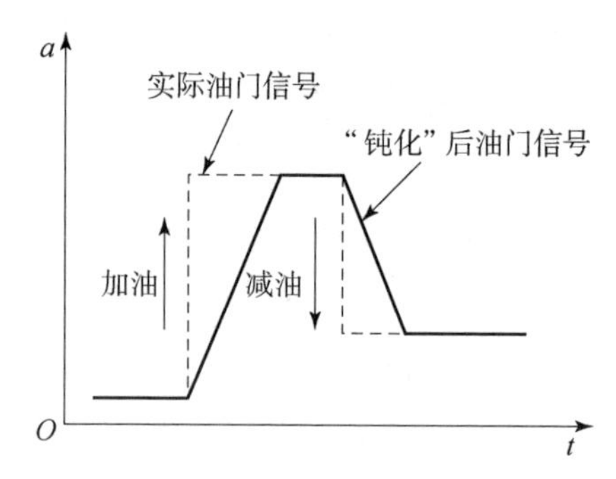


**图 4.13 油门开度信号“钝化”过程**

2. “钝化”修正的方法

上文提出通过油门“钝化”修正来避免车辆的不必要频繁换挡，下面将对油门“钝化”修正的具体方法进行讨论。

油门“钝化”修正方法要满足以下条件。

(1) “钝化”修正后的油门开度信号要保留驾驶员的驾驶意愿：加速或减速。

(2) 油门“钝化”修正后要能避免不必要的频繁换挡，提高车辆在越野路面上的机动性。

(3) 油门“钝化”修正后，要保留驾驶员干预换挡的能力。

基于以上要求，结合 AMT 电控单元的数字化处理能力，设计了“步进式”油门“钝化”修正方法。

所谓“步进式”油门“钝化”修正，即以一个短的时间段作为周期，对油门开度信号进行阶段式修正。在一个周期内，如果真实的油门开度信号出现变化，则“钝化”修正后的油门开度信号就按照一定的步进变量 $\Delta_x$ 向油门开度信号的实际值靠拢，这样就可将油门开度信号的变化趋势变平缓。

“步进式”油门开度信号“钝化”处理可以表达为

$$\begin{cases} \alpha_{n+1} = \alpha_n + \Delta_x, & \alpha_0 > \alpha_n \\ \alpha_{n+1} = \alpha_n - \Delta_x, & \alpha_0 < \alpha_n \end{cases} \tag{4.5}$$

式中，$\alpha_{n+1}$ 为“钝化”油门开度信号下一周期的值；$\alpha_n$ 为“钝化”油门开度信号当前周期内的值；$\alpha_0$ 为当前时刻油门开度信号真实值；$\Delta_x$ 为步进变量。

油门“钝化”修正处理的关键在于 $\Delta_x$，其计算公式可以表述如下：

$$\Delta_x = (\mathrm{d}\alpha/\mathrm{d}t) \cdot \Delta t \tag{4.6}$$

式中，$\mathrm{d}\alpha/\mathrm{d}t$ 为油门“钝化”的修正斜率，这需要根据挡位等因素而定；$\Delta t$ 为油门“钝化”修正周期，理论上越小越好，但小的计算周期增加单片机的工作量，影响单片机的计算资源分配，因此根据实车情况选择满足使用要求的修正周期即可。

用此方式对油门踏板信号进行处理时，当驾驶员平稳踩踏油门时，处理后的油门开度信号值与实际的油门开度信号值大致相近，能够完整地体现驾驶员的意愿。当油门开度信号剧烈变化时，通过“钝化”处理，“钝化”后的油门开度信号将迟滞于实际油门开度信号值的变化，将其变化趋势平缓化。

3. 影响因素分析

车辆行驶挡位、速度等的差异，造成在不同情况下油门开度变化时车辆加速度的差异，即车速对油门开度信号的跟随效果存在差异。基于车辆行驶方程式，对不同车况下的油门“钝化”策略的相关影响因素进行分析。

1）挡位和油门开度增减

由车辆行驶方程（见第 2 章）可得急加油情况下的汽车加速度：

$$a = \frac{\mathrm{d}v}{\mathrm{d}t} = \frac{F_{\mathrm{t}} - (F_{\mathrm{f}} + F_{\mathrm{w}} + F_{\mathrm{i}})}{\delta m} \tag{4.7}$$

减油工况下，发动机不再输出动力，在不分离离合器的情况下，发动机由整车惯量带动运转，由于发动机气缸内的气体压缩、摩擦等，发动机给整车提供反向的制动力。因此，急减油情况下的汽车加速度为

$$a = \frac{\mathrm{d}v}{\mathrm{d}t} = -\frac{F'_{\mathrm{t}} + F_{\mathrm{f}} + F_{\mathrm{w}} + F_{\mathrm{i}}}{\delta m} \tag{4.8}$$

式中，$F'_{\mathrm{t}}$ 为发动机等效制动力，N。

急加、减油情况下车辆加速度变化趋势如表 4.1 所示。

急加油情况下，发动机驱动力对车辆加速度起决定性作用，故在低挡时，车辆加速度相对较大。急减油情况下，低挡时车速较低，发动机制动力是影响车辆加速度的主要因素；高挡时车速较高，风阻力的影响因素增加。故在低挡和高挡时，车辆加速度差异较小。

**表 4.1 急加、减油情况下车辆加速度变化趋势**

| 给油 | 挡位 | $F_t$/N | $F_w$/N | $\delta$ | $a/(\mathrm{m\cdot s^{-2}})$ |
|---|---|---|---|---|---|
| 加油 | 低挡 | 大 | 小 | 大 | 大 |
| | 高挡 | 小 | 大 | 小 | 中 |
| 减油 | 低挡 | 大 | 小 | 大 | 小 |
| | 高挡 | 小 | 大 | 小 | 小 |

在急加油情况下，根据换挡规律曲线可知，车辆容易出现意外降挡。对于处在低挡行驶的车辆，车辆能够提供的驱动力较大，一般不需要车辆再降入更低的挡位，需要“钝化”后的油门开度信号能够对车速具有良好的跟随效果，较大程度地减少降挡的可能；对于处在高挡行驶的车辆，车辆能够提供的驱动力较小，相较于低挡位的情况，驾驶员更容易接受车辆降挡，在某种程度上允许“钝化”后的油门开度信号对车速跟随迟滞而引发降挡。由于急加油情况下，车辆低挡时的加速度较大，即低挡时，车速对油门的跟随效果相对较好。油门“钝化”控制的低挡步进跟随变量 $\Delta_{lo}$ 与高挡步进跟随变量 $\Delta_{hi}$ 需满足条件 $\Delta_{lo} \leqslant \Delta_{hi}$，以保证车辆在高挡行驶时出现降挡的可能性较大，如图 4.14（a）所示。

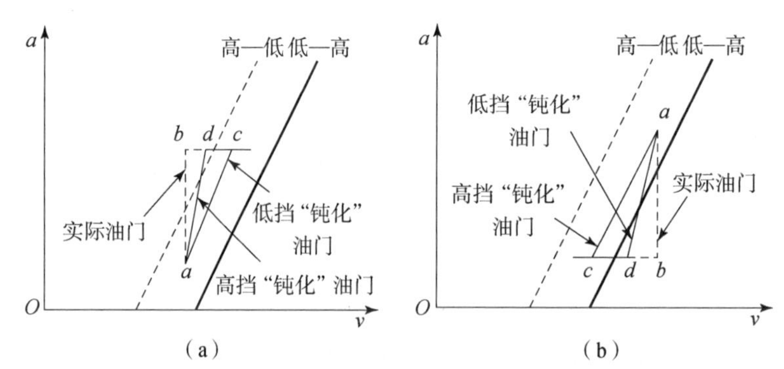


**图 4.14 急加、减油后油门开度信号“钝化”对比**

（a）急加油情况；（b）急减油情况

在急减油情况下，根据换挡规律曲线可知，车辆容易出现意外升挡。对于处在高挡行驶的车辆，车辆的速度较高，并且车辆能够提供的驱动力较小，在车速低的情况下需要避免车辆继续升入更高的挡位，防止出现车辆驱动力不足的状况，导致车辆加速度过小，需要“钝化”后的油门开度信号能够对车速具有良好的跟随效果，较大程度地减少车辆升挡的可能；对于处在低挡行驶的车辆，车辆能够提供的驱动力较大，相较于高挡位的情况，驾驶员更容易接受车辆升挡，在某种程度上允许“钝化”后的油门开度信号对车速跟随迟滞而引发升挡。油门“钝化”控制的低挡步进跟随变量 $\Delta_{lo}$ 与高挡步进跟随变量 $\Delta_{hi}$ 需满足条件 $\Delta_{lo} > \Delta_{hi}$，以保证车辆在低挡行驶时出现升挡的可能性较大，如图 4. 14（b）所示。

通过车辆加速度计算公式（4 –7）和式（4 –8）及车辆实际运行情况可知，在油门开度变化相同的幅度时，油门开度增加时车辆的加速度大于油门开度减小时车辆的减速度。为了达到相同的控制效果，油门“钝化”控制的加油步进跟随变量 $\Delta_{up}$ 与减油步进跟随变量 $\Delta_{dn}$ 需满足条件 $\Delta_{up} > \Delta_{dn}$，如图 4. 15所示。

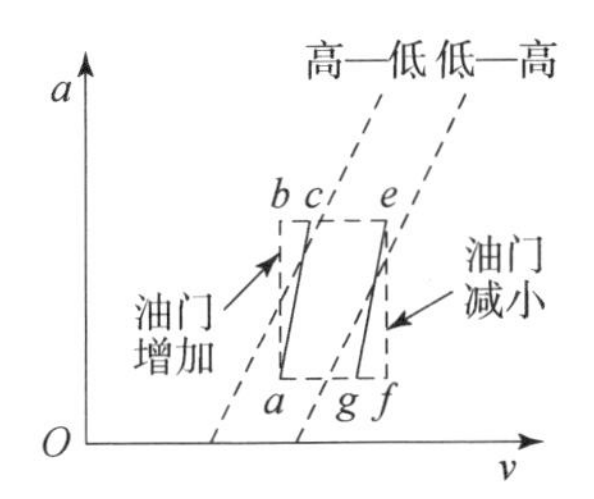


**图 4. 15　油门开度加减情况下对比**

2）坡道影响

当车辆运行在上坡道等车辆行驶阻力较大的情况下时，车辆加速度相对减小，驾驶员需要车辆能够提供较大的驱动力，油门开度突然增加时，车速对油门跟随效果不好，车辆更容易出现降挡；油门开度突然减小时，车辆加速度相对增加，车速对油门跟随效果较好，车辆更不容易出现升挡。而当车辆处于下坡道等车辆行驶阻力较小的情况下时，车辆加速度相对增加，油门开度突然增加时，车速对油门的跟随效果较好，车辆不容易出现降挡；油门开度突然减小时，车辆加速度相对较小，车速对油门跟随效果不好，车辆更容易出现升挡，这与驾驶员的需求是相吻合的。因此上坡时的步进跟随变量 $\Delta_{uph}$ 与下坡时的步进跟随变量 $\Delta_{dnh}$ 可以相等，即 $\Delta_{uph} = \Delta_{dnh}$，如图 4. 16 所示，因此坡道可以不作为油门“钝化”控制的参考因素。

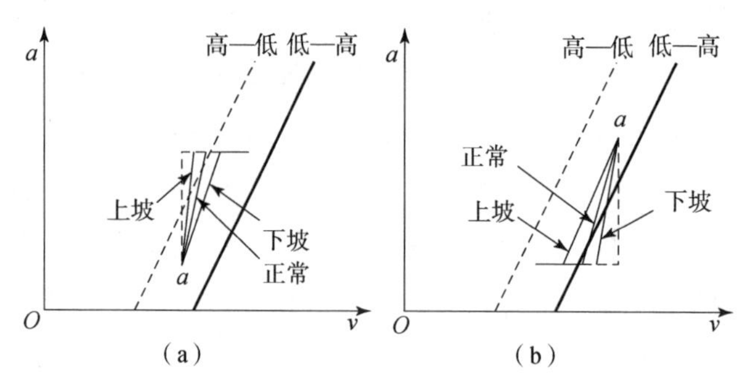


**图 4.16 上下坡情况对比**

(a) 急加油；(b) 急减油

4. “钝化”修正斜率计算

油门“钝化”的修正斜率 $d\alpha/dt$ 直接影响油门“钝化”的效果：斜率太小，则会导致“钝化”后的油门开度信号跟随实际油门开度信号变化的速度过于迟缓，“钝化”后的油门开度数值变化太小，双参数换挡规律下难以保留驾驶员干预换挡的功能；斜率太大，则油门开度信号变化仍然剧烈，达不到“钝化”的效果。

1）减油“钝化”斜率计算

减油“钝化”修正斜率可由图 4.17 中的曲线进行说明，急减油过程中“钝化”油门的变化斜率受升挡线的变化斜率影响。

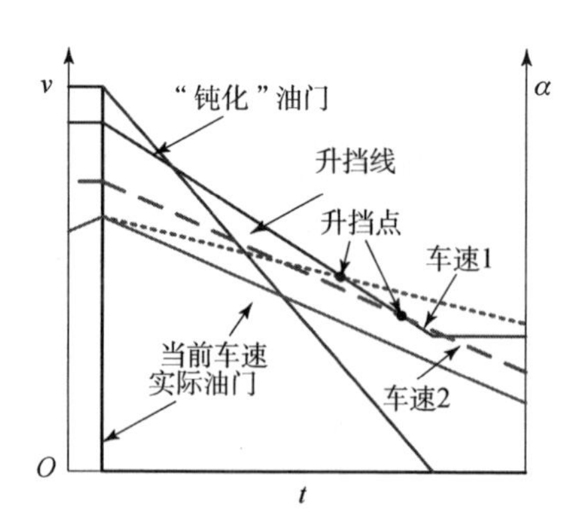


**图 4.17 减油“钝化”修正斜率计算**

油门开度减小以后，发动机不再输出动力，车速在车辆行驶阻力作用下快速减小，当前车速线与升挡线出现交叉的时候，就会出现升挡。因此如果要完全屏蔽由于油门开度剧烈减小导致的升挡，要求升挡线的减小率 $dv_{up}/dt$ 要小于当前车速的减小率 $dv/dt$。由于要保证驾驶员一定程度上的干预升挡的能力，因此升挡线的减小率 $dv_{up}/dt$ 要略大于实际车速的减小率 $dv/dt$，即

$$dv_{up}/dt > dv/dt \tag{4.9}$$

式中，

$$dv_{up}/dt = (dv_{up}/d\alpha)\cdot(d\alpha/dt) \tag{4.10}$$

通过推导得

$$d\alpha/dt > (dv/dt)/(dv_{up}/d\alpha) \tag{4.11}$$

从式（4.11）中可以得知，油门开度减小时，“钝化”斜率由车辆加速度变化率和升挡线决定。

当前车速高时，如图4.17的车速2所示，突然减小油门开度，车辆出现升挡的可能性更高；当前路况较好，行驶阻力小，车辆加速度小，如车速1所示，突然减小油门开度，车辆出现升挡的可能性也高，这与实车行驶时驾驶员的需求相符合。

综上所述，可以确定油门开度减小时“钝化”斜率的选择原则为：以车辆在平直良好路面行驶时各挡位最小油门开度条件下的减速度为基准，对油门“钝化”修正斜率进行计算，保证车速高时，实际车速减速曲线和升挡线能够相交。这样既能够有效屏蔽油门高频波动时的频繁换挡，还能保留驾驶员干预降挡的能力，当路面条件允许时，驾驶员可以通过急剧减油的操纵进行干预升挡。

2）加油“钝化”斜率计算

急加油时，油门“钝化”修正斜率的计算是以降挡线为基准，如图4.18所示，当车速增加的斜率 $dv/dt$ 等于降挡线的增加率 $dv_{dn}/dt$ 时，就完全屏蔽了油门开度急剧增加导致的降挡现象。如要保留驾驶员的干预降挡能力，则要求降挡线的增加率 $dv_{dn}/dt$ 略大于实际车速的增加率 $dv/dt$，即

$$dv_{dn}/dt > dv/dt \tag{4.12}$$

通过推导得

$$d\alpha/dt > (dv/dt)/(dv_{dn}/d\alpha) \tag{4.13}$$

从图4.18中可以看出，当前车速较低时，如车速2所示，突然增加油门开度，车辆出现降挡的可能性较高；当前路况不好，行驶阻力增加，车辆加

速度小时，如车速1所示，突然增加油门开度，车辆出现降挡的可能性也高，这与实车行驶时驾驶员的需求相符合。

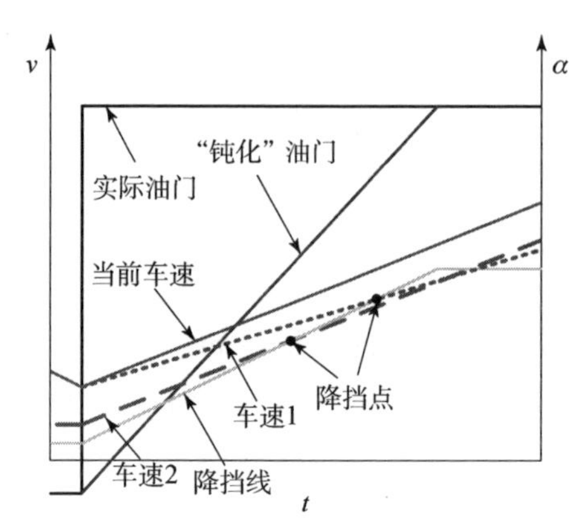


**图 4.18 加油"钝化"修正斜率计算**

综上所述，确定油门开度增加时的"钝化"斜率的选择原则为：以车辆在平直良好路面行驶时的各挡位最大油门开度条件下的车辆加速度为基准，对油门"钝化"修正斜率进行计算，保证车速低时，实际车辆加速曲线和降挡线能够相交。这样既能有效屏蔽油门高频波动时的频繁换挡，还能保留驾驶员干预降挡的能力，当路面条件允许时，驾驶员可以通过急剧加油的操纵进行干预降挡。

5. 油门开度信号"钝化"试验

通过以上的分析，油门"钝化"修正斜率与车辆在平直路面上行驶时的加、减速度有直接的关系，良好路面及最大油门开度条件下，试验车辆不同挡位的加速曲线如图4.19所示。

由图4.19中的车辆加速度曲线可看出，随着挡位的增加，车辆的加速度逐渐减小。因此，车辆在低挡行驶时，油门开度增加时的"钝化"修正斜率较大；车辆在高挡行驶时，油门开度增加时的"钝化"修正斜率相对较小。

根据试验车辆在平直良好路面上的加速和减速试验，结合其换挡规律，根据式（4.11）和式（4.13），推算出试验车辆的油门"钝化"修正当量值，如表4.2所示。

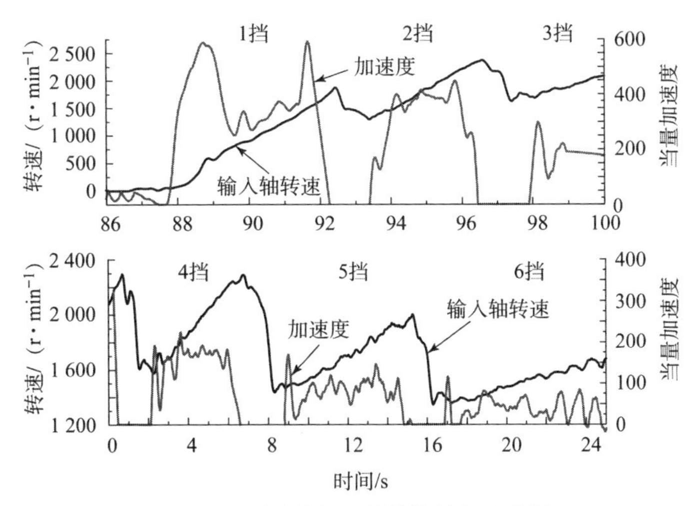


**图 4.19　试验车辆不同挡位的加速曲线**

**表 4.2　单位周期内油门"钝化"修正当量值**

| 挡位 | 加油 | 减油 | 挡位 | 加油 | 减油 |
|---|---|---|---|---|---|
| 1 挡 | 10 | 5 | 5 挡 | 5 | 3 |
| 2 挡 | 10 | 5 | 6 挡 | 3 | 3 |
| 3 挡 | 8 | 5 | 7 挡 | 3 | 3 |
| 4 挡 | 7 | 5 | 8 挡 | 3 | 3 |
| 注：以油门开度的 0 ~ 100% 对应油门"钝化"修正当量值的 0 ~ 250 | | | | | |

在实车试验中，对油门"钝化"控制策略进行了验证，其行驶曲线如图 4.20和图 4.21 所示。

图 4.20 中，试验车辆在越野路面上行驶时，车辆按照"钝化"修正后的油门开度信号进行换挡判断，并按此换挡判断进行实际的换挡操作。同时，采集实际油门开度信号，并据此做出虚拟换挡判断，以便说明油门"钝化"策略对抑制车辆频繁换挡的有效性。

图 4.20（a）是 TCU 根据实际的油门开度信号做的换挡判断结果；图 4.20（b）是 TCU 根据"钝化"处理后的油门开度信号做的换挡判断结果；图 4.20（c）、(d) 分别表示实际油门开度信号和"钝化"修正后的油门开度信号；4.20（e）则是变速器输入轴转速。

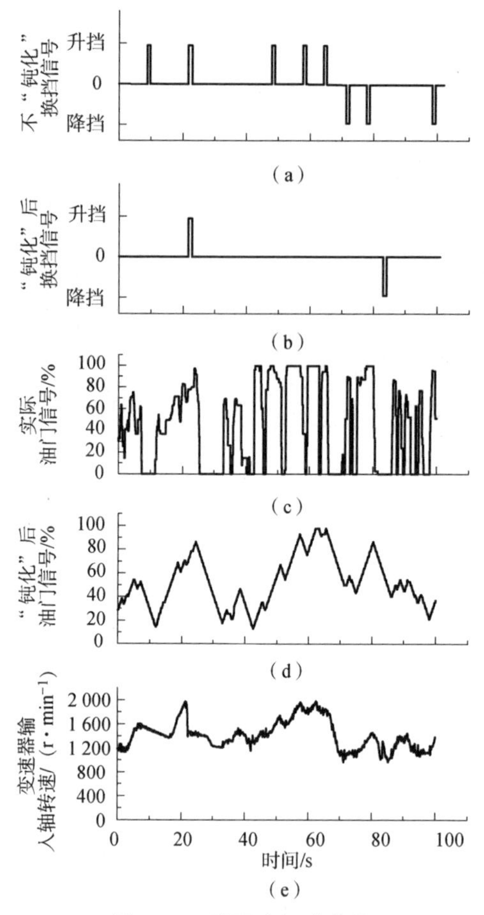


**图 4.20 越野路行驶曲线**

从图 4.20 中可以看出，即使实际的油门开度信号急剧变化时，"钝化"处理后的油门开度信号也与车速保持良好的跟随性。图 4.20（a）中 ECU 根据实际油门开度信号做出 8 次虚拟换挡判断，而在图 4.20（b）中 ECU 根据"钝化"修正后的油门开度信号只做出 2 次换挡判断。因此根据"钝化"修正后的油门开度信号进行换挡控制能够有效地减少车辆的换挡次数，抑制频繁换挡现象的发生，减少车辆换挡操纵机构及离合器的磨损，同时提高车辆的乘坐舒适性和动力性。

图 4.21 是试验车辆在公路行驶时的行驶曲线，从图中可以看出，在油门开度平缓变化时，"钝化"修正后的油门开度信号与真实的油门开度信号基本相一致，充分保留了驾驶员的驾驶意愿。

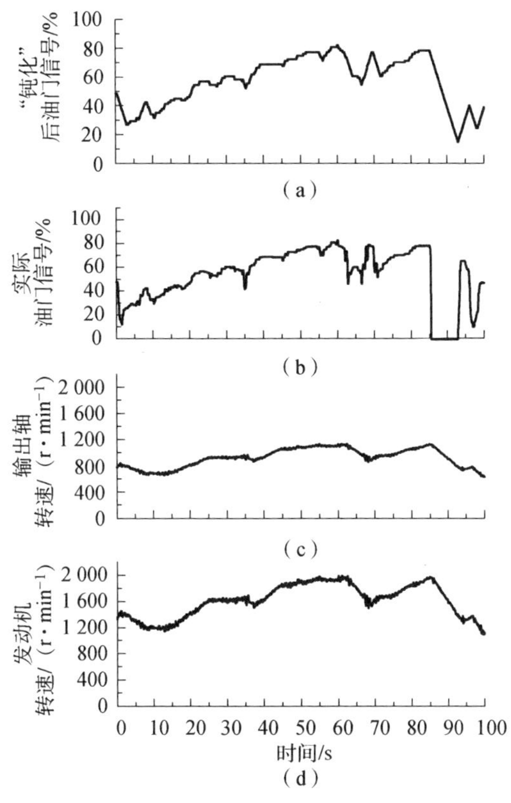


**图 4.21　公路行驶曲线**

# 4.5　广义道路阻力系数识别及应用

本章基于 AMT 重型越野车辆的纵向动力学和运动学模型，利用递推最小二乘法（recursive least square，RLS）对研究对象整车质量和广义道路阻力系数等参数进行识别计算，并将识别结果用于多维参数换挡规律的输入和二次挡位决策方法，改善 AMT 重型越野车辆的运行性能。

## 4.5.1　递推最小二乘法

1. 最小二乘法

最小二乘法原本是求解矛盾方程组的一种方法，引入辨识和参数估计领域中可以用来估计差分方程模型的参数。最小二乘法几乎和所有辨识算法有联系，使用时不需要更多的数理统计知识，容易被工程技术人员掌握。当其他算法失效时，有时候最小二乘法仍然可以应用。其具有利于实现递推计算的优点，便于进行数据的成批处理，相对于其他算法计算简单，因此最小二乘法是系统辨识领域应用最广的参数估计方法，也是获取系统数据最佳函数匹配最常用的方法。

对于一个 $n$ 阶的滑动平均（moving average，MA）数学模型，可以写成

$$y(t)=b_0u(t)+b_1u(t-1)+\cdots+b_nu(t-n) \tag{4.14}$$

式中，输出 $y(t)$ 和输入 $u(t)$，$u(t-1)$，…，$u(t-n)$ 均由测量得到，而参数 $b_0$，$b_1$，…，$b_n$ 为待估计的未知量，总共有 $n+1$ 个参数需要确定。用矩阵来表示 MA 模型，如式（4.15）所示。

$$\boldsymbol{y}(t)=\boldsymbol{\varphi}^{\mathrm{T}}(t)\boldsymbol{\theta} \tag{4.15}$$

其中
$$\boldsymbol{\varphi}^{\mathrm{T}}(t)=[u(t),\ u(t-1),\ \cdots,\ u(t-n)] \tag{4.16}$$

$$\boldsymbol{\theta}^{\mathrm{T}}=[b_0,\ b_1,\ \cdots,\ b_n] \tag{4.17}$$

如果选定的模型结构和阶数是正确的，测量所得到的数据又不含任何噪声，那么未知量的估计其实就是 $n+1$ 元一次确定性方程组的求解问题。这只需要经过 $n+1$ 次对数据 $y$ 和 $u$ 的测量即可求解出上述的未知参数，将所有 $n+1$ 个方程列出，表示为

$$\begin{aligned}
y(n+1)&=b_0u(n+1)+b_1u(n)+\cdots+b_nu(1)\\
y(n+2)&=b_0u(n+2)+b_1u(n+1)+\cdots+b_nu(2)\\
&\vdots\\
y(2n+1)&=b_0u(2n+1)+b_1u(2n)+\cdots+b_nu(n+1)
\end{aligned} \tag{4.18}$$

将式（4.18）写成矩阵形式

$$\boldsymbol{Y}=\boldsymbol{\Phi\theta} \tag{4.19}$$

$$\boldsymbol{Y}^{\mathrm{T}}=[y(n+1),\ y(n+2),\ \cdots,\ y(2n+1)] \tag{4.20}$$

$$\boldsymbol{\Phi}=\begin{bmatrix} u(n+1) & u(n) & \cdots & u(1)\\ u(n+2) & u(n+1) & \cdots & u(2)\\ \vdots & & & \vdots\\ u(2n+1) & u(2n) & \cdots & u(n+1) \end{bmatrix} \tag{4.21}$$

式中，$\boldsymbol{Y}$ 为输出向量；$\boldsymbol{\Phi}$ 为观测矩阵；$\boldsymbol{\theta}$ 为参数向量。然而，实际的模型中不可能如式（4.18）一样简单，观测矩阵和输出向量中元素的测量难免含

有噪声，一旦引入噪声信号，式（4.19）将变为矛盾方程组。为此，在式（4.19）中考虑误差向量 $\boldsymbol{E}$，将系统的模型改为 MA 差分模型，如下所示。

$$\boldsymbol{Y}=\boldsymbol{\Phi\theta}+\boldsymbol{E} \tag{4.22}$$

$$\boldsymbol{E}^{\mathrm{T}}=[\varepsilon(n+1),\ \varepsilon(n+2),\ \cdots,\ \varepsilon(2n+1)] \tag{4.23}$$

那么，模型的残差为

$$\boldsymbol{\varepsilon}(t)=\boldsymbol{y}(t)-\boldsymbol{\varphi}^{\mathrm{T}}(t)\boldsymbol{\theta} \tag{4.24}$$

根据最小二乘法原理，所求未知参数的估计值 $\hat{\boldsymbol{\theta}}(t)$ 使得残差的平方和最小。其性能指标函数如下，其中 $N$ 为测量总次数，一般 $N\gg n+1$。

$$\begin{aligned}\boldsymbol{J}&=\sum_{i=1}^{N}\boldsymbol{\varepsilon}^{2}(i)=\sum_{i=1}^{N}[\boldsymbol{y}(i)-\boldsymbol{\varphi}^{\mathrm{T}}(i)\hat{\boldsymbol{\theta}}]^{2}\\&=(\boldsymbol{Y}-\boldsymbol{\Phi}\hat{\boldsymbol{\theta}})\boldsymbol{T}(\boldsymbol{Y}-\boldsymbol{\Phi}\hat{\boldsymbol{\theta}})\end{aligned} \tag{4.25}$$

使 $\boldsymbol{J}$ 取得最小值的 $\boldsymbol{\theta}$ 便是待估参数的最小二乘估计 $\hat{\boldsymbol{\theta}}(t)$，估计值 $\hat{\boldsymbol{\theta}}(t)$ 由下式导出：

$$\left.\frac{\partial \boldsymbol{J}}{\partial \boldsymbol{\theta}}\right|_{\boldsymbol{\theta}=\hat{\boldsymbol{\theta}}}=0 \tag{4.26}$$

进而得出估计参数的表达式（4.27），只要矩阵 $\boldsymbol{\Phi}^{\mathrm{T}}\boldsymbol{\Phi}$ 非奇异，该估计有解。

$$\hat{\boldsymbol{\theta}}=(\boldsymbol{\Phi}^{\mathrm{T}}\boldsymbol{\Phi})^{-1}\boldsymbol{\Phi}^{\mathrm{T}}\boldsymbol{Y} \tag{4.27}$$

2. 递推最小二乘法及其扩展

式（4.27）给出了最小二乘法估计的一般形式，在车辆参数估计中需要的是对未知参数的实时计算，因此在计算机上实现最小二乘法的递推计算十分重要。最小二乘法的递推计算已经被大量应用，其更新形式基本是标准的。在此直接给出 RLS 算法的表达式

$$\hat{\boldsymbol{\theta}}(k)=\hat{\boldsymbol{\theta}}(k-1)+\boldsymbol{L}(k)[\boldsymbol{y}(k)-\boldsymbol{\varphi}^{\mathrm{T}}(k)\hat{\boldsymbol{\theta}}(k-1)] \tag{4.28}$$

$$\boldsymbol{L}(k)=\frac{\boldsymbol{P}(k-1)\boldsymbol{\varphi}(k)}{1+\boldsymbol{\varphi}^{\mathrm{T}}(k)\boldsymbol{P}(k-1)\boldsymbol{\varphi}(k)} \tag{4.29}$$

$$\boldsymbol{P}(k)=[\boldsymbol{I}-\boldsymbol{L}(k)\boldsymbol{\varphi}^{\mathrm{T}}(k)]\boldsymbol{P}(k-1) \tag{4.30}$$

式中，$k$ 为递推计算的步骤数；$\boldsymbol{P}(k)$ 为协方差矩阵；$\boldsymbol{L}(k)$ 为增益矩阵。

RLS 算法流程如图 4.22 所示，其中第一个步骤赋初始值是分别对未知估计量 $\boldsymbol{\theta}(0)$、协方差矩阵 $\boldsymbol{P}(0)$ 进行设定，第一次计算前先根据设定的初始值

计算增益矩阵 $\boldsymbol{L}(1)$，随后计算 $\boldsymbol{\theta}(1)$ 与 $\boldsymbol{P}(1)$，此后再利用求出的协方差矩阵更新增益矩阵，进而通过递推计算，求出所有待估参数并输出。

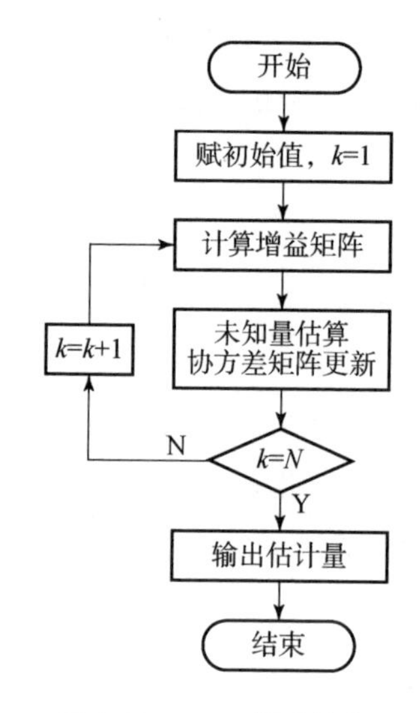


**图 4.22 RLS 算法流程**

当未知参数保持不变时，式（4.28）~式（4.30）能够简单有效地估计出未知参数，然而车辆参数估计值不能保证待估参数为常量，使用上述方法可能会导致数据饱和，每一次递推计算的估计误差会随着数据的增多而加大，常规的 RLS 方法将会丧失对参数的估计能力。对此，引入时变参数估计的指数加权最小二乘法——带遗忘因子的 RLS，类似于加权 RLS 的处理方式，采用遗忘因子对采集到的数据进行加权处理，即在性能指标函数中对被求和的每一项乘一个指数加权系数 $\lambda^{k-i}$，$0<\lambda\leqslant 1$。那么改进后性能指标函数变为

$$\boldsymbol{J}=\sum_{i=1}^{k}\lambda^{k-i}\left[\boldsymbol{y}(i)-\boldsymbol{\varphi}^{\mathrm{T}}(i)\hat{\boldsymbol{\theta}}\right]^{2} \tag{4.31}$$

据此推导出未知参数的估计表达式如下，引入遗忘因子后仅协方差矩阵和增益矩阵有所变化。遗忘因子的引入实质上是对所采集数据的加权，随着采样时刻的推移，较先采集的数据权重越来越小，从而逐步被“遗忘”，有利于新采集数据在识别估算中发挥作用，及时反映数据变化对参数估计的影响。

$$\hat{\boldsymbol{\theta}}(k)=\hat{\boldsymbol{\theta}}(k-1)+\boldsymbol{L}(k)\left[\boldsymbol{y}(k)-\boldsymbol{\varphi}^{\mathrm{T}}(k)\hat{\boldsymbol{\theta}}(k-1)\right] \tag{4.32}$$

$$\boldsymbol{L}(k)=\frac{\boldsymbol{P}(k-1)\boldsymbol{\varphi}(k)}{\lambda+\boldsymbol{\varphi}^{\mathrm{T}}(k)\boldsymbol{P}(k-1)\boldsymbol{\varphi}(k)} \tag{4.33}$$

$$\boldsymbol{P}(k)=\left[\boldsymbol{I}-\boldsymbol{L}(k)\boldsymbol{\varphi}^{\mathrm{T}}(k)\right]\boldsymbol{P}(k-1)/\lambda \tag{4.34}$$

然而，需要同时估计多个未知参数时，如果各个待估参数的变化速率差距很大，那么单一的遗忘因子显然不能满足对这些时变参数的有效识别，因此在待估参数个数不多时，可以考虑针对不同的待估参数分别引入不同的遗忘因子，这种方法称为带遗忘矢量的 RLS 或带多遗忘因子的 RLS。以两个待估参数 $\hat{\theta}_1(k)$、$\hat{\theta}_2(k)$ 的 RLS 估计为例，分别引入两个不同遗忘因子 $\lambda_1$、$\lambda_2$，那么两个待估参数的表达式如下：

$$\hat{\theta}_1(k)=\hat{\theta}_1(k-1)+\boldsymbol{K}(k)[\boldsymbol{y}(k)-\varphi_1(k)\hat{\theta}_1(k-1)-\varphi_2(k)\hat{\theta}_2(k)] \tag{4.35}$$

$$\hat{\theta}_2(k)=\hat{\theta}_2(k-1)+\boldsymbol{M}(k)[\boldsymbol{y}(k)-\varphi_1(k)\hat{\theta}_1(k)-\varphi_2(k)\hat{\theta}_2(k-1)] \tag{4.36}$$

$$\boldsymbol{K}(k)=P_1(k-1)\varphi_1(k)[\lambda_1+\boldsymbol{\varphi}_1^{\mathrm{T}}(k)P_1(k-1)\varphi_1(k)]^{-1} \tag{4.37}$$

$$\boldsymbol{M}(k)=P_2(k-1)\varphi_2(k)[\lambda_2+\boldsymbol{\varphi}_2^{\mathrm{T}}(k)P_2(k-1)\varphi_2(k)]^{-1} \tag{4.38}$$

$$P_1(k)=\frac{1}{\lambda_1}[\boldsymbol{I}-\boldsymbol{K}(k)\boldsymbol{\varphi}_1^{\mathrm{T}}(k)]P_1(k-1) \tag{4.39}$$

$$P_2(k)=\frac{1}{\lambda_2}[\boldsymbol{I}-\boldsymbol{M}(k)\boldsymbol{\varphi}_2^{\mathrm{T}}(k)]P_2(k-1) \tag{4.40}$$

进一步，有学者提出对于带遗忘因子的 RLS 识别效果易受遗忘因子取值影响，其值越小，则对时变参数的跟踪能力就越强，但同时对噪声越敏感；遗忘因子取值越大，则跟踪能力随之减弱，但对噪声不敏感，收敛时的参数估计误差也越小。因而选用时变遗忘因子来解决待估参数变化率随时间变化的问题。对于某一个遗忘因子，其时变表达式为

$$\lambda_i(t)=\lambda_{i-\min}+(\lambda_{i-\max}-\lambda_{i-\min})\cdot 2^{L_i(t)} \tag{4.41}$$

$$L_i(t)=-\mathrm{NINT}[\rho_i\alpha_i^2(t)] \tag{4.42}$$

式中，$\lambda_{i-\max}$ 和 $\lambda_{i-\min}$ 为允许的遗忘因子最大、最小取值；NINT 为接近于 $\rho_i\alpha_i^2(t)$ 的最小整数；$\rho_i$ 为遗忘因子 $\lambda_i$ 的敏感增益，控制遗忘因子趋近于 1 的速率；$\alpha_i$ 为估计误差。将上述时变遗忘因子的表达式引入式（4.35）~式（4.40）中，即可实现对两个不同变化速率的未知参数识别估计。

### 4.5.2　基于动力学的车辆质量和广义道路阻力系数识别

1. 整车质量和广义道路阻力系数识别

为了便于利用 RLS 方法进行整车质量和广义道路阻力系数的识别，将不考虑制动时的车辆行驶方程整理如下：

$$F_{\mathrm{t}}=F_{\mathrm{r}}+F_{\mathrm{a}}+F_{\mathrm{g}}+F_{\mathrm{acc}} \tag{4.43}$$

即

$$\delta a=\frac{1}{m}\left[\frac{T_{\mathrm{in}}i_{\mathrm{g}}i_{\mathrm{tr}}i_{\mathrm{w}}\eta_{\mathrm{T}}}{r_{\mathrm{w}}}-(F_{\mathrm{r}}+F_{\mathrm{a}}+F_{\mathrm{g}})\right] \tag{4.44}$$

由于广义道路阻力系数 $\beta$ 与外界阻力之间满足以下关系：

$$F_r + F_a + F_g = mg\beta \tag{4.45}$$

因此，式（4.44）又可表示为

$$\delta a = \frac{T_{in} i_g i_{tr} i_w \eta_T}{m r_w} - g\beta \tag{4.46}$$

式中，车辆纵向加速度 $a$ 可以根据车速微分或相关转速信号处理求出；变速器输入轴扭矩 $T_{in}$ 在识别计算时用发动机输出扭矩 $T_e$ 替代，而惯性元件导致的能量损失一起计入广义道路阻力中。发动机输出扭矩 $T_e$ 则通过油门开度和发动机转速查表计算而得。因此式（4.46）中仅整车质量和广义道路阻力系数为待估的未知参数。

本节选用带多遗忘因子的 RLS 方法对整车质量和广义道路阻力系数进行识别估算。按照式（4.15）的形式整理式（4.46），其中 $\boldsymbol{y}$ 和 $\boldsymbol{\varphi}$ 为测量的信号或已知的参数，$\boldsymbol{\theta}$ 为未知的待估参数。可得

$$\boldsymbol{y} = \boldsymbol{\varphi}^T \boldsymbol{\theta},\ \boldsymbol{\varphi} = [\varphi_1,\ \varphi_2]^T,\ \boldsymbol{\theta} = [\theta_1,\ \theta_2]^T \tag{4.47}$$

$$\boldsymbol{y} = \delta a,\ \boldsymbol{\varphi} = [T_{in} c_{gear},\ -g]^T,\ \boldsymbol{\theta} = \left[\frac{1}{m},\ \beta\right]^T \tag{4.48}$$

式中，$c_{gear}$ 代表和挡位相关的系数与常数，具体表达式如下：

$$c_{gear} = \frac{i_g i_{tr} i_w \eta_T}{r_w} \tag{4.49}$$

引入两个遗忘因子，$\lambda_1$ 对应于整车质量 $m$，$\lambda_2$ 对应于广义道路阻力系数 $\beta$。由于在一段时间内，整车质量 $m$ 基本保持不变，因此其对应的遗忘因子 $\lambda_1$ 可以取值较大，接近于1；而广义道路阻力系数 $\beta$ 是外部阻力的实时反映，为了保持其敏感度，对应的遗忘因子 $\lambda_2$ 取值应较小。对于未知参数的识别估计，识别参数的初始值设置也会影响待估参数的收敛情况，因此各个参数的初始值设定十分重要。在递推计算中，未知参数初始值可设置为充分小的实数；相反，对应的协方差取为相当大的实数。参照式（4.35）~式(4.40）即可实现对两个待估参数的识别计算，首先根据式（4.37）和式（4.38）利用 $P_1(0)$、$P_2(0)$ 初始值对 $K(k)$ 与 $M(k)$ 进行计算，随后参照式（4.39）和式（4.40）计算 $P_1(k)$、$P_2(k)$，然后利用式（4.35）和式（4.36）求解该时刻的待估参数。考虑到计算机处理能力，将初始值设定如下：

$$\hat{\theta}_1(0) = 0.01,\ \hat{\theta}_2(0) = 0.01,\ P_1(0) = 10^3,\ P_2(0) = 10^3$$

2. 仿真识别结果

仿真识别计算是基于 simulink 模型中增加嵌入式 Matlab 函数实现的，车辆传动系统的模型中忽略了轴段上的损失。如图 4.23 所示，其中子系统 Vehicle 模型参见第 2 章，子系统 Configure 为参数配置模型，Recognition 中包含了采用的 RLS 识别模型。

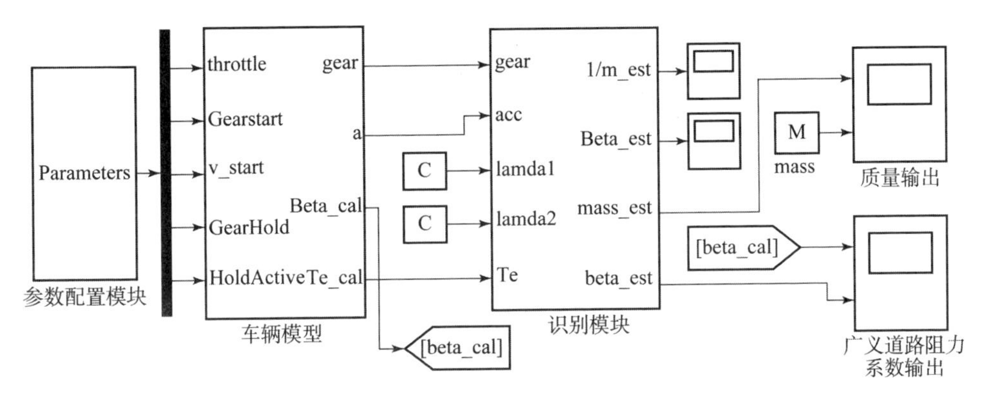


图 4.23　参数识别 simulink 模型

图 4.24 所示为带多遗忘因子 RLS 识别仿真对比。仿真时，车辆以 40% 油门开度保持 3 挡运行，由于质量保持不变，仅广义道路阻力系数在改变，故选取遗忘因子分别为 $\lambda_1=0.99$，$\lambda_2=0.2$。

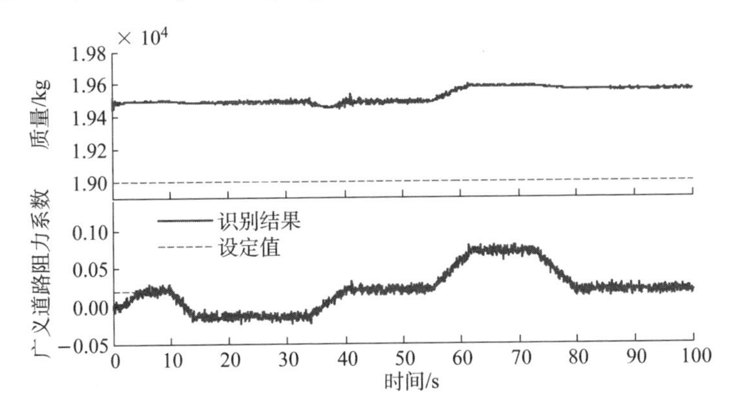


图 4.24　带多遗忘因子 RLS 识别仿真对比

另外，仿真时，在车辆加速度信号上叠加方差为 0.001 的高斯白噪声，分析仿真对比曲线，识别出的质量与设定值最大相差 3.1%，广义道路阻力系数基本能与设定值吻合。

3. 离线识别计算

初期的识别是基于现有试验数据的离线识别计算，主要是利用 Matlab 编写 m 文件，通过导入 AMT 重型越野车辆数据采集系统中的相关试验数据，进而实现对整车质量和广义道路阻力系数的估计。为了能够有效进行未知参数的离线识别，需要对现有的数据采集系统有所了解，同时对带多遗忘因子 RLS 方法进行数值计算转换，然后利用 m 文件编程对数据采集系统的试验数据进行初步处理，以便进行未知参数的估计。

现有的车辆数据采集系统将车辆运行过程中各种车载传感器信号、发动机电控单元相关数据、换挡控制指令、开关量状态、标志位等信息都以二进制文件进行压缩存储。对数据进行解压即可得到实际车辆运行时的数据文本文件。电脑换挡控制器采用串行通信方式，每 10 ms 将 30 个信号数据发送出来，由数据采集盒对接收到的数据进行压缩和存储。我们可以利用数据文本文件中的发动机转速、变速器输出轴转速、油门开度、离合器状态、挡位等信号确定或求出车辆运行时实时的发动机输出扭矩、车速、加速度、每个挡位下的总传动比、效率等信息。

为了便于在计算机上实现带多遗忘因子的 RLS 识别计算，将式（4.35）和式（4.36）变形，得到以下两式：

$$\hat{\theta}_1(k)+\boldsymbol{K}(k)\varphi_2(k)\hat{\theta}_2(k)=\hat{\theta}_1(k-1)+\boldsymbol{K}(k)[\boldsymbol{y}(k)-\varphi_1(k)\hat{\theta}_1(k-1)] \tag{4.50}$$

$$\boldsymbol{M}(k)\varphi_1(k)\hat{\theta}_1(k)+\hat{\theta}_2(k)=\hat{\theta}_2(k-1)+\boldsymbol{M}(k)[\boldsymbol{y}(k)-\varphi_2(k)\hat{\theta}_2(k-1)] \tag{4.51}$$

令
$$\hat{\theta}_1(k-1)+\boldsymbol{K}(k)[\boldsymbol{y}(k)-\varphi_1(k)\hat{\theta}_1(k-1)]=\boldsymbol{A}(k)$$

$$\hat{\theta}_2(k-1)+\boldsymbol{M}(k)[\boldsymbol{y}(k)-\varphi_2(k)\hat{\theta}_2(k-1)]=\boldsymbol{B}(k)$$

$$\boldsymbol{K}(k)\varphi_2(k)=\boldsymbol{D}(k)$$

$$\boldsymbol{M}(k)\varphi_1(k)=\boldsymbol{C}(k)$$

可以求出
$$\hat{\theta}_1(k)=\frac{\boldsymbol{D}(k)\boldsymbol{B}(k)-\boldsymbol{A}(k)}{\boldsymbol{C}(k)\boldsymbol{D}(k)-1} \tag{4.52}$$

$$\hat{\theta}_2(k)=\frac{\boldsymbol{C}(k)\boldsymbol{A}(k)-\boldsymbol{B}(k)}{\boldsymbol{C}(k)\boldsymbol{D}(k)-1} \tag{4.53}$$

依据上述表达式和相应的中间变量表达式，用 m 文件完成离线识别计算的程序。离线计算的数据来源于另一款车辆的高速跑车试验，该试验车辆也属于 AMT 重型越野车辆，其动力传动系统主要结构和本书所述模型基本一致，传动系统的相应参数也相同，主要区别在于该试验车辆的整车质量为 23 900 kg。

截取试验车辆固定在某一个挡位下行驶的数据，将这一段数据导入 Matlab 中，利用发动机特性曲线求出对应的发动机输出扭矩，利用变速器输出轴转速求出对应的车辆加速度，根据车辆的挡位信息确定需要用到的所有参数。

图 4.25 所示为实车 7 挡行驶于高速路时数据离线识别结果。根据公路等级所要求的最大纵坡可知，在设计时速 100 km 的公路上最大纵坡度为 4%，根据广义道路阻力系数定义式（4.3）计算可得 $\beta$ 变化范围在 $-0.02\sim0.06$。遗忘因子的取值为 $\lambda_1=0.95$，$\lambda_2=0.04$。从图中可看出，参数识别初期存在大误差。对比参考范围（或实际值）与估计值，整车质量 $m$ 的识别值约为 22 800 kg，误差 4.6%，$\beta$ 的识别值基本落在计算出的参考范围内。

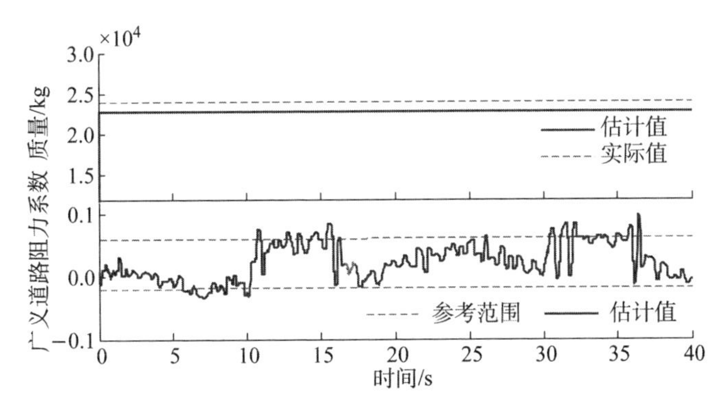


**图 4.25 实车 7 挡行驶于高速路时数据离线识别结果**

通过这组曲线可以看出带多遗忘因子的递推最小二乘法具有一定的识别能力，但限于无法确定实时的广义道路阻力系数，无法判断其识别结果的准确性。对于本书的 AMT 重型越野车辆而言，高速公路试验数据的离线计算仅在一定程度上反映出带多遗忘因子 RLS 的可行性，为了进一步确定这种识别方法的有效性，利用固定坡度 13°的坡道上车辆起步后 C 挡运行的爬坡数据进行离线计算，如图 4.26 所示，得到实车 C 挡行驶在 13°坡道上时的离线识别结果。两个遗忘因子取值为 $\lambda_1=0.8$，$\lambda_2=0.04$。通过计算对比，整车质量 $m$

的均方根误差为 1 316 kg（5.5%），$\beta$ 的均方根误差为 0.024。

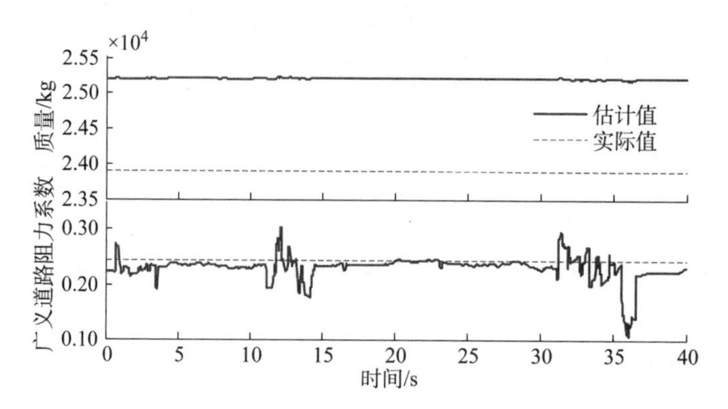


**图 4.26　实车 C 挡行驶于 13°坡道时数据离线识别结果**

分析带多遗忘因子 RLS 识别该 AMT 重型越野车辆的流程和识别结果，可知运用该方法进行识别计算时存在诸多不利的影响因素。首先，同时识别整车质量 $m$ 和广义道路阻力系数 $\beta$ 时需要的输入除了各个挡位下的传动比等常量参数外，还依赖于输入的发动机扭矩和车辆纵向加速度。然而发动机扭矩是针对转速和负荷确定的，不是油门开度，因此以发动机转速和油门开度进行发动机扭矩查表并不准确，还需要进一步修正扭矩值。另外，根据变速器输出轴转速求车速，不能避免车轮打滑时所求车速和实际车速之间的误差，依此车速微分求出加速度也就可能包含着一定误差。因此，从 RLS 方法的可观测量角度来看，目前研究对象中存在一定的局限性。其次，基于动力学模型估计未知参数时，仅能针对在挡的估计，因为换挡过程中一旦离合器分离，原本可观测的数据如扭矩、传动比等就不确定了，此时的识别效果很差，即使利用离合器的状态进行修正，人为设定换挡后的识别值等于换挡前的状态，依旧存在不稳定性。因此，需要考虑利用新的识别计算模型来对未知参数进行识别计算。

### 4.5.3　二次挡位决策

1. 二次挡位决策概述

现有的自动变速操纵系统主要采用两参数换挡规律，即以车速和油门开度为选择不同挡位的依据。但是，目前两参数换挡规律换挡点的确定都是假设车辆换挡过程耗时很短，且忽略换挡时行驶阻力对车辆的影响，因此认为换挡过程中没有车速变化。即使是三参数换挡规律，其制定和计算也是基于一定假设的。然而，实际车辆在换挡过程中需要考虑的因素包含以下两点。

（1）换挡耗时的影响。AMT 是在手动变速器的基础上加装自动变速操纵系统组成的自动机械变速器，其收到换挡控制指令后，逐步完成相应的换挡操纵。换挡过程包含了离合器分离、摘空挡、变速器选挡（含变速器主箱选位、副箱换挡）、变速器主箱挂挡、离合器接合等一系列动作，且各个操作之间仅部分时间是重叠的。因此，AMT 重型越野车辆的整个换挡过程耗时相对一般的轿车是比较长的，根据目前的试验数据粗略统计，除起步外正常行驶时，试验车辆的换挡过程耗时在 0.5 ~ 1.6 s，而在降挡过程换挡耗时将稍大于升挡，在复杂路况下换挡耗时又可能更大。几乎在整个换挡过程中，发动机与变速器输入轴是分离的，车辆动力传递发生中断。显然，换挡过程耗时是不能简单忽略的。

（2）外部行驶阻力的影响。AMT 在换挡过程中有动力中断，车辆除了下坡外，外部阻力之和一般不会为零，因而车速在换挡前后不可能保持不变。特别地，AMT 重型越野车辆在上坡换挡过程中，动力中断时间较长，在坡道阻力的影响下导致车速显著下降，进而使得换挡完成后，初始目标挡位无法与换挡后的车速获得良好的匹配，降低车辆的动力性能。在复杂路况下，即使不考虑换挡过程耗时的影响，由于车辆外部阻力的变化也会导致挡位与车速匹配不合理现象。

因此，在复杂工况下分析车辆行驶环境因素，尤其是估计车辆道路负载对车辆运行状态的影响十分必要，通过估计道路负载进行合理的挡位决策以提升重型 AMT 车辆的动力性能具有重要意义。本节利用上文识别出的广义道路阻力系数 $\beta$ 作为车辆换挡控制的一个输入，进行上坡行驶的挡位决策。

2. 二次挡位决策的制定

基于广义道路阻力系数 $\beta$ 进行二次挡位决策是对现有车辆自动换挡控制的一种补充，即在复杂路况下对多维参数换挡规律的扩充。在较小的道路负载下，认为无须采用二次挡位决策，直接按照多维参数换挡规律确定的换挡时刻和初始目标挡位进行换挡即可；在较大道路负载下，AMT 重型越野车辆换挡过程动力中断可能导致车辆连续换挡反而使得车速不断下降，为了避免出现这种极端的情况，采用二次挡位决策方法，利用车辆行驶过程中的广义道路阻力系数识别，或在换挡过程中利用动力中断判断道路负载大小，进而重新进行挡位决策，确定出新的目标挡位，而换挡时刻仍旧根据多维参数换挡规律确定。

1）广义道路阻力系数阈值的确定原则

本书中广义道路阻力系数阈值的值对于改进换挡策略具有决定性作用。无论初始目的挡位是几挡，在计算广义道路阻力系数阈值时都需要遵循以下几个原则。

第一，防止换挡后驱动力小于道路阻力。为了确保发动机提供足够的力量使车辆稳定行驶，需要计算出一个允许的广义道路阻力系数，使得驱动力能够克服道路阻力或者至少等于道路阻力。

第二，防止离合器转速过低或过高。由于换挡过程存在动力中断，在离合器接合后发动机转速被拖低。如果发动机转速低于怠速或者高于最高稳定转速，则计算出的广义道路阻力系数阈值不能作为挡位决策的辅助控制参数。

第三，需要满足与试验车辆相关的其他原则。例如，试验车辆原有的换挡控制策略在升挡时仅能顺序升至当前挡位相邻的高挡位，但是能降挡至相邻低挡位，或者跳降两个挡，甚至三个挡。

2）升挡广义道路阻力系数阈值的计算

如果通过原有两参数换挡规律或多维参数换挡规律确定的初始目标挡位比当前挡位高，则挡位决策转化至升挡模式。在计算顺序升挡广义道路阻力系数阈值$\beta_{up}$时，由于换挡过程的动力中断，上坡时车速和离合器转速均会下降，在换挡后发动机转速最终被离合器拖低，导致发动机实际转速与发动机调速控制的目标转速不相等。顺序升挡的极端情况是换挡后发动机输出扭矩刚好等于当前的道路阻力。基于此极端情况可以求出顺序升挡时的广义道路阻力系数阈值$\beta_{up}$，按照简化的车辆动力学模型，对应的换挡后车辆行驶方程可以近似地表示为如下公式：

$$\frac{T_{e-new} i_{g-new} i_{tr} i_w \eta_T}{r_w} = mg\beta_{up} \tag{4.54}$$

$$T_{e-new} = T_e(N_{c-old} - \Delta N_c,\ thro) \tag{4.55}$$

$$\Delta N_{\mathrm{c}}=\frac{g\beta\cdot\Delta t}{\pi r/30}i_{\mathrm{g-new}}i_{\mathrm{tr}}i_{\mathrm{w}} \tag{4.56}$$

式中，$T_{\mathrm{e-new}}$为换挡后发动机输出扭矩；$i_{\mathrm{g-new}}$为变速器目标挡位的传动比；$\beta_{\mathrm{up}}$为顺序升挡广义道路阻力系数阈值，即在顺序升挡时所允许的最大广义道路阻力系数值；$N_{\mathrm{c-old}}$为当前换挡规律中升挡点对应的离合器转速；$\Delta N_{\mathrm{c}}$为动力中断导致的发动机转速变化值，此时其中的$\beta=\beta_{\mathrm{up}}$；$\Delta t$同上文定义一致，为动力中断时间，在此我们选取$\Delta t$为1.6 s。另外，为了便于计算广义道路阻力系数阈值，可以将式（4.55）对应的发动机扭矩特性图转化为不同油门开度下的分段线性函数。例如，图4.27所示为试验车辆发动机外特性曲线，其中实线为试验测得的外特性曲线，人为将该曲线划分为①～④四个转速范围，并用一次函数拟合出各个转速范围内发动机扭矩随转速变化的关系，如图中的虚线所示。

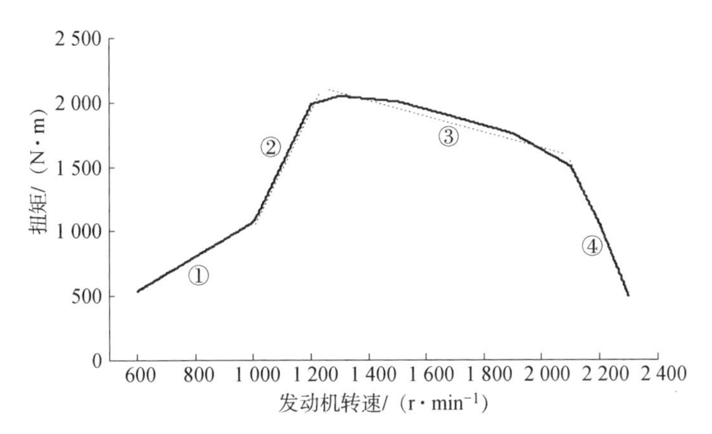


**图 4.27　试验车辆发动机外特性曲线**

如式（4.57）所示，为拟合得到的100%油门开度下近似发动机扭矩特性表达式。

$$T_{\mathrm{e}}(n_{\mathrm{e}},\ 100\%)=\begin{cases}1.34n_{\mathrm{e}}-270, & 600\leqslant n_{\mathrm{e}}<1\ 000\\ 3.28n_{\mathrm{e}}-2\ 211, & 1\ 000\leqslant n_{\mathrm{e}}<1\ 300\\ -0.682n_{\mathrm{e}}+2\ 944, & 1\ 300\leqslant n_{\mathrm{e}}<2\ 100\\ -5.06n_{\mathrm{e}}+12\ 100, & 2\ 100\leqslant n_{\mathrm{e}}\leqslant 2\ 300\end{cases} \tag{4.57}$$

按照广义道路阻力系数计算公式，可以求出初始挡位为C挡以外，各个油门开度下的顺序升挡广义道路阻力系数阈值，图4.28所示为试验车辆顺序升挡广义道路阻力系数阈值变化曲线。

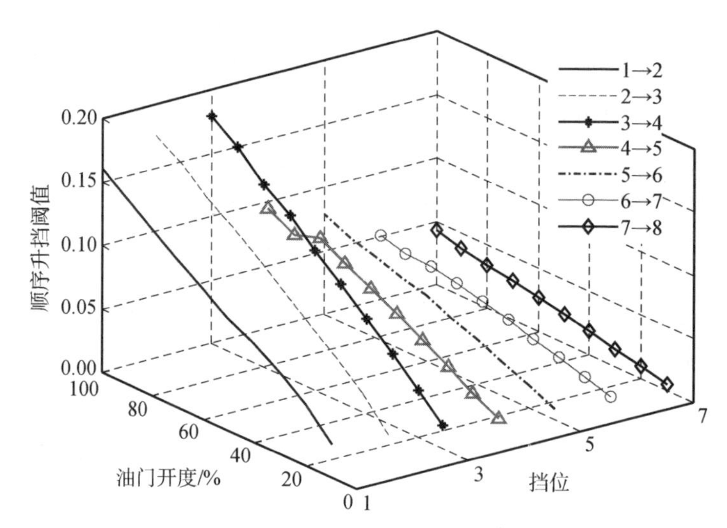


**图 4.28 试验车辆顺序升挡广义道路阻力系数阈值变化曲线**

3）降挡广义道路阻力系数阈值的计算

如果通过原有两参数换挡规律或多维参数换挡规律确定的初始目标挡位低于当前挡位，则激活降挡挡位决策模式。由于降挡模式包含顺序降挡和非顺序降挡，因此广义道路阻力系数阈值需要根据实际降挡情况进行计算。类似于顺次升挡的阈值计算，降挡情况下广义道路阻力系数阈值也可以根据降挡后发动机扭矩刚好克服当前道路阻力的等量关系计算，车辆降挡后的运动方程和式（4.54）~式(4.56）相似。图 4.29 所示为试验车辆在不同油门开度下降挡时广义道路阻力系数阈值变化曲线，其中 $\beta_{d1}$，$\beta_{d2}$ 分别表示顺序降挡至相邻较低挡位，跳降两挡的广义道路阻力系数阈值。

4）基于阈值计算的上坡挡位决策

根据上文介绍，改进的上坡挡位决策框图如图 4.30 所示，其中虚线框内为本章的主要研究内容。4.5.2 小节对 RLS 识别方式进行介绍，上文说明了广义道路阻力系数阈值的计算方法，并求出针对该试验车辆的相应升挡和降挡广义道路阻力系数阈值。图 4.30 中采用的是带多遗忘因子的 RLS 算法，运用 AMT 重型越野车辆动力学模型对整车质量 $m$ 和广义道路阻力系数 $\beta$ 进行识别。

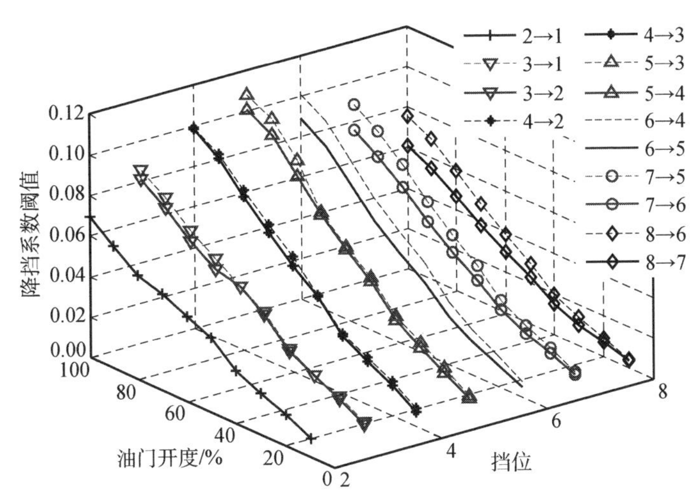


**图 4.29　试验车辆在不同油门开度下降挡时广义道路阻力系统阈值变化曲线**

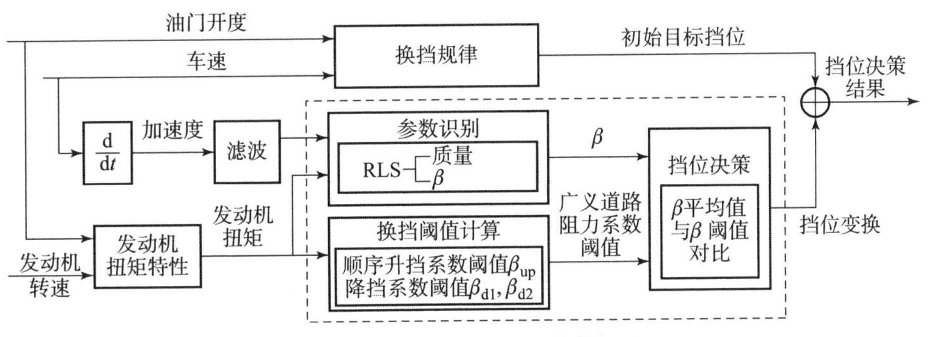


**图 4.30　改进的上坡挡位决策框图**

改进的上坡挡位决策方法是在多维参数换挡规律基础上，增加挡位决策模块。参数估计模块的结果和预先计算获得的广义道路阻力系数阈值则作为挡位决策的输入。一定条件下，多维参数换挡规律确定了换挡时刻和初始目标挡位。随后，挡位决策模块通过对比估计出的广义道路阻力系数与对应油门开度和挡位下的阈值，来确定最终是升挡、降挡还是保持当前挡位。

TCU 计算好当前时刻前 3 s 内的广义道路阻力系数估计值的平均值 avg. ($\beta$)，在进入升挡模式时，TCU 对比 avg. ($\beta$) 与对应顺序升挡广义道路阻力系数阈值 $\beta_{up}$，如果该平均值小于对应 $\beta_{up}$，则经过修正的目标挡位为升挡至相邻较高挡位，否则保持当前挡位行驶。进入降挡模式时，如果 avg. ($\beta$) 小于 $\beta_{d1}$，则 TCU 操控执行机构换至相邻较低挡位，如果 avg. ($\beta$) 大于 $\beta_{d1}$ 且小于 $\beta_{d2}$，则跳降两个挡位；如果 avg.（$\beta$）大于 $\beta_{d2}$，则跳降三个挡位。为了避免跳降太多挡位导致发动机调速过程转速过高，限制降挡的最大数目为三个挡位。上坡挡位决策流程简图如图 4.31 所示。

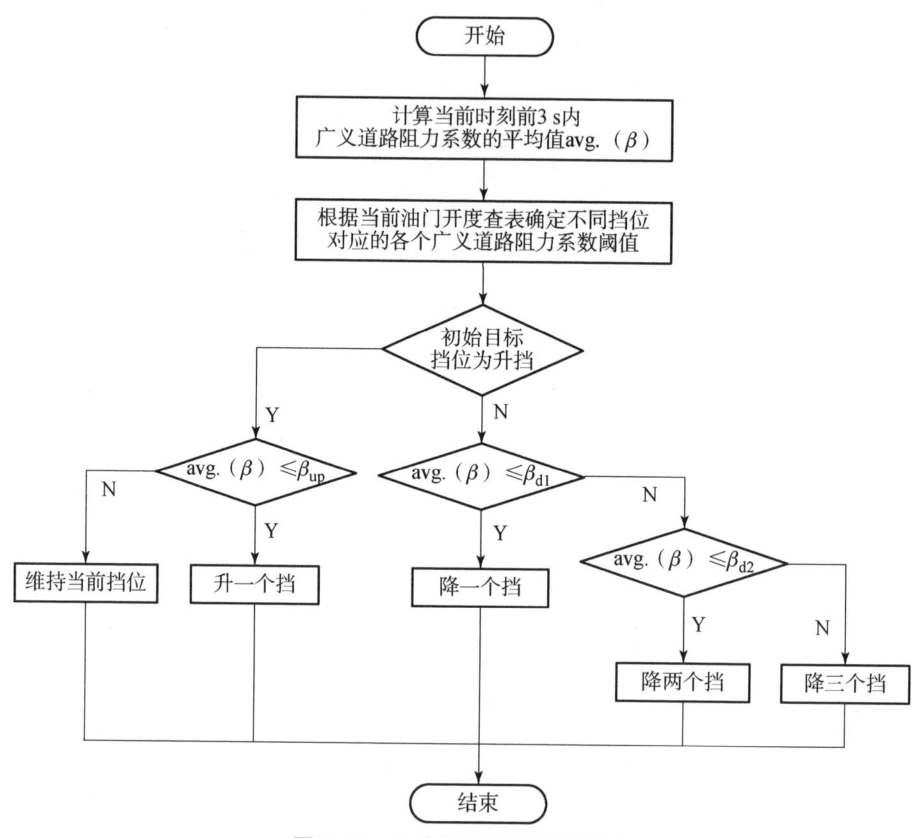


**图 4.31　上坡挡位决策流程简图**

5）动力中断期间的挡位决策

考虑到换挡过程中外界阻力发生变化的特殊情况，在 AMT 重型越野车辆换挡的动力中断期间也可能需要进行相应的挡位决策。由于动力中断期间发动机提供给车辆的动力视为零，故车辆只受到外界阻力的影响，凭借车速的变化即可确定出动力中断期间的加速度 $a$，进而求出近似的广义道路阻力系数 $\beta$，即

$$\beta = -\delta a / g \tag{4.58}$$

然而，考虑到动力中断过程本来是用来执行换挡操纵的，如果用于计算

近似广义道路阻力的时间太长，则 TCU 不能够及时做出判断，无法在变速器选挡前完成二次挡位决策。因此人为设定用于估算加速度的时间从离合器开始分离后约 100 ms 开始，至摘空挡开始后一段时间（需要根据实际情况进行标定）为止，但是需要保证在完成摘空挡时已经确定最终目标挡位。

确定了近似的广义道路阻力后，采用条件判断的方式实现动力中断期间的二次挡位决策。首先，判断 $\beta$ 是否大于零，一般情况下仅在下坡时会出现广义道路阻力（系数）为非正数。如果 $\beta$ 非正数，则应考虑下坡行驶的挡位决策方法；否则依照 4.5.3 小节中 2.4 中的方法进行上坡行驶的挡位决策。

在动力中断期间进行广义道路阻力系数的估计，不需要发动机的扭矩特性，也无须加装加速度传感器，但是由于可供数据采集和计算的时间太短，往往估计结果不够准确，所以仅考虑动力中断期间的识别结果用于定性识别，辅助二次挡位的决策工作。

3. 二次挡位决策的仿真

不局限于使用该二次挡位决策方法对多维参数换挡规律的扩充，在目前的 AMT 重型越野车辆中，在原有的两参数换挡规律基础上也可以使用该方法来改善车辆的动力性能。另外，下坡行驶时，为了有效利用发动机制动的效能，同时兼顾驾驶员的控制意图，除了广义道路阻力系数 $\beta$ 外，需要配合油门开度、制动等信号，来对下坡过程的挡位控制进行相应的挡位决策。

图 4.32 对比了使用原有的换挡策略和改进后的挡位决策时升挡模式下的仿真结果。图 4.32（a）给出了预设的广义道路阻力系数 $\beta$，$\beta$ 从初始的 0.02 升至 0.19（约第 15 s），最终降至 0.17。原有的换挡策略和改进后的挡位决策均是基于此预设的广义道路阻力系数，并保持油门开度 100%。

根据图 4.32（b）和（c），随着广义道路阻力系数的增加，车辆从 4 挡依次降至 3 挡，随后降至 2 挡，同时车速也逐渐下降。然而，图 4.32（b）显示使用原有换挡策略时，22 s 后出现了 2 挡与 3 挡间的循环换挡，最低车速降至约 3.3 m/s，而最高车速为 4.4 m/s。作为对比，图 4.32（c）使用了改进的挡位决策，由于广义道路阻力系数大于 0.18 并始终大于对应的广义道路阻力系数阈值，因此在 22 s 后经修正的目标挡位保持在 2 挡，同时车速逐步提升至 4.7 m/s。

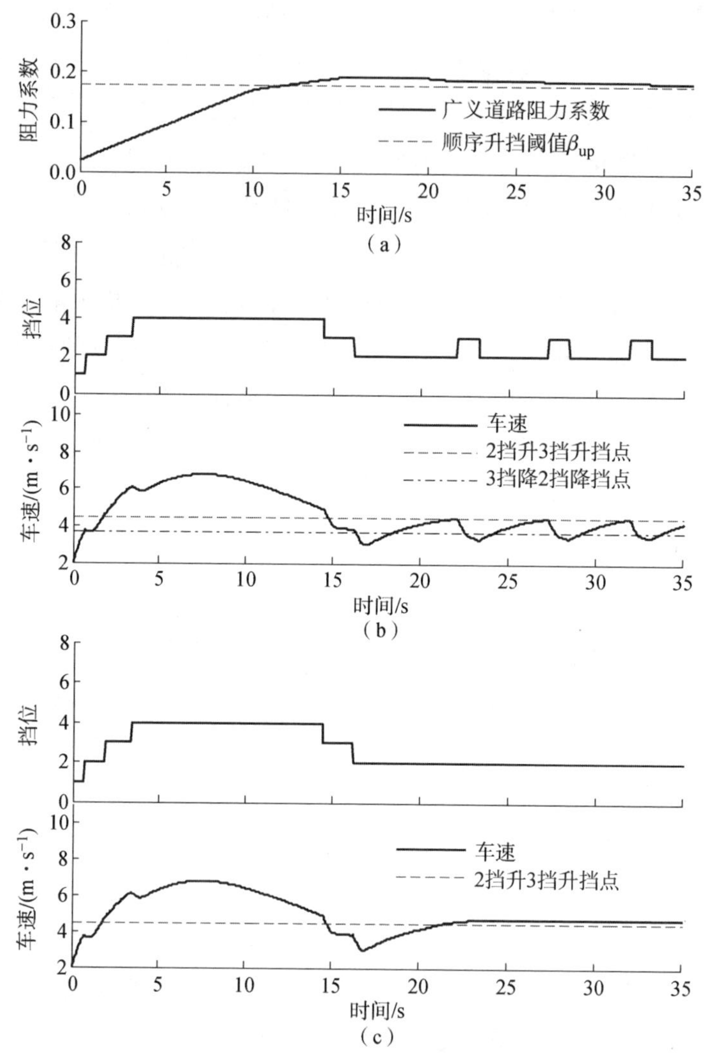


**图 4.32 升挡模式挡位决策仿真对比**

(a) 预设广义道路阻力系数 $\beta$；(b) 原有换挡规律；

(c) 改进的挡位决策

降挡模式挡位决策仿真对比如图 4.33 所示。从曲线的对比可知，在广义道路阻力系数较小时，改进的挡位决策并未改变原有换挡规律确定的目标挡位；广义道路阻力系数增大并超过 $\beta_{d2}$后，原换挡规律下车辆逐渐从 5 挡依次降至 3 挡，35 s 时车速为 4.4 m/s；采用二次挡位决策并考虑跳降挡个数限制，20 s 后车辆从 5 挡直接降至 3 挡，最终车速保持在 4.8 m/s。类似于升挡模式的控制，改进后的挡位决策方法同样减少了换挡次数，并提升了整体车速。

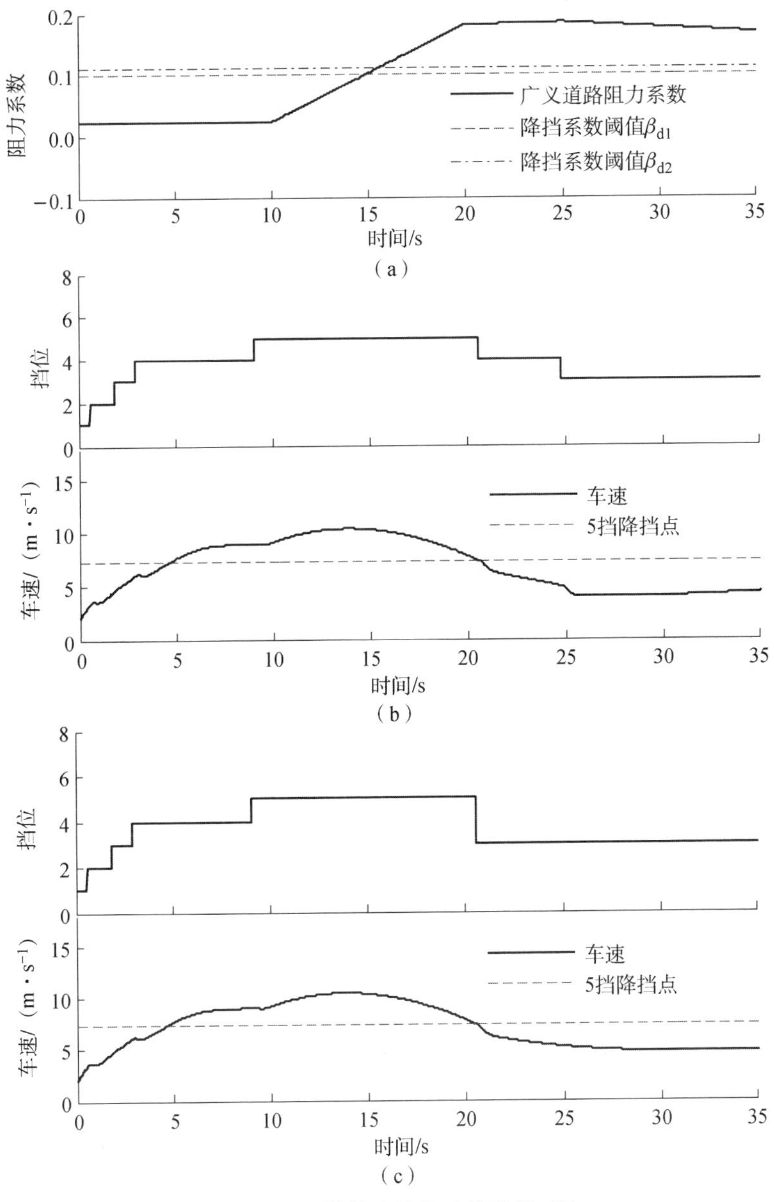


**图4.33　降挡模式挡位决策仿真对比**

（a）预设广义道路阻力系数$\beta$；（b）原有换挡规律；（c）改进的挡位决策

4. 二次挡位决策的实车数据分析

图4.34和图4.35给出了改进的上坡挡位决策在实车测试的动态性能。如图4.34所示，62 s时车速已经超过了当前升挡点对应车速（11%油门开度，8.83 m/s），但是由于估计出的广义道路阻力系数平均值大于对应挡位和油门开度下的顺序升挡广义道路阻力系数阈值0.01，所以车辆保持5挡运行。如图4.35所示，50.5 s时车速低于当前降挡点对应车速（5%油门开度，6.9 m/s），考虑到估计出的广义道路阻力系数与对应阈值的对比关系，车辆直接从7挡跳降至5挡。

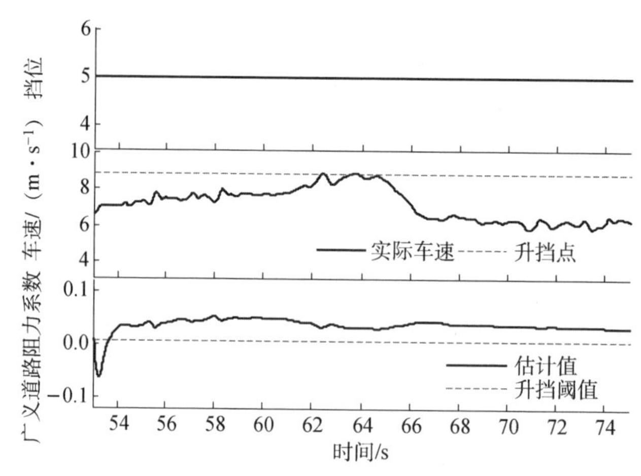


图4.34 实车达到升挡点保持5挡不变

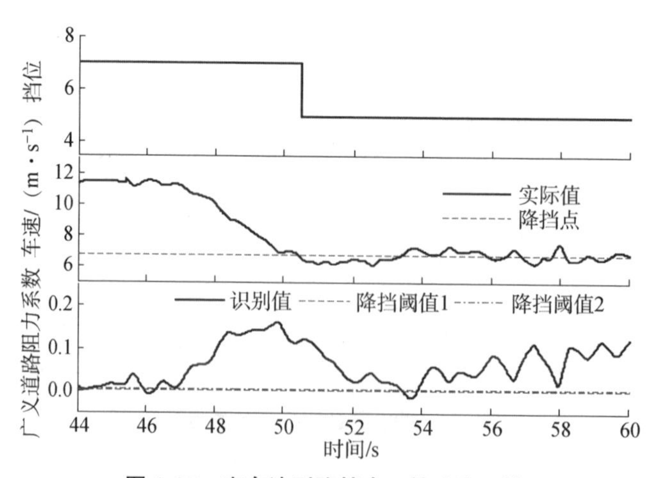


图4.35 实车达到降挡点7挡跳降5挡

# 4.6　重型越野车辆换挡序列优化

本章在分析AMT重型越野车辆换挡动力中断特性的基础上，利用动态规划（dynamic programming，DP）求解重型车辆最优综合性能换挡序列。通过建立优化模型和编写算法代码，实现换挡序列的优化，获得兼顾动力性和燃油经济性的综合性能最优的换挡序列。

## 4.6.1　动态规划方法及应用

1. 动态规划

动态规划是应用数学的一个实用分支，它是解决优化问题的一种特殊途径。20世纪50年代初Bellman等人在研究多阶段决策过程的优化问题时，提出了最优化原理，即“每个最优策略只能由最优子策略组成”，通过把多阶段问题的优化转化为一系列单阶段问题的优化，并逐个求解单阶段的最优解，建立解决这类决策过程优化问题的新方法——动态规划。

严格来说，动态规划不算是一种算法，只是求解多阶段优化的方法。因而，它没有固定的数学表达式和明确定义的规则，而必须针对优化问题进行具体分析，所以动态规划的特点和主要问题在于优化模型的建立。动态规划主要用于求解以时间划分阶段的优化问题，对于其他静态规划可人为地引入时间因素，将其转化为多阶段决策过程，即可使用动态规划方法进行优化求解。

2. DP方法的关键要素

DP针对不同的问题具有不同的优化模型，因而构造DP的优化模型对于优化问题的求解至关重要。一个多阶段决策过程最优化问题的动态规划模型通常包含以下几个要素。

（1）阶段。阶段是整个决策问题的自然划分。通常，DP根据时间或者空间顺序的特征分解为若干相互联系的阶段，便于按照阶段号依次对优化问题求解。阶段变量一般用$k=1, 2, \cdots, N$表示，$N$为划分出的阶段总数。

（2）状态变量。状态变量表示每个阶段开始时的客观条件，或说每个阶段开始时与优化过程相关的特征。状态应该具有无后效性，简单来说就是下一个阶段的状态只和当前阶段有关，而与该阶段以前的各个阶段状态无关，这是动态规划问题可解的标志之一。通常要求状态是直接或间接可观的。

描述状态的变量称为状态变量，阶段 $k$ 的状态变量可以用 $s_k$ 表示，状态变量可以是一个数或者一个向量。如果状态变量是连续变量，在数值计算中需要按照精度要求进行离散化。阶段 $k$ 内所有状态变量允许的取值范围称为状态集合，用 $S_k$ 表示，其中 $i$ 代表可能的状态变量个数，下文中含义相同，$i=1，2，\cdots，m$。

$$S_k=\{s_{k,1}，\cdots，s_{k,i}，\cdots，s_{k,m}\} \tag{4.59}$$

（3）决策与策略。选定各个阶段的状态后，根据其状态可以做出不同的选择或决定，从而确定下一阶段的状态，称为决策。描述决策的变量称决策变量，用 $u_k$ 表示，则 $u_k(s_k)$ 表示针对第 $k$ 阶段的状态变量而选择的决策。如果 $u_k$ 是连续的，在数值计算中需要进行离散处理。同样，决策变量 $u_k$ 的取值也限制在一定范围内，该范围称为允许决策集合 $D_k$，其中 $j$ 为决策变量可能的取值个数，下文亦同，$j=1，2，\cdots，n$。

$$D_k(s_{k,i})=\{u_{k,i}^{(1)}，\cdots，u_{k,i}^{(j)}，\cdots，u_{k,i}^{(n)}\} \tag{4.60}$$

各个阶段的决策确定后，各阶段的决策序列构成一个策略，由第 $k$ 阶段到第 $j$ 阶段的子过程策略记作 $p_{k,j}=\{u_k(s_k)，\cdots，u_j(s_j)\}$。针对每个实际的问题，可供选择的策略也存在一定范围，称为允许策略集合，相应地，用 $P_{k,j}$ 表示。其中使整个优化问题达到最优效果的策略叫作最优策略，记作

$$p_{1,N}^{*}=\{u_1^{*}(s_1)，\cdots，u_N^{*}(s_N)\} \tag{4.61}$$

（4）状态转移方程。通常动态规划中下一个阶段 $k+1$ 的状态变量 $s_{k+1}$ 是当前阶段状态变量 $s_k$ 和当前阶段决策 $u_k(s_k)$ 共同作用的结果，它们之间的关系称为状态转移方程，表示为

$$s_{k+1}=T_k(s_k，u_k) \tag{4.62}$$

（5）指标函数。指标函数用于衡量所选定策略优劣的数量指标，分为阶段指标函数和过程指标函数。阶段指标函数是指第 $k$ 阶段从状态 $s_k$ 出发，采取决策 $u_k$ 时产生的效果，记作 $c_k(s_k，u_k)$。

$$c_k=c_k(s_k，u_k) \tag{4.63}$$

从第 $k$ 阶段开始，状态变量 $s_k$ 采用策略 $p_{k,N}$后所产生的效果称为过程指标函数，记作 $V_{k,N}(s_k, p_{k,N})$。指标函数应该具有可分离性，即某一个阶段的指标函数可以表示为当前阶段状态变量、决策变量和相邻阶段指标函数的函数。常见的指标函数形式有阶段指标之和（将所有阶段的指标函数相加）、阶段指标之积（所有阶段指标函数相乘）。最优指标函数表示从第 $k$ 阶段状态 $s_k$ 采用最优策略到过程终止时的最佳效益值，记作 $f_k(s_k)$，即

$$f_k(s_k) = \underset{p_{k,N} \in P_{k,N(s_k)}}{\text{opt.}} V_{k,N}(s_k, p_{k,N}) \tag{4.64}$$

3. DP 的逆序数值解法

以固定始端、自由终端、指标函数取和的形式进行 DP 逆序数值解法说明。一般自由终端条件为

$$f_{N+1}(x_{N+1,i}) = \varphi(x_{N+1,i}) \tag{4.65}$$

固定始端的条件可表示为 $S_1 = \{s_1\}$。其中 $\varphi$ 为已知量，表示终端阶段的指标函数，取值为 0 即可。根据式（4.59）和式（4.60）可知，状态转移方程和阶段指标需要针对阶段 $k$ 内状态集合 $S_k$ 的每一个取值 $s_{k,i}$和允许决策集合 $D_k(s_{k,i})$ 的每一个取值 $u_{k,i}^{(j)}$进行计算，故可以将动态规划数值计算的基本方程表示如下：

$$f_k^{(j)}(s_{k,i}) = c_k(s_{k,i}, u_{k,i}^{(j)}) + f_{k+1}[T_k(s_{k,i}, u_{k,i}^{(j)})] \tag{4.66}$$

$$f_k(s_{k,i}) = \underset{j}{\text{opt.}} f_k^{(j)}(s_{k,i}) \tag{4.67}$$

按照式（4.65）~式(4.67）逆序计算出 $f_1(s_1)$ 即为全过程最优值。逆序计算的方法可以简述为：从第 $N$ 阶段开始进行计算，即根据该阶段所有可能的状态和相应的决策计算所有可能的指标函数值，通过比较确定出最优的阶段指标函数值及其对应的状态变量和决策。随后，阶段号 $k$ 逐次递减并搜索当前阶段所有状态变量中满足状态转移关系的特定状态变量，基于此状态变量和相应的决策再次计算该阶段的最优指标函数，根据状态转移关系累加该阶段及之后所有阶段的最优指标函数值，并确定最优的过程指标函数值和状态轨迹与策略，依此类推直到 $k = 1$，从而确定出最优状态轨迹和最优策略。DP 逆序数值计算流程如图 4.36 所示。

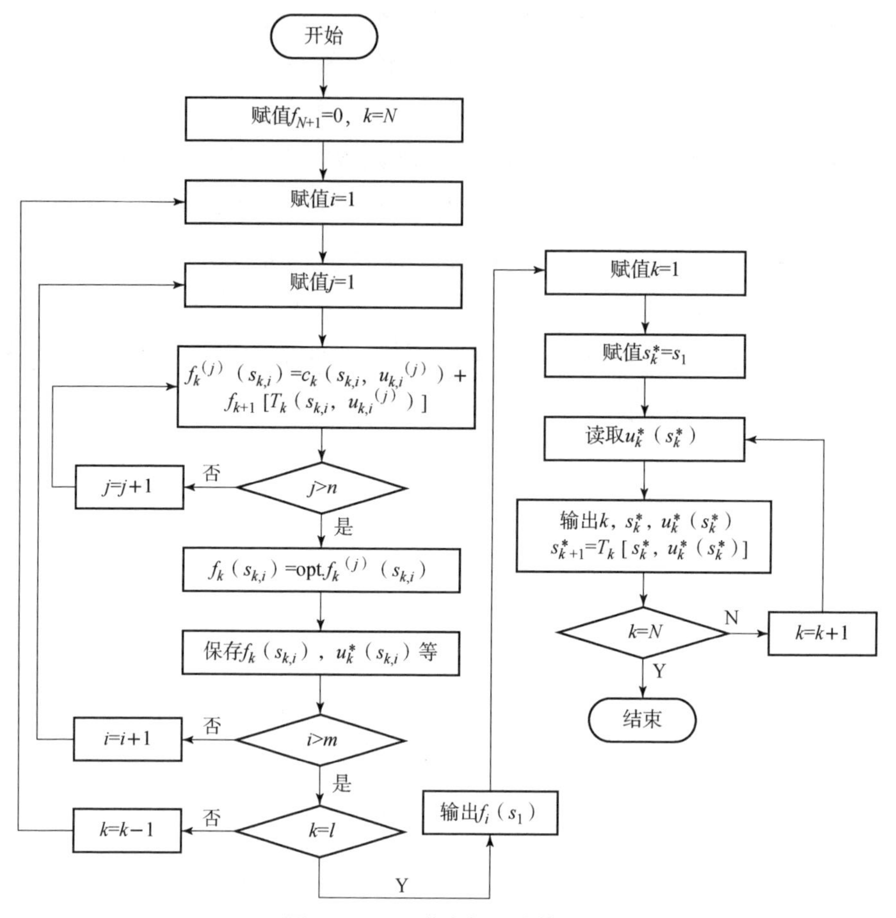


**图 4.36 DP 逆序数值计算流程**

其具体过程可以表示为以下步骤。

第一步，令阶段 $N+1$ 的指标函数值为零，即 $f_{N+1}=0$。

第二步，令 $k=N$，计算阶段 $k$ 的最优阶段指标 $f_k=c_k(s_k, u_k)+f_{k+1}$ 和最优决策 $u_k^*(s_k)$。

第三步，取 $k=N-1$ 阶段的所有状态和决策进行计算，根据状态转移关系搜索出 $k$ 阶段中能够转移到 $k+1$ 阶段 $s_{k+1}$ 的状态变量 $s_k$ 及其最优决策 $u_k^*(s_k)$，进而累加 $k$ 阶段到 $N$ 阶段的最优指标函数值 $f_k$。

第四步，依次取 $k=N-2, N-3, \cdots, 1$，并重复第三步。

第五步，最终求出全局最优指标函数值 $f_1$，并确定出最优状态轨迹和最优策略。

第六步，为了保证计算的准确性，在逆序确定出全局最优指标函数和相应的状态轨迹与策略后，利用顺序递推对上述计算结果进行验算，并输出全局最优指标函数值、最优状态轨迹和最优策略等。

### 4.6.2　基于 DP 的换挡序列优化

1. 优化问题的确定

本节针对已知坡度的道路，利用 DP 求解出 AMT 重型越野车辆在一定路程内行驶时平均运行速度和燃油消耗量加权最优的换挡序列。

动态规划是解决多阶段决策问题的一种方法，重型车辆在一定路程 $L$ 内的综合性能最优换挡序列的求解，则可以看作求解一系列车速和挡位下，随着时间变化，换挡指令和节气门开度变化的一系列阶段性决策。

针对该优化问题，首先需要确定出模型的阶段、状态变量、决策和策略、状态转移、指标函数等。按照空间特征将总路程等分为 $N$ 个相互离散的阶段，每个阶段的步长（距离）为 $h$，单位 m，那么有 $L=N\times h$。另外，以 $k$ 作为不同阶段的阶段变量。选择阶段 $k$ 内的运行速度 $v_{\mathrm{e}}$、挡位 ge 和广义道路阻力系数 $\beta$ 作为相应阶段的状态变量，记作

$$\boldsymbol{s}_k=[v_{\mathrm{e},k},\ \mathrm{ge}_k,\ \beta_k]^{\mathrm{T}} \tag{4.68}$$

根据重型车辆的特点，考虑无制动的纵向控制，选取的决策变量为换挡指令 $u_{\mathrm{g}}$ 和节气门开度 $u_{\mathrm{t}}$。第 $k$ 阶段决策变量如式（4.69）所示。

$$\boldsymbol{u}_k(s_k)=[u_{\mathrm{g},k},\ u_{\mathrm{t},k}]^{\mathrm{T}} \tag{4.69}$$

关于状态转移关系，运行速度 $v_{\mathrm{e}}$ 和挡位 ge，其状态转移方程参照式（4.70）和式（4.71），其中加速度 $a_k$ 由车辆行驶方程计算获得。根据广义道路阻力系数 $\beta$ 的计算式可确定其状态转移关系，如式（4.72）所示，其中 $f$ 为滚动阻力系数，$\alpha$ 为道路坡度。

$$v_{\mathrm{e},k+1}=v_{\mathrm{e},k}+(h/v_{\mathrm{e},k})a_k \tag{4.70}$$

$$\mathrm{ge}_{k+1}=\mathrm{ge}_k+u_{\mathrm{g},k} \tag{4.71}$$

$$\beta_{k+1}=f\cos\alpha_{k+1}+\sin\alpha_{k+1}+F_{\mathrm{a}}(v_{\mathrm{e},k+1})/mg \tag{4.72}$$

优化的目的在于在保证重型车辆动力性能的前提下尽可能降低燃油消耗，

因此选用每个阶段的运行耗时 $t_k$(s) 和阶段油耗量 $m_{s,k}$(g) 的加权和作为阶段指标函数。由于运行耗时和阶段油耗的数量级水平相同，故选用归一化加权因子，运行耗时的加权因子选为 $f_\beta \in (0,\ 1)$，则阶段油耗量的加权因子为 $1-f_\beta$，式（4.73）所示为本优化问题的阶段指标函数。

$$c_k(s_k,\ u_k)=f_\beta t_k+(1-f_\beta)m_{s,k} \tag{4.73}$$

其中，

$$t_k=\frac{h}{v_{e,k}} \tag{4.74}$$

$$m_{s,k}=\frac{T_e n_e \pi b}{1.08\times 10^8}t_k \tag{4.75}$$

2. DP 的变量约束

考虑到该重型越野车辆的运行环境较为复杂，除了常规的铺装道路上运行速度较高外，陡坡爬行等工况下运行速度很缓慢，因此其运行速度 $v_e$ 范围较广，其取值范围可以简化如下：

$$v_{min}\leqslant v_{e,k}\leqslant v_{max} \tag{4.76}$$

式中，$v_{min}$ 和 $v_{max}$ 分别表示允许的最小运行速度和最大运行速度。相应地，不同速度对应于不同的挡位和发动机转速。本重型越野车辆配备的发动机怠速为 600 r/min，最高空载转速为 2 300 r/min，其理想工作转速在 2 100 r/min 以下，考虑到 DP 计算的可行性，设定发动机转速软约束如下：

$$700\leqslant n_{e,k}\leqslant 2\ 100 \tag{4.77}$$

该 AMT 为 9 挡有级式变速器，在 DP 计算中将爬挡设为 ge = 1，1 挡至 8 挡设为 ge = 2 ~ 9。AMT 换挡序列所允许的挡位变化除了顺序升降挡外，还需要考虑极端道路条件下的跳降挡和跳升挡，本优化问题不考虑制动过程的影响，并尝试设定最多允许跳降 3 挡，跳升 2 挡，故挡位 ge 和换挡指令 $u_g$ 的约束如式（4.78）和式（4.79）所示。

$$1\leqslant \mathrm{ge}_k\leqslant 9 \tag{4.78}$$

$$u_{g,k}=\begin{cases}\{0,\ 1,\ 2\}, & \mathrm{ge}_k=1\\ \{-1,\ 0,\ 1,\ 2\}, & \mathrm{ge}_k=2\\ \{-2,\ -1,\ 0,\ 1,\ 2\}, & \mathrm{ge}_k=3\\ \{-3,\ -2,\ -1,\ 0,\ 1\}, & \mathrm{ge}_k=8\\ \{-3,\ -2,\ -1,\ 0\}, & \mathrm{ge}_k=9\\ \{-3,\ -2,\ -1,\ 0,\ 1,\ 2\}, & \text{其他}\end{cases} \tag{4.79}$$

为了限制AMT的换挡频率，保证动力中断之后速度损失有足够时间恢复，规定相邻两次换挡过程之间时间间隔约为3 s。如果上一个阶段换挡指令 $u_{g,k-1}$ 不为零，且当前阶段耗时满足 $1.5 < t_k < 3$，那么当前阶段的换挡指令赋值为 $u_{g,k}=0$。如式（4.80）所示，利用阶段耗时 $t_k$ 对换挡指令 $u_{g,k}$ 进行约束。

$$u_{g,k}=\begin{cases}0, & u_{g,k-1}\neq 0,\ 1.5<t_k<3\\ \text{无额外约束}, & \text{其他}\end{cases} \tag{4.80}$$

决策变量中的节气门开度 $u_t$ 也有一定限制，即0～100%，为了便于建立动态规划的变量网格，规定每5%为一个间隔，故节气门开度 $u_t$ 的约束表示如下：

$$u_t=\{0,\ 5,\ 10,\ \cdots,\ 95,\ 100\} \tag{4.81}$$

3. 优化模型建立及DP的实现

1）优化模型建立

根据主要参数的定义和变量约束，可以确定该优化问题的数学模型，表示优化目标在于获取最优的换挡指令和节气门开度变化序列，即最优策略，使得系统全局的目标函数值 $J$ 取得最小值。

$$J=\min\sum_{k=1}^{N}\left[f_\beta t_k+(1-f_\beta)m_{s,k}\right] \tag{4.82}$$

约束如下：

$$v_{\min}\leqslant v_{e,k}\leqslant v_{\max}$$

$$700\leqslant n_{e,k}\leqslant 2\ 100$$

$$1\leqslant ge_k\leqslant 9$$

$$u_{g,k}=\begin{cases}\{0,\ 1,\ 2\}, & ge_k=1\\ \{-1,\ 0,\ 1,\ 2\}, & ge_k=2\\ \{-2,\ -1,\ 0,\ 1,\ 2\}, & ge_k=3\\ \{-3,\ -2,\ -1,\ 0,\ 1\}, & ge_k=8\\ \{-3,\ -2,\ -1,\ 0\}, & ge_k=9\\ \{-3,\ -2,\ -1,\ 0,\ 1,\ 2\}, & \text{其他}\end{cases}$$

$$u_{g,k}=\begin{cases}0, & u_{g,k-1}\neq 0,\ 1.5<t_k<3\\ \text{无额外约束}, & \text{其他}\end{cases}$$

$$u_t = \{0, 5, 10, \cdots, 95, 100\}$$

2）变量网格简化

按照 4. 6. 1 小节介绍，进行一次全局优化的计算量至少为 $N \times m \times n$ 次，该数值可能相当巨大，为了提高计算效率，对状态变量进行适当的简化是十分必要的。下面分别针对状态变量和决策变量简化变量网格。

划分好阶段个数 $N$ 后，各个阶段的速度 $v_e$ 和挡位 ge 是不确定的，广义道路阻力系数也有所差别。根据发动机转速范围和不同挡位的总传动比可以确定出每个挡位下的运行速度范围，根据挡位与运行速度的对应关系可以对状态变量的组合进行预处理。图 4. 37 所示为状态变量示意图，横坐标分别为阶段和挡位，纵坐标为速度（m/s），假设广义道路阻力系数和阶段一一对应，故在该示意图中没有绘出。

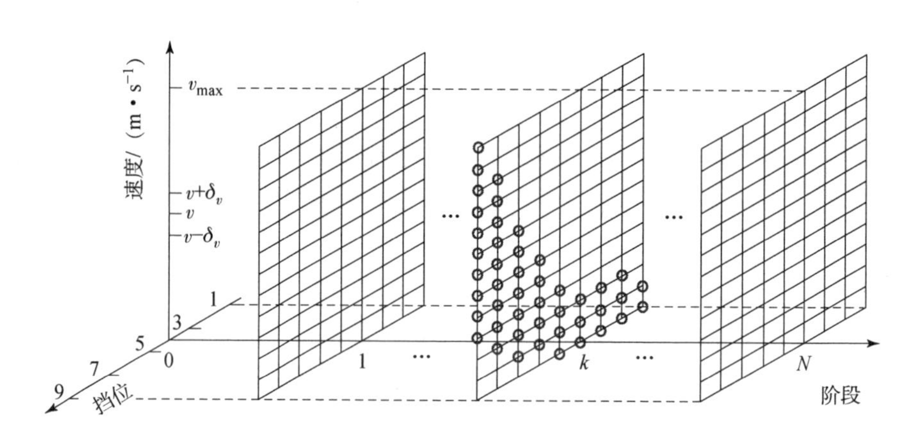


**图 4. 37 状态变量示意图**

在每个阶段中都包含挡位和运行速度的二维组合，即图中的网格交点。令速度的离散步长为 $\Delta_v$ m/s，由于 AMT 共 9 个前进挡，可得该组合共 $m = 9[(v_{max} - v_{min})/\Delta_v + 1]$ 个元素。例如，ge = 1 时运行速度在 0. 609 ~ 2. 539 m/s，删除运行速度在该范围之外的所有取值，可以减少 $v_e$ 可能的取值个数，进而大幅减小 $m$ 的值。在图 4. 37 的网格交点中，阶段 $k$ 里圆圈表示简化后的状态变量网格。

3）考虑 AMT 换挡特性的 DP 改进

本优化问题重点考虑了 AMT 的换挡特性，即换挡过程中离合器分离与再次接合之间存在动力中断，在此期间发动机与传动系统完全分离，重型车辆依靠惯性继续运行。当车辆在上坡行驶时，换挡必然面临着运行速度的损失。在 DP 算法中相邻两个阶段如果发生换挡，即使换挡完成后车辆能提供更大的驱动力，运行速度仍会出现先下降再上升的情况。此时 $v_e$ 的状态转移方程不再参照式（4.70），而是将该状态转移分为两个部分：动力中断部分和动力恢复部分。可以简单地认为动力中断部分的驱动力完全为零，则在动力中断时间内车辆仅受到相应阻力的作用。

为了便于计算，同时避免 DP 无法获得可行解，此处设定动力中断时间 $t_{off}=1.0$ s，而没有按照二次挡位决策选用 1.6 s。动力恢复部分是利用剩余的阶段耗时进行速度恢复，与在挡运行时状态转移方程类似。

综上，该优化问题中运行速度 $v_e$ 的状态转移方程需要根据当前阶段的决策换挡指令 $u_g$ 来确定，如式（4.83）~式（4.85）所示，$u_{g,k}=0$ 时状态转移方程与式（4.70）原理相同；否则分别根据动力中断期间的加速度 $a_{off}$ 和动力恢复期间的加速度 $a_{on}$ 与时间 $t_k-t_{off}$ 进行计算。需要注意的是，如果 $t_k-t_{off}$ 小于零，说明运行速度较快，此时令 $t_{off}=t_k$ 即可。

$$v_{e,k+1}=\begin{cases} v_{e,k}+t_k a_{on,k}, & u_{g,k}=0 \\ v_{e,k}+t_{off}a_{off,k}+(t_k-t_{off})a_{on,k}, & u_{g,k}\neq 0 \end{cases} \tag{4.83}$$

$$a_{on}=\frac{F_o-F_r(\alpha)-F_a(v_e)-F_g(\alpha)}{\delta(ge)m} \tag{4.84}$$

$$a_{off}=\frac{-F_r(\alpha)-F_a(v_e)-F_g(\alpha)}{\delta(ge)m} \tag{4.85}$$

另外，除了换挡过程中动力性能的差异，也考虑了换挡过程中的燃油效率。通常的做法是用怠速过程的燃油消耗率代替换挡过程中的燃油消耗率，但结合本平台自身的特性，换挡过程中发动机转速并未下降至怠速，故动力中断过程与在挡过程的燃油消耗量差异忽略不计，均使用在挡时的油耗计算方法。

### 4.6.3　原有换挡规律与 DP 决策序列性能分析

根据上述分析，在 Matlab 中编写算法指令并进行调试，除了主函数外，还包含 DP 计算程序、状态变量预处理、决策组生成、状态转移搜索、指标函数和验算输出等子函数。

1. 加权因子的选取

在 DP 的理论计算中，使用该路段总耗时表征动力性，用全局油耗量表征燃油经济性，用全局指标函数值表征综合性能指标，所以运行耗时的加权因子 $f_\beta$ 是一个很重要的参数，理论上讲，$f_\beta$ 与 $1-f_\beta$ 之比越小，则 DP 决策的结果倾向于越好的燃油经济性，同时动力性越差。但实际计算中，随着 $f_\beta$ 的取值增大，DP 决策结果中燃油消耗量的变化并不是绝对正相关的。对此，针对某种道路情况和节气门开度，选择 0.001 ~ 0.999 若干个数值进行计算，并分析随着 $f_\beta$ 变化运行耗时与燃油消耗量的变化情况。

为了降低 DP 全局优化的计算量，选取一段路程 1 500 m 的小坡度路面进行计算，对应的广义道路阻力系数如图 4.38 所示，估算广义道路阻力时设定车速为 15 m/s 并忽略空气阻力的变化。

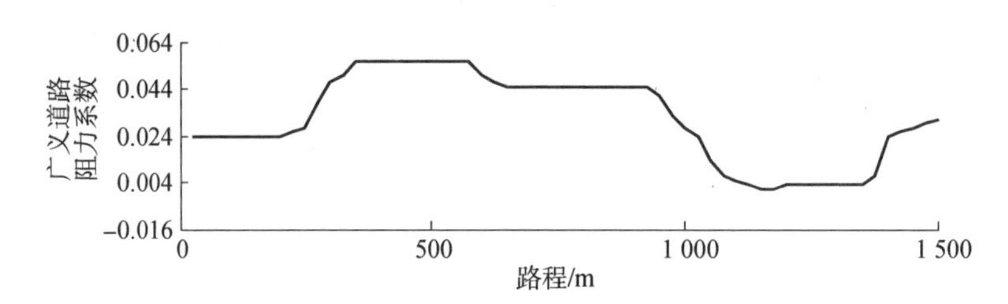


**图 4.38 广义道路阻力系数（忽略风阻变化）**

人为设定重型车辆在该路面上行驶的初始运行速度为 13 m/s，初始挡位为 7 挡，全路段运行速度在 13 ~ 18 m/s，速度离散步长 $\Delta_v$ 为 0.1 m/s，并设定节气门开度始终保持在 50%。因此，该优化问题是一个固定始端的动态规划，理论计算中使用的参数设置如表 4.3 所示。

**表 4.3 理论计算中使用的参数设置**

| 参数 | 数值 | 单位 |
|---|---|---|
| $N$ | 60 | 个 |
| $h$ | 2 | m |
| thro | 50 | % |

续表

| 参数 | 数值 | 单位 |
| --- | --- | --- |
| $v_{\min} \sim v_{\max}$ | 13 ~ 18 | m/s |
| $\Delta_v$ | 0.1 | m/s |
| $f_\beta$ | 待定 | — |

根据不同$f_\beta$取值计算出的换挡序列，统计其全局运行耗时和燃油消耗量，并绘制出性能指标随着$f_\beta$变化而变化的关系曲线，如图 4.39 所示，分别给出了运行耗时、燃油消耗量以及$f_\beta$和（$1-f_\beta$）之比（因子比值）。

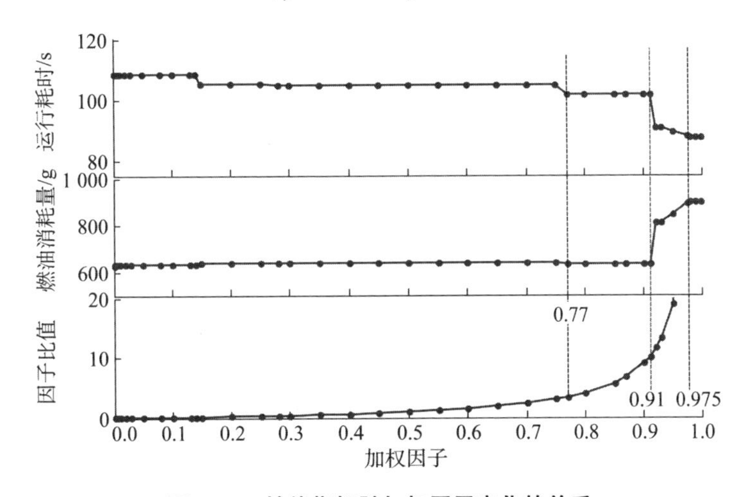


**图 4.39　性能指标随加权因子变化的关系**

从图 4.39 可以看出，在当前节气门开度和广义道路阻力系数下，随着$f_\beta$的增大，运行耗时整体上在减小，而燃油消耗量整体呈增大趋势。但在一定范围内，即使$f_\beta$取值改变，只要 DP 决策结果不变，则动力性和燃油经济性指标不变。另外，当$f_\beta$小于 0.77 时，燃油消耗量增长幅度较小，而$f_\beta$在（0.77，0.91）时燃油消耗量小幅度下降；在（0.91，0.975）时，运行耗时显著减小，同时燃油消耗量明显增大；在（0.975，1.0）时，两个指标基本稳定，仅有很小幅度的变化。因此，在此节气门开度和所示广义道路阻力系数下，选择（0.77，0.91）中的一个数作为$f_\beta$取值，可获得更优的综合性能。

2. DP 决策的计算与仿真

基于图 4.38 所示的广义道路阻力系数，选取 $f_{\beta}=0.87$，将 DP 理论计算出的决策等导入 simulink 模型中，通过仿真得到 DP 理论计算出的离散结果在连续模型中的效果。图 4.40 所示为 DP 决策仿真与理论计算对比，其中实线均为 DP 决策仿真的结果，虚线均为 DP 理论计算的决策结果。

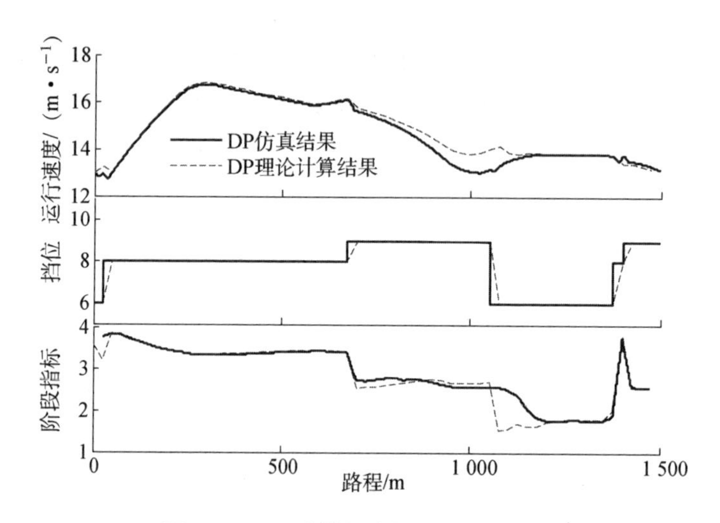


**图 4.40　DP 决策仿真与理论计算对比**

对比结果如下：仿真运行时总耗时 102.7 s，全局油耗量 653.4 g，全局指标函数值 174.3；DP 理论计算出的总耗时 101.6 s，全局油耗量 631.5 g，全局指标函数值 170.4，从两组曲线来看，运行速度、挡位和阶段指标曲线均较为吻合，仅换挡前后数值略偏大。此外，从运行速度曲线可以明显看出挡位变化时存在速度损失，体现出 AMT 换挡过程动力中断的特点。分析可知 DP 理论计算中是离散化的计算和处理方式，每个阶段的运行速度、耗时和油耗量均视为平均值，而在仿真中是时间连续的，对应阶段的各个数值时刻变化，导致具体的变量有所差异。此后的曲线中则直接使用 DP 理论计算的结果和原有换挡规律下的性能进行对比。

3. DP 决策序列与原有换挡规律的性能对比

为了说明 DP 理论计算出的决策具有最优的综合性能，以原有两参数换挡规律对应的性能作为参照进行对比分析 DP 决策性能，该两参数换挡规律已经过实车测试，满足整车动力性指标要求。利用本小节中上文完全相同的参数进行仿真，对比曲线如图 4. 41 所示，同时绘制了 DP 决策仿真和原有换挡规律仿真时的运行速度、挡位和阶段指标曲线。其中，虚线为 DP 决策仿真结果，实线为原有换挡规律下仿真曲线。为了便于对比，总耗时、全局油耗量和全局指标函数值列表查看，如表 4. 4 所示。

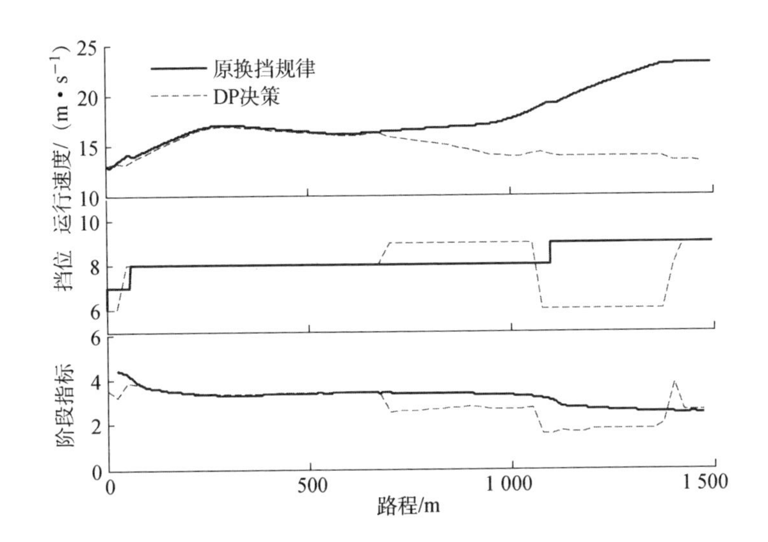


**图 4. 41　DP 决策与原有换挡规律仿真对比**

**表 4. 4　仿真结果对比**

| 对比项 | 原有换挡规律仿真 | DP 理论计算 | 变化量/% |
|---|---|---|---|
| 总耗时/s | 86. 2 | 101. 6 | +17. 9 |
| 全局油耗量/g | 903. 4 | 631. 5 | −30. 1 |
| 全局指标函数值 | 192. 4 | 170. 4 | −11. 4 |

根据表 4. 4 所示数据，DP 决策仿真相对于原有换挡规律，在动力性上总耗时增加 17. 9%，但经济性上全局油耗量减少 30. 1%，综合性能指标全局指标函数值减少 11. 4%。虽然 DP 决策仿真的结果在动力性能上有较大差异，但是其在经济性上的优势更加明显，从综合性能上来看是优于原有换挡规律的，也反映出优化过程中动力性能和经济性能之间存在一定矛盾。

具体根据图4.41分析，在前675 m路程中，DP决策和原有换挡规律运行速度大体一致，但可以看出，DP决策的综合性能优于原有换挡规律。路程675～1 100 m，原有换挡规律下运行速度持续上升，挡位保持8挡不变，而DP决策下的挡位主要维持在9挡，并于1 050 m后降至6挡，在阶段指标上远低于原有换挡规律的值，说明原有换挡规律将会获得更高的运行速度，但DP决策将获得更高的燃油经济性。路程1 100～1 400 m，广义道路阻力系数很小，对应下坡道路，原有换挡规律下运行速度继续上升，超过20 m/s，挡位为9挡，DP决策的运行速度保持在14 m/s左右，挡位为6挡，但阶段指标明显低于原有换挡规律，则油耗量远低于原有换挡规律下的情况，说明下坡时降挡限速可以达到节油的效果。1 400 m后，坡度增大，广义道路阻力系数相应增大，两者均升至9挡，但原有换挡规律运行速度已超过23 m/s，必然伴随着较大的阻力，相应的油耗量增大，阶段指标值大于DP决策。

在较小广义道路阻力系数下，相比原有换挡规律，DP决策能够在保证动力性能的基础上提升燃油经济性；而在下坡阶段DP决策通过调整挡位和运行速度，在保证最优综合性能的基础上，可以显著降低燃油消耗量。同时，下坡时DP决策趋于采用降挡的方式控制运行速度，一方面降低油耗，另一方面也避免了高速下持续升挡的可能，更加符合有人驾驶时下坡行驶过程中的降挡及制动行为的实际表现，更有利于重型车辆的控制。

为了进一步说明DP决策具有的优势，在同一路段内对比车辆运行速度基本一致时的燃油消耗量。部分对比参数设置如表4.5所示，其中$f_\beta=0.5$根据本小节中上文所述方法确定得到。

**表4.5　部分对比参数设置**

| 参数 | 数值 | 单位 |
|---|---|---|
| $N$ | 60 | 个 |
| $h$ | 25 | m |
| thro | 50 | % |
| $v_{\min} \sim v_{\max}$ | 4～186 | m/s |
| $\Delta_v$ | 0.1 | m/s |
| $f_\beta$ | 0.5 | — |

50% 节气门燃油经济性对比结果如表 4.6 所示，对比曲线如图 4.42 所示，其中实线均为原换挡规律下的曲线，虚线均为 DP 理论计算的结果。

**表 4.6　50% 节气门燃油经济性对比结果**

| 对比项 | 原换挡规律仿真 | DP 决策 | 变化量/% |
| --- | --- | --- | --- |
| 总耗时/s | 127.33 | 127.51 | +0.14 |
| 全局油耗量/g | 824.32 | 769.52 | -6.65 |
| 全局指标函数 | 475.83 | 448.52 | -5.74 |

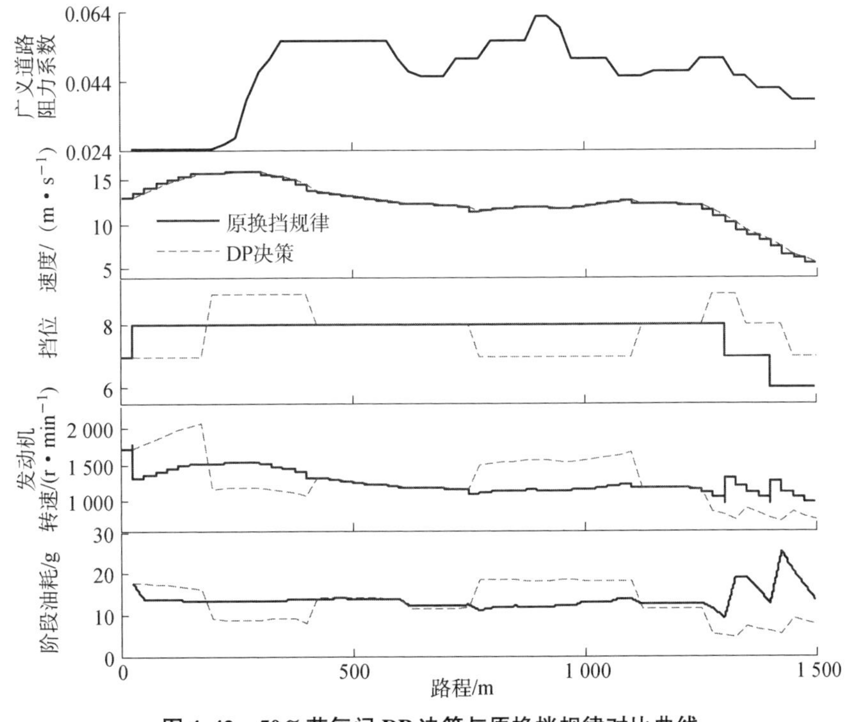


**图 4.42　50% 节气门 DP 决策与原换挡规律对比曲线**

根据表 4.6 和图 4.42，可知当前的节气门开度和广义道路阻力系数下，全局上看 DP 决策和原有换挡规律跟踪同一运行速度时，能够保证二者具有相同的动力性能，但是 DP 决策的换挡序列在降速时能够保持较高挡位进而消耗较少燃油，在动力性能不变差的前提下提升了燃油经济性，使燃油经济性能和综合性能得到改善与优化。

综上可知，不同的 $f_\beta$ 取值可以获得不同指标函数值的最优综合性能换挡序列，通过理论计算，发现$f_\beta$与$1-f_\beta$之比越大，则DP决策的结果倾向于越好的动力性。故通过调整加权因子$f_\beta$取值可以获得不同的决策结果。经过仿真对比基本相同燃油经济性下的动力性指标，表明DP决策在保证动力性能的前提下能够提升综合性能。

# 第5章　重型越野车辆换挡动力学分析及自动控制

换挡是车辆行驶过程中出现最多的驾驶操作，换挡品质的控制也是AMT技术研究颇多的一个方向。本章主要针对AMT重型越野车的变速器换挡过程，以液压式AMT试验平台为依托，研究换挡过程中的冲击控制和同步器、换挡拨块等的使用寿命控制等问题。基于对人工换挡过程操纵流程的分析，对换挡过程实施分阶段控制，提出各阶段的控制目标并制定相应的控制策略，并在试验车辆上进行了验证。

## 5.1　换挡过程的控制关键点分析

对于机械变速器，与挡位相对应的是换挡操纵机构的固定位置，通过安装行程传感器，就可以检测到换挡过程中换挡操纵机构的当前位置，为换挡过程控制提供依据。将换挡机构的运动轨迹用传感器的信号表示出来，就得到图5.1的换挡过程示意图。

图5.1中，$TX_{mid}$为空挡位置；$TX_{max}$为在奇数挡方向换挡拨叉所能够达到的极限位置；$TX_{min}$为在偶数挡方向换挡拨叉所能够达到的极限位置；$TY_{min}$为R、C挡对应的选位位置；$TY_{mid}$为1、2挡对应的选位位置；$TY_{max}$为3、4挡对应的选位位置。

以2挡换3挡的换挡过程为例（实线部分），结合传感器的信号将换挡过程分为：$TX_{min}-TX_{mid}$摘2挡的过程；$TY_{mid}-TY_{max}$选位的过程；$TX_{mid}-TX_{max}$挂3挡的过程。

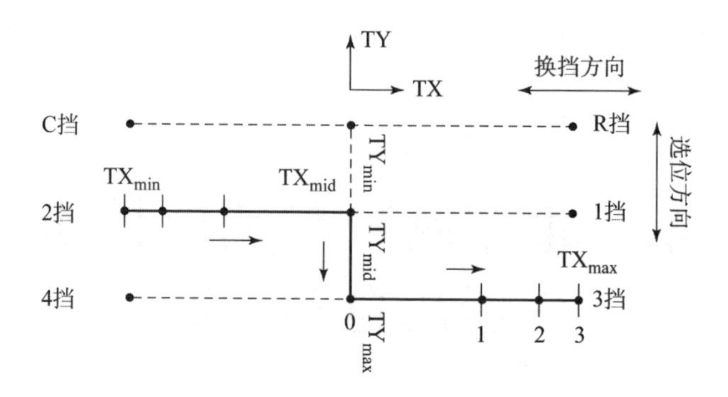


**图 5.1 换挡过程示意图**

其中 $TX_{mid}-TX_{max}$ 的换挡过程可以根据同步器的工作状态，分为四个阶段：第一阶段（0—1），结合套给同步环施加推力，消除同步环与齿圈锥面之间的间隙；第二阶段（1—1），同步过程中通过同步环与齿圈锥面之间的推压产生摩擦力矩，改变变速器输入轴部分的转速，使同步器主、从动部分之间的转速趋于相同，速差消除之前，同步环不能够继续往前移动；第三阶段（1—2），同步过程结束以后，结合套越过同步环，其齿尖与目标挡结合齿圈的花键齿尖相抵；第四阶段（2—3），结合套与目标挡的结合齿圈相啮合，结合套移动到限位位置，换挡结束。

换挡过程中，如果换挡力小，换挡机构运动速度慢，虽然可以保证换挡过程的平稳性，但势必延长换挡时间，加剧动力中断，降低车辆的动力性；如果一味地要求换挡机构快速运动，过大地增加换挡力，则会导致同步器等部件的较大冲击，造成损坏，缩短其使用寿命。根据以上的分析，可以总结换挡过程控制的关键点如下。

1. 同步器齿套平稳移动控制

在图 5.1 中（0—1）所示的换挡过程第一阶段，结合套推动同步环前移，使同步环的内锥面与目标挡齿圈的外锥面相结合，并逐渐压紧，由于两个部件间存在转速差，过快的结合容易引起较大的冲击。另外，如果结合套前移速度过快，则会导致同步器在换挡过程中不起作用而出现非同步打齿。如图 5.2所示，由于结合套的运动速度过快而导致结合套齿端的不正常磨损。

在消除间隙阶段，在快速消除间隙的同时，要抑制结合冲击，更要避免由于结合过快而造成的非同步打齿现象的产生。

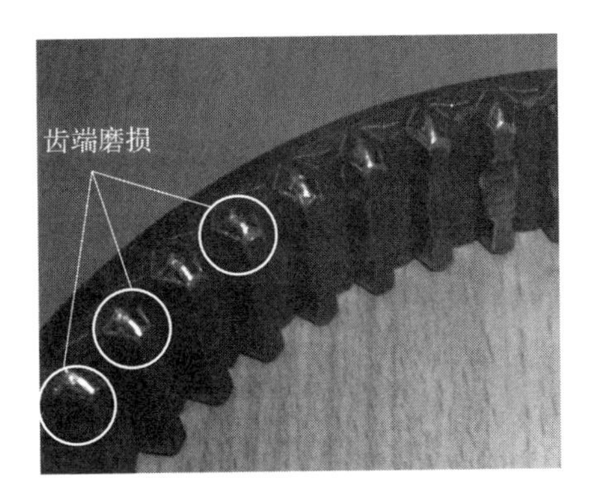


图 5.2　结合套的不正常磨损

2. 同步过程控制

AMT 同步过程控制主要是通过换挡操纵力的控制来实现的，一般液压换挡操纵机构输出的换挡力较大，这有利于缩短换挡同步时间。但是，如果换挡力超出允许范围则会导致同步器的损坏。越野车辆追求较高的动力性，一般对换挡过程的要求更注重快捷性。因此，需要合理控制换挡油缸输出的换挡力，使其在能满足同步器使用要求的前提下，尽量缩短换挡时间，提高车辆的动力性。如图 5.3 所示，由于换挡力过大而导致的同步环及齿圈锥面的过度磨损，严重影响其使用寿命。

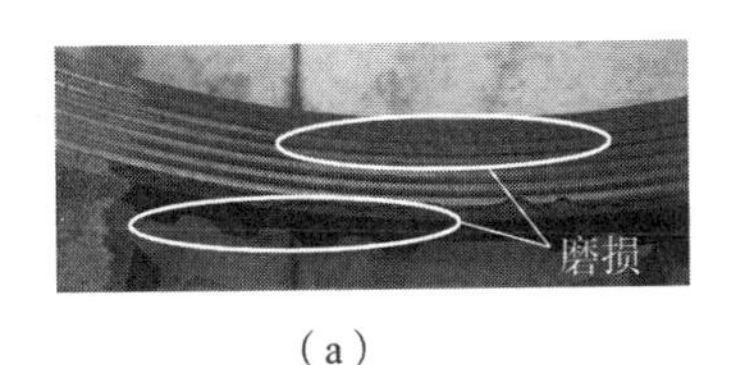


(a)

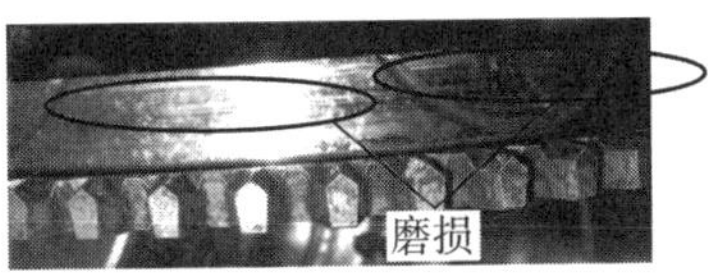


(b)

图 5.3　同步环及齿圈锥面的不正常磨损

(a) 同步环内锥面磨损；(b) 齿圈外锥面磨损

3. 换挡拨块磨损控制

换挡拨块是换挡操纵机构中的一个关键部件，位于换挡拨叉与结合套之间，用于推动结合套运动，换挡期间拨块没有圆周方向的运动速度，因此会与结合套之间摩擦而产生磨损。为保证结合套的使用寿命，通过两者材质的合理匹配选型，拨块一般会成为主要的磨损对象，当拨块磨损过多时，换挡行程会加大直至超出极限而导致换挡失败，这在换挡控制中是要尽量避免的。

在手动机械变速器上，拨块的设计使用寿命会超过变速器的使用寿命，因此换挡期间拨块的正常磨损是被允许的。

由于 AMT 换挡操纵机构输出的换挡力较大，因此会导致换挡操纵机构的弹性变形。由于液压缸内 O 形圈等元件的静摩擦力，换挡结束后操纵部件的弹性变形无法复位，残余压力存在，换挡结束后换挡拨块与结合套之间存在摩擦而产生磨损，缩短其使用寿命，如图 5.4 所示。

**图 5.4 换挡拨块的不正常磨损**

换挡结束以后，消除换挡机构之间的残余压力，避免换挡拨块的不必要磨损，这也是 AMT 换挡过程中所要解决的问题。

通过以上分析，换挡过程的控制原则可总结如下。

（1）快速消除同步器摩擦锥面间的间隙，控制同步器主、从动部分结合前的移动速度，避免冲击。

（2）同步过程控制，缩短同步时间，但避免换挡力超出极限，保证同步器的使用寿命。

（3）同步后，快速结合齿圈和结合套，但同时避免两者齿尖的冲击。

（4）换挡完成后，消除换挡残余力，避免换挡拨块的过度磨损。

如图 5.5 所示，换挡过程控制中采用不同的控制策略，换挡过程的控制效果会出现较大的差异：当换挡过程中采用较小的换挡力时，换挡过程的控制曲线将如图中的点画线所示，换挡虽然平稳，但换挡时间被延长，会降低车辆的动力性；当换挡过程中采用较大的换挡力时，换挡过程的控制曲线将如图中的虚线所示，换挡时间短，但换挡过程粗暴，换挡冲击大，会缩短换挡操纵部件的使用寿命。换挡过程的控制要避免换挡力过大或过小，要根据车辆的实际行驶状况和需求对换挡过程实施合理的控制，下文将讨论换挡过程的理想控制目标的制订及实现。

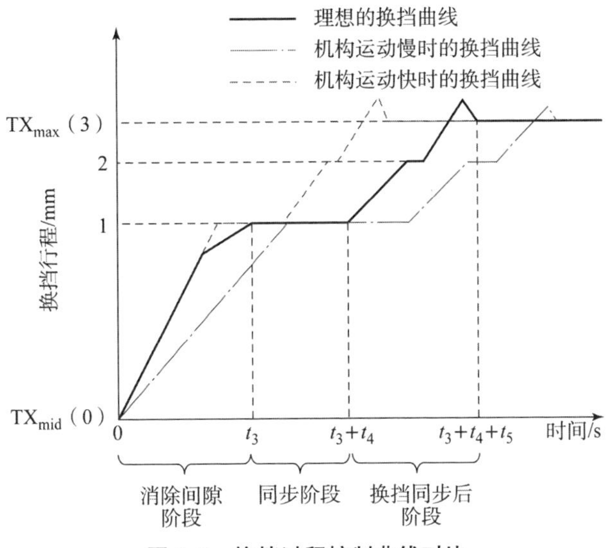


**图 5.5　换挡过程控制曲线对比**

## 5.2　换挡过程影响因素分析

变速器的换挡操纵是车辆换挡过程的重要组成部分，提高其控制效果能有效地提高车辆的换挡品质，延长机构的使用寿命。通过对换挡过程的相关影响因素进行分析，对比其利弊，可以使不同车况下的换挡控制更趋合理。

1. 变速器输入轴部分转动惯量的影响

由换挡同步过程中同步器的摩擦功计算公式（2.25）可知，离合器从动盘、变速器输入轴、中间轴及各挡常啮合齿轮副等换算到变速器输入轴上的转动惯量 $I_1$ 与同步器的摩擦功 $W_{摩}$ 是正比关系，$I_1$ 的计算公式表示如下：

$$I_1 = I_{离} + k_1 I_{中} + k_2 I_{出} \tag{5.1}$$

式中，$I_{离}$ 为离合器摩擦片的转动惯量，$kg \cdot m^2$；$I_{中}$ 为中间轴及其齿轮的转动惯量之和，$kg \cdot m^2$；$I_{出}$ 为位于输出轴上的各挡位常啮合齿轮的转动惯量，$kg \cdot m^2$；$k_1$，$k_2$ 为各部分转动惯量的相应转换系数。

$I_{中}$ 及 $I_{出}$ 均由变速器轴和齿轮的尺寸与材料等所决定，大功率变速器的齿轮、轴等的尺寸较大，相应的 $I_{中}$，$I_{出}$ 也就大，不利于换挡同步，需要的同步器摩擦功较大，势必增加换挡时间。

2. 换挡点的影响

换挡点即指换挡开始时的车速，由于摘空挡时间 $t_1$ 和选位时间 $t_2$ 十分短暂，忽略此期间变速器输入轴部分的转速变化，因此利用换挡点可以近似计算普通路面条件下单次换挡过程中同步器的摩擦功。为便于直观地表达换挡点与同步器摩擦功之间的关系，忽略阻力矩 $M_i$，则式（2.25）可以进一步推导为

$$W_{摩} = \frac{1}{2} I_1 \omega_1^2 \left(1 - \frac{i_X}{i_{当前}}\right) \cdot \left(1 - \frac{i_X^2}{i_{当前}^2}\right) \tag{5.2}$$

结合试验车辆的具体参数，挡位在 1 ~4 挡变换时，换挡点对同步器摩擦功的影响如图 5.6 所示。

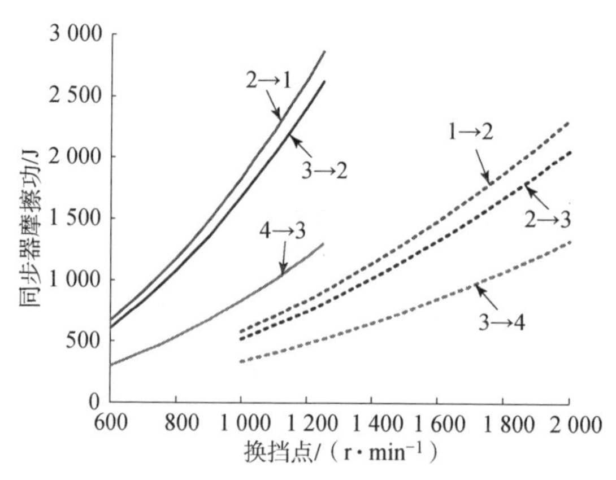


**图 5.6　换挡点对同步器摩擦功的影响**

由图 5.6 可知，单次换挡过程中同步器的摩擦功与换挡点转速的平方成正比，换挡点越低，则摩擦功越小。因此车辆升、降挡点的选择，在满足动力性和经济性的基础之上，也应考虑其对换挡过程的影响。

同时换挡点是换挡力控制的重要依据，换挡点高，同步器主、从动部分的转速差大，就要通过减小换挡力来控制同步器摩擦功率，以免超出极限而损坏同步器。对于换挡点较高的越野车辆来讲，这是其换挡过程控制中的关键问题之一。

3. 路况的影响

在计算同步器摩擦功的推导过程中，一般认为换挡期间，车辆处于匀速状态。但对于越野车辆，当路面阻力较大或者上下坡的情况下，车速的变化

对同步过程的影响不能被忽略。

路况对换挡过程的影响如图 5.7 所示。$\omega_1$ 为换挡前后的变速器输入轴转动角速度；$\omega_2$ 为换挡前后的变速器输出轴转动角速度。

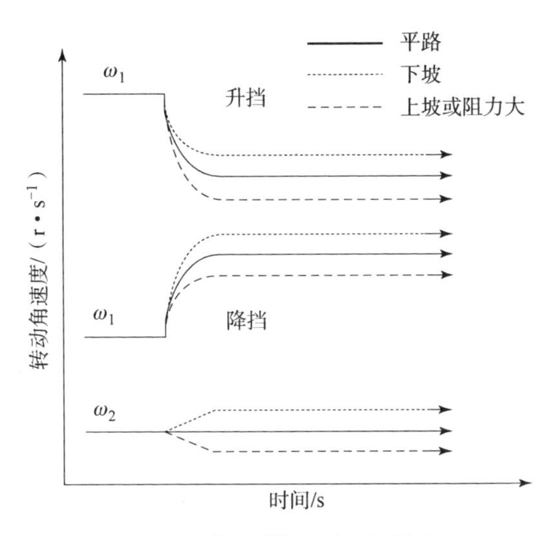


**图 5.7　路况对换挡过程的影响**

从图 5.7 中，可以看出车辆下坡行驶时换挡，换挡期间车速的增加有利于减小升挡时的同步速差，但会增加降挡时的同步速差，即车辆下坡行驶有助于升挡，但不利于降挡，车辆上坡行驶时则相反。

换挡期间车速的变化量可用变速器输出轴转动角速度的变化量 $\Delta\omega_2$ 来表示：

$$\Delta\omega_2 = \omega_2' - \omega_2 \tag{5.3}$$

忽略摩擦等造成的阻力矩 $M_i$，根据式（2.21）和式（2.22），推导出同步器摩擦功变化量 $\Delta W_{摩}$的计算公式：

$$\Delta W_{摩} = (\Delta W_{动1} - \Delta W_{动2}) \cdot \frac{P_{摩}}{P_{动}} \tag{5.4}$$

式中，$\Delta W_{动1}$为车速不变条件下换挡前后变速器输入轴部分的动能变化量，J；$\Delta W_{动2}$为车速变化条件下换挡前后变速器输入轴部分的动能变化量，J。

为便于计算，忽略摩擦等造成的阻力矩 $M_i$，式（5.4）可进一步推导为

$$\Delta W_{摩} = \frac{1}{2} I_1 i_X^2 \left(2\frac{\omega_1 \Delta\omega_2}{i_{当前}} - \Delta\omega_2^2\right)\left(1 - \frac{i_X}{i_{当前}}\right) \tag{5.5}$$

结合试验车辆的具体参数，车辆在 1 ~4 挡变换时，车速变化与同步器摩擦功的关系如图 5.8 所示。

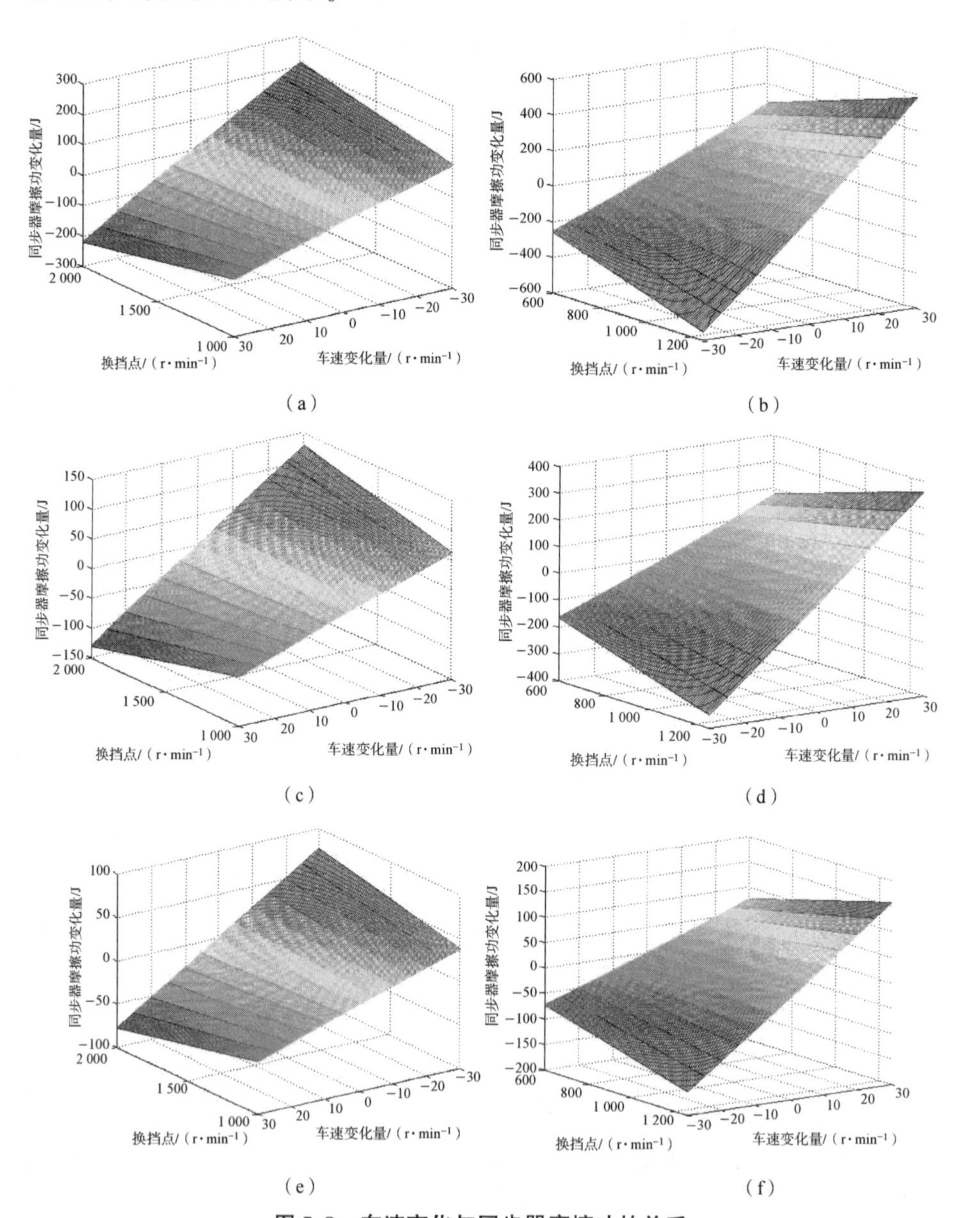


**图 5.8　车速变化与同步器摩擦功的关系**

（a）1 挡升 2 挡；（b）2 挡降 1 挡；（c）2 挡升 3 挡；

（d）3 挡降 2 挡；（e）3 挡升 4 挡；（f）4 挡降 3 挡

图 5.8 中的计算结果进一步验证了上文的理论分析：升挡期间，车速增加有利于减小换挡期间的同步器摩擦功，并且挡位越低，车速变化对同步器摩擦功的影响越大；降挡期间，车速降低有利于减小换挡期间的同步器摩擦功，并且挡位越低，车速变化对同步器摩擦功的影响越大。

4. 环境温度的影响

外界环境温度的变化，影响电磁阀的响应特性，同时还影响操纵油液的运动黏度。以车辆液压系统经常采用的航空 10#液压油为例，在 −50 ℃时的运动黏度达 1 250 $mm^2/s$，50 ℃时则降低到 10 $mm^2/s$。环境温度较高时，液压系统的沿程压力损失小，故而相同压差下的流动速度要大，机构运动速度更快。

5. 同步器的影响

同步器的尺寸设计和材料差异，也影响换挡同步过程。同步器尺寸越大，换挡过程中换挡力的允许极限值越大，所允许的同步力矩越大。同步力矩增加，有利于缩短换挡时间。同步器的摩擦材料不同，同步器所允许的摩擦功率极限值也不同。

## 5.3 自动换挡操纵机构特性

### 5.3.1 电控液压式自动换挡操纵机构

主变速器内部的换挡操纵机构机械连接示意图如图 5.9 所示，换挡油缸的活塞杆端部连接导向块，通过换挡摇臂带动换挡轴旋转，再经由连接拨片、中间杆带动拨叉围绕支撑点旋转，从而使得拨块带动旋转中的结合套前后运动，实现摘挡、挂挡等动作。

### 5.3.2 换挡电磁阀的控制原理

本书的自动换挡操纵系统采用了四个高速响应的电磁开关阀作为换挡控制元件，下面对本系统所用电磁阀的控制原理进行相应的理论分析和试验研究，为换挡控制策略的设计提供依据。

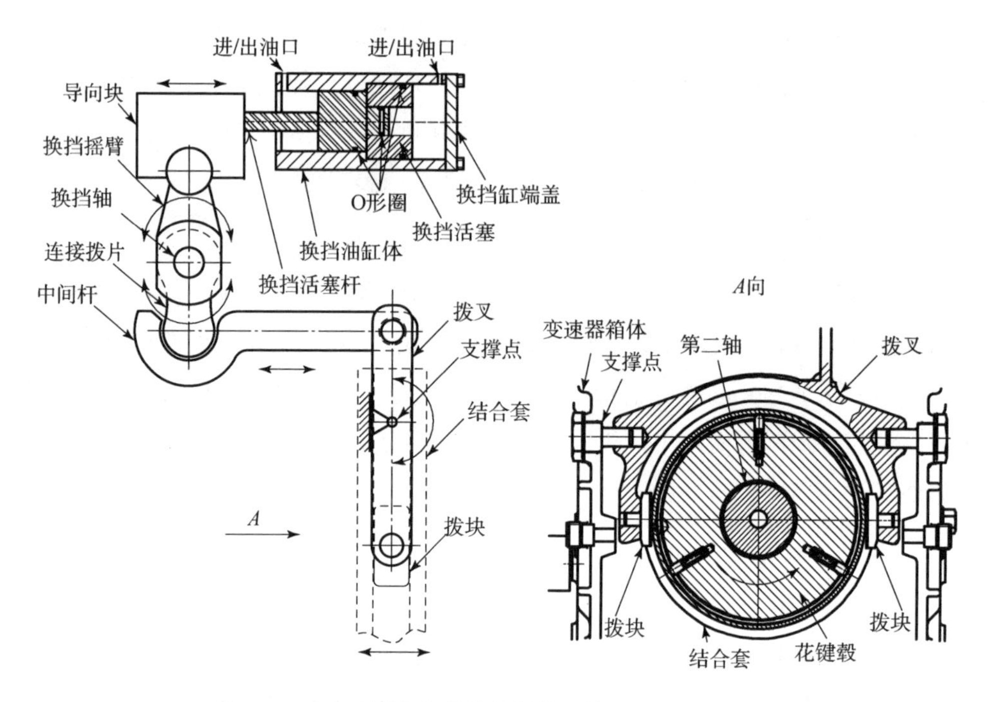


**图 5.9　主变速器内部的换挡操纵机构机械连接示意图**

根据换挡过程中换挡操纵机构的工作流程，可知换挡同步过程中操纵机构输出换挡力，作用于同步器，通过同步器的摩擦转矩消除同步器的主、从动部分之间的转速差，这一过程中操纵机构的运动速度几乎为零，因此可以认为是一个调节换挡缸内的平均压力的过程；换挡过程中除去同步过程之外的其他过程，换挡操纵机构的运动速度大，作用到结合套上的换挡力小，因此是一个控制油缸内平均流量的过程。通过以上分析，换挡过程的控制电磁阀应该具备调节换挡缸内平均油压和平均流量的能力。

1. 电磁阀的流量控制原理

相较于伺服阀和比例阀，高速开关阀具有价格低廉、抗污染能力强的优点。同时高速开关电磁阀可采用不同的脉冲流量控制方式来实现流量和压力控制，如 PFM（pulse frequency modulation，脉冲频率调制）、PAM（pulse amplitude modulation，脉冲振幅调制）、PCM（pulse code modulation，脉冲编码调制）和 PWM 等，其中 PWM 控制方式比较常用。图 5.10 对 PWM 控制原理进行了说明。

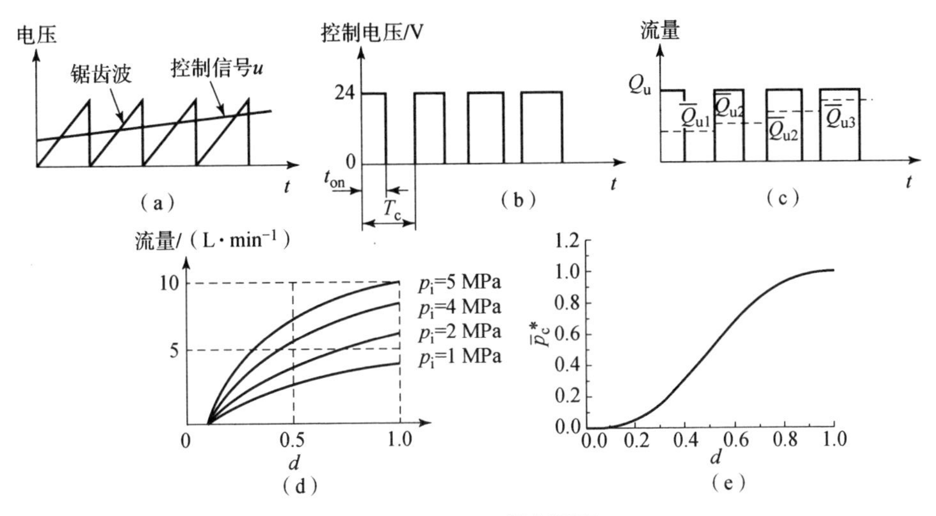


**图5.10 PWM控制原理**

图5.10(a)中的$u$为控制器计算出的控制信号，将该信号与也是由控制器产生的一系列锯齿波信号进行比较，如果在某时刻$u$的值大于锯齿波的值，则要求阀打开，否则关闭，从而得到如图(b)所示的一系列控制指令，将这一系列控制指令加到阀的控制线圈上，于是在每一个循环时间$T_c$内，有$t_{on}$的时间阀是打开的，有流量$Q_u$通过，$Q_u$的计算方程可表示为

$$Q_u = C_d A_s \sqrt{\frac{2p_i}{\rho}} \tag{5.6}$$

式中，$Q_u$为阀最大流量，$m^3/s$；$C_d$为阀口流量系数；$A_s$为阀的最大开口面积，$m^2$；$\rho$为流体密度，$kg/m^3$；$p_i$为入口油压，MPa。

时间$t_{on}$与$T_c$之比称为占空比$d$，可表示为

$$d = \frac{t_{on}}{T_c} \tag{5.7}$$

如图5.10(c)、(d)所示，由于时间$T_c$非常小(常取0.01~0.15 s)，因此可用平均流量$\overline{Q}_u$表示：

$$\overline{Q}_u = dC_d A_s \sqrt{\frac{2(p_i - \overline{p}_c)}{\rho}} \tag{5.8}$$

式中，$\overline{Q}_u$为开启平均流量，$m^3/s$；$d$为电磁阀PWM驱动信号的占空比；$\overline{p}_c$为平均输出控制压力，MPa；$\rho$为流体密度，$kg/m^3$。

而在阀关闭时，泄油的平均流量为

$$\overline{Q}_o = (1-d)C_d A_s \sqrt{\frac{2\overline{p}_c}{\rho}} \tag{5.9}$$

式中，$\overline{Q}_o$ 为泄油平均流量，$m^3/s$。

所以在一个周期内，出油口平均流量为

$$\overline{Q}_s = \overline{Q}_u - \overline{Q}_o \tag{5.10}$$

式中，$\overline{Q}_s$ 为周期平均流量，$m^3/s$。

从上述关系式可以导出平均流量特性的无因次关系式：

$$\overline{Q}_s^* = d\sqrt{1-\overline{p}_c^*} - (1-d)\sqrt{\overline{p}_c^*} \tag{5.11}$$

式中，

$$\overline{Q}_s^* = \frac{\overline{Q}_s}{Q_m} = \frac{\overline{Q}_s}{C_d A_s \sqrt{\frac{2p_i}{\rho}}} \tag{5.12}$$

$$\overline{p}_c^* = \frac{\overline{p}_c}{p_i} \tag{5.13}$$

加 * 号表示无因次量。

电磁阀在周期平均流量很小或接近于零时，可以通过改变 PWM 信号的占空比，连续地控制阀的输出压力。

如图 5.10（e）所示，当电磁阀输出流量很小时，即 $\overline{Q}_s^* \approx 0$，由式（5.9）可得占空比和输出平均油压的关系式：

$$\overline{p}_c^* = \frac{d^2}{d^2 + (1-d)^2} \tag{5.14}$$

2. 高速开关电磁阀控制操纵力的原理

下面主要讨论电磁阀在输出脉冲时，控制换挡操纵力的响应过程和油压波动的幅值。

1）压力响应

在调压控制时，电磁阀输出的控制油压是脉动的，在一个控制周期内密闭容腔既有液体流入，也有液体流出，可压缩流体的流量平衡方程：

$$\Delta Q = \frac{\mathrm{d}V_d}{\mathrm{d}t} + \frac{V_d}{\beta_e}\frac{\mathrm{d}p}{\mathrm{d}t} \tag{5.15}$$

式中，$p$ 为容腔内外压力差，MPa，等号右边第一项是流量引起体积的变化，第二项是压力引起体积的变化。

式（5.15）两边同时积分可得

$$\int \mathrm{d}V_{\mathrm{d}} + \frac{V_{\mathrm{d}}}{\beta_{\mathrm{e}}}\int \mathrm{d}p = \begin{cases} \int Q_{\mathrm{i}}\mathrm{d}t & (\text{开}) \\ -\int Q_{\mathrm{o}}\mathrm{d}t & (\text{关}) \end{cases} \tag{5.16}$$

式中，

$$\begin{cases} Q_{\mathrm{i}} = C_{\mathrm{d}}A_{\mathrm{s}}\sqrt{\dfrac{2(p_{\mathrm{i}}-p_{1})}{\rho}} \\ Q_{\mathrm{o}} = C_{\mathrm{d}}A_{\mathrm{s}}\sqrt{\dfrac{2p_{1}}{\rho}} \end{cases} \tag{5.17}$$

式中，$p_1$ 为容腔压力，MPa。

假设负载容积不变，那么周期内压力的增加为

$$\Delta p = \frac{\beta_{\mathrm{e}}}{V_{\mathrm{d}}}\left(\int_{0}^{T_{\mathrm{s}}d} Q_{\mathrm{i}}\mathrm{d}t - \int_{T_{\mathrm{s}}d}^{T_{\mathrm{s}}} Q_{\mathrm{o}}\mathrm{d}t\right) \tag{5.18}$$

式中，$Q_{\mathrm{i}}$ 为阀开启流量，$\mathrm{m}^3/\mathrm{s}$；$Q_{\mathrm{o}}$ 为阀关闭流量，$\mathrm{m}^3/\mathrm{s}$；$V_{\mathrm{d}}$ 为阀后负载容积，$\mathrm{m}^3$；$\beta_{\mathrm{e}}$ 为油液的体积弹性系数；$T_{\mathrm{s}}$ 为调制周期，s。

式（5.18）可以用来计算在占空比（目标压力）和容积腔初始压力一定的情况下压力的动态响应过程和响应时间。

2）压力振幅

电磁阀输出脉冲式的控制油压，其压力振幅大小随负载容积 $V_{\mathrm{d}}$、油液的体积弹性系数 $\beta_{\mathrm{e}}$、阀的最大控制流量 $Q_{\mathrm{m}}$、调制周期 $T_{\mathrm{s}}$ 和调制占空比 $d$ 而变化。

在压力调节时，由前述的分析 $\overline{Q}_{\mathrm{s}}=0$，即

$$\overline{Q}_{\mathrm{s}} = \overline{Q}_{\mathrm{i}} - \overline{Q}_{\mathrm{o}} = 0 \tag{5.19}$$

由式（5.6）、式（5.8）、式（5.9）、式（5.14），代入式（5.19），得

$$\overline{Q}_{\mathrm{i}} = \overline{Q}_{\mathrm{o}} = d(1-d)Q_{\mathrm{m}}\sqrt{\frac{1}{d^2+(1-d)^2}} \tag{5.20}$$

将式（5.19）两边同时积分，获得压力的振动幅值：

$$P_{\mathrm{a}} = \frac{\beta_{\mathrm{e}}Q_{\mathrm{m}}T_{\mathrm{s}}}{V_{\mathrm{d}}}d(1-d)\sqrt{\frac{1}{d^2+(1-d)^2}} \tag{5.21}$$

从上述分析可以看出，在占空比50%时由于开启和关闭的平均流量最大，其压力振动的幅度最大，即

$$P_a = \frac{\beta_e Q_m T_s}{2\sqrt{2}V_d} \tag{5.22}$$

式中，$P_a$ 为压力振动幅值，MPa。

通过式（5.22）可以获得在调压控制时压力的最大振动幅值，由此在系统设计计算时可以先设定系统的压力振动的振幅，再设计负载容积的大小。通过换挡油缸工作腔容积计算，某一初始压力下，压力振动幅值与占空比的对应关系如图5.11所示。

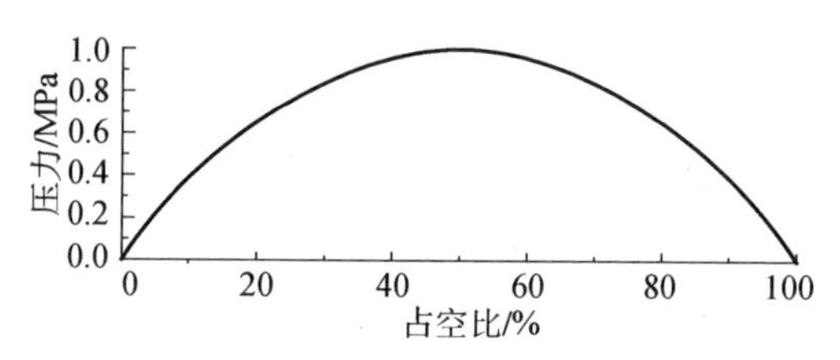


**图5.11　压力振动幅值与占空比的对应关系**

对电磁阀的控制采用脉宽调制方式，即TCU通过输出占空比作用到高速响应电磁阀上，电磁力迫使阀芯做同频率的开关动作，交替地使进油口或泄油口分别与出油口相通，控制间歇供油，最终表现为电磁阀输出油压的周期性波动，这等效于将一平均压力作用在油缸的工作腔内。通过调节驱动信号的占空比可改变每周期内供油和泄油时间的长短，进而使电磁阀输出油压随占空比变化，调节换挡缸输出的换挡力，通过换挡操纵机构作用在同步器上，改变同步器主、从动部分之间的摩擦力矩，实现同步过程的控制。

由于油源系统蓄能器的压力被控制在某一个压力范围内，采用间歇式供油，初始供油压力的差异也会导致同一电磁阀控制占空比下，换挡油缸工作腔内压力的差异。因此，电磁阀的调压和调流量特性对换挡操纵机构的控制影响较大，换挡油缸的输出压力特性是换挡过程控制的重要依据。

3）换挡油缸工作油压调节试验

根据以上分析，搭建了换挡油缸输出油压调节试验台，对换挡操纵油缸的输出工作油压特性进行了试验研究，试验曲线如图5.12所示。

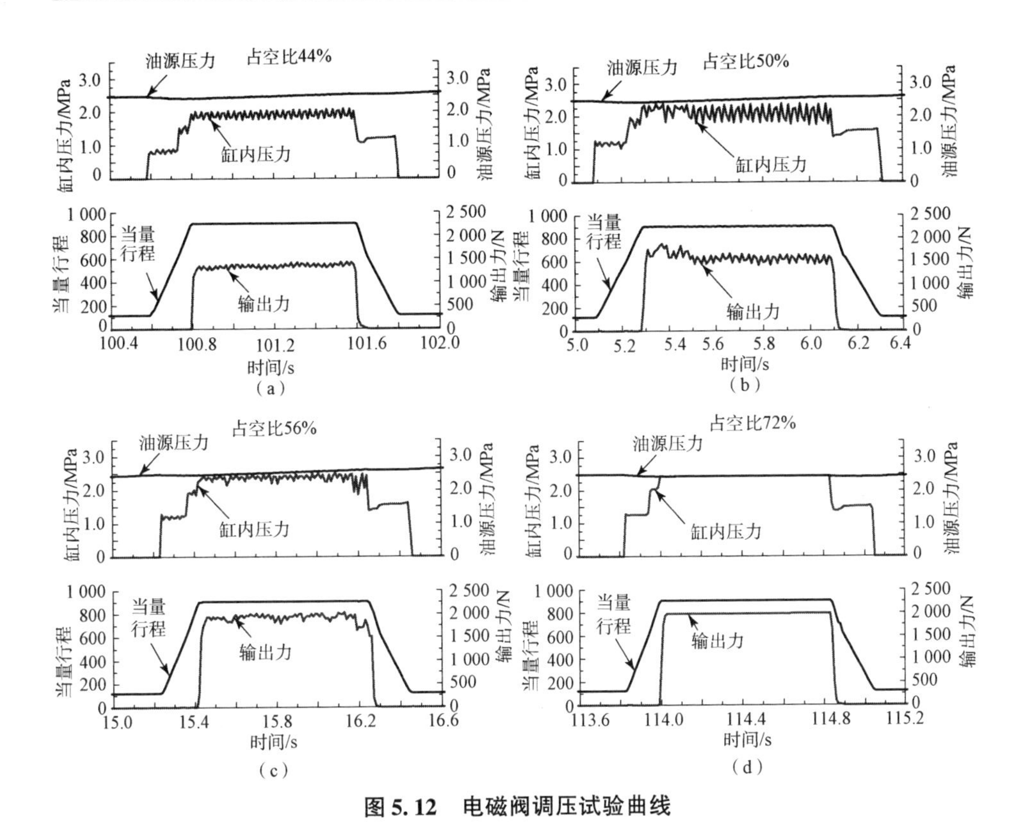


**图5.12　电磁阀调压试验曲线**

图5.12中试验数据的控制周期是32 ms，从图中数据可知，当占空比超过70%时，电磁阀调压不产生降压的效果，油缸输出压力等于系统的供油压力；占空比低于30%时，电磁阀调压不能输出压力，油缸内没有工作压力。通过对试验数据的总结，获取电磁阀控制占空比与油缸平均工作压力的对应关系，如图5.13所示，为下面的换挡过程控制策略研究提供了依据。

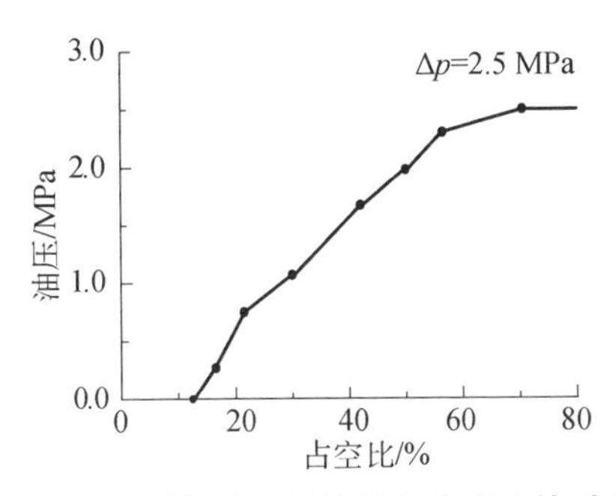


**图5.13　20 ℃时缸内平均油压与占空比的对应关系**

# 5.4 重型越野车辆换挡过程分析及自动控制参数选择

## 5.4.1 人工换挡操纵过程分析

在装备手动机械变速器的试验车辆上安装信号采集系统，对人工换挡过程的试验数据进行采集，人工换挡曲线如图 5.14 所示。

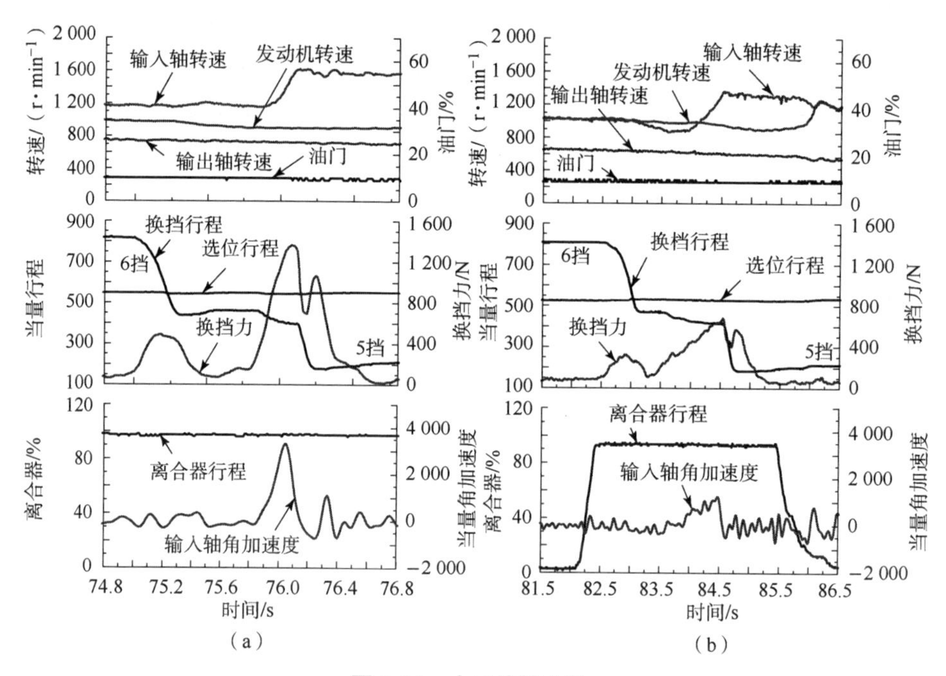


**图 5.14 人工换挡曲线**

综合图 5.14（a）、（b）的共同特征，换挡过程中换挡力均出现了三个峰值，第一峰值出现在摘挡期间，为摘挡力；第二峰值出现在同步期间，并且是换挡过程中换挡力的最大峰值，用于为同步器提供同步力矩；第三峰值出现在换挡行程到位后，驾驶员继续施加换挡力，当感觉换挡行程不能再增加时，便确认换挡已经到位。从换挡行程的变化过程可知，挂挡过程中，换挡行程可以被描述为“快—慢—快”三个阶段：第一阶段，换挡行程变化迅速，用于消除结合套、同步器等部件之间的间隙，变速器输入轴的转速不受换挡行程的影响；第二阶段，换挡行程缓慢变化或保持不变，这一阶段同步器开始起作用，从图 5. 14（a）、（b）中可以看出这一阶段输入轴转速受同步器的作用而快速地变化；第三阶段，换挡行程变化最为迅速，幅值也最大，此阶段是同步过程结束后的结合套和齿圈快速结合的过程。

另外，从图中可以直观地看出同步期间换挡力和换挡时间的对应关系，图 5. 14（a）中同步期间换挡力的峰值达 1 380 N，同步时间 0. 2 s，而图 5. 14（b）中同步期间换挡力的峰值为 630 N，同步时间则长达 0. 6 s，充分验证了前文的分析，换挡力大则换挡时间短，反之则换挡时间长。

根据 5. 1 节中同步器换挡过程的分析可知，换挡过程中结合套与齿圈存在齿尖相顶的可能，但这一现象的出现有一定的概率，受机构位置影响，图 5. 14中的两次换挡均没有出现，但图 5. 15 所示的换挡过程就存在此现象。

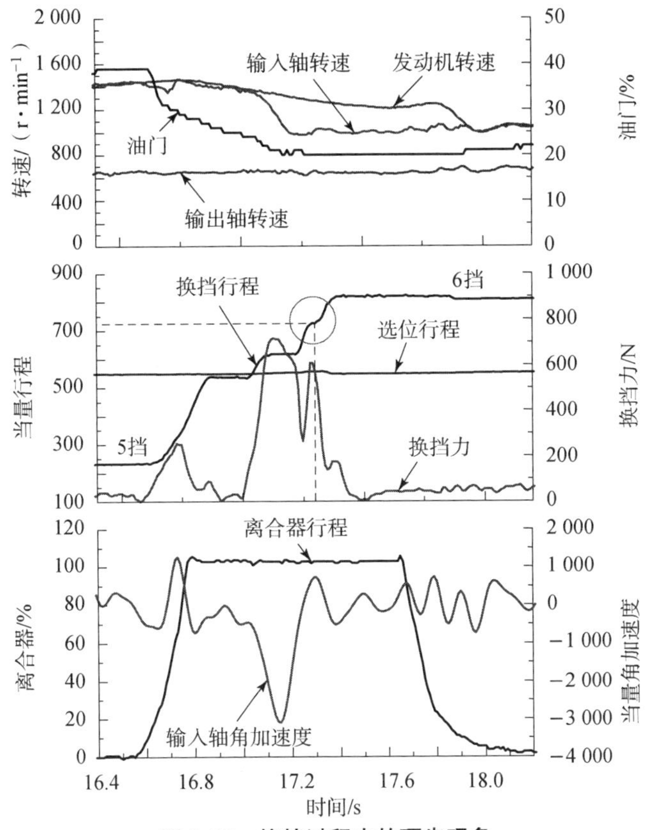


**图 5. 15　换挡过程中的顶齿现象**

如图 5. 15 所示，同步过程结束后，结合套和齿圈相结合的时候，在 17. 3 s处，当换挡当量行程运动到 740 时，结合套和齿圈的齿尖相顶，换挡行程不能继续变化，此时又出现一个较大的换挡力峰值，用以推动变速器的输入轴部分转动一个小的角度，以满足结合套与齿圈啮合的需要。

## 5.4.2 自动换挡控制参数

基于上文对换挡过程中的关键问题的分析，结合换挡自动操纵机构的结构特点，对换挡过程的控制参数进行选择，为换挡过程控制策略设计奠定基础。

挂挡过程控制曲线如图 5.16 所示：0 ~ 1 点间，消除结合套、同步器等部件间的间隙；1 ~ 2 点间同步器主、从动部分开始结合；2 点时，同步器主、从动部分相互压紧，消除速差，实现同步；2 ~ 4 点间，结合套与目标挡齿圈相啮合。

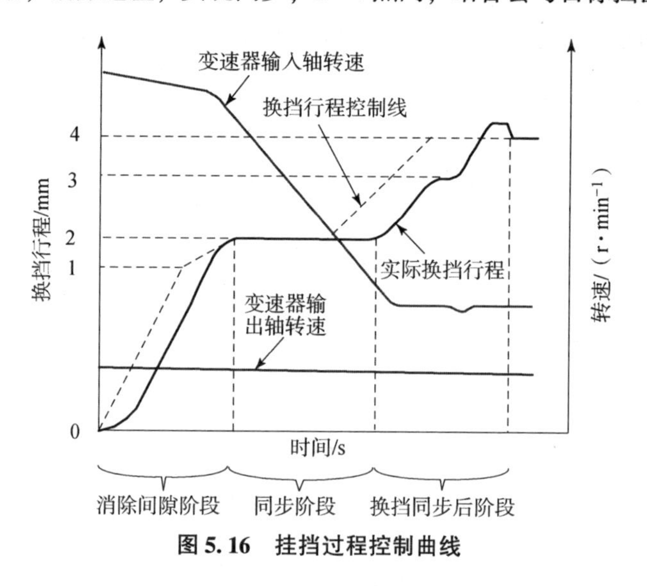


**图 5.16 挂挡过程控制曲线**

根据图 5.12 中的换挡不同阶段的工作特点，选取控制参数如下。

1. 换挡行程 TX

通过对换挡操纵机构安装行程传感器，将换挡操纵机构的位置数值化，即得到换挡行程 TX，换挡行程能够直接体现换挡操纵机构的位置，忽略部件的磨损，同步点及换挡终点会对应一个基本固定不变的换挡行程位置，因此通过换挡行程可以判断同步点和换挡终点，并可依此对换挡策略进行调整。

2. 换挡机构运动速度 dTX/d$t$

换挡行程的变化率即为换挡机构的运动速度，为防止结合套运动过快而导致的冲击和打齿等现象的产生，换挡机构的运动速度 dTX/d$t$ 控制成为消除间隙阶段和同步后阶段控制的重要参数。

3. 目标挡位

目标挡位不但是换挡过程的最终目标，同样也是换挡过程的重要控制参数，目标挡位决定了选位电磁阀和换挡电磁阀的选择，每一个挡位都对应着一组固定的电磁阀组合。

4. 变速器输入轴转动角速度 $\omega_1$ 和输出轴转动角速度 $\omega_2$

变速器输入、输出轴转动角速度用于计算同步过程中同步器主、从动部分间的转动角速度差 $\Delta\omega$，辅助换挡力的控制。其计算公式如下：

$$\Delta\omega = \frac{\omega_1}{i_1 i_X} - \omega_2 \cdot i_{G/D,X} \tag{5.23}$$

5. 变速器输入轴转动角加速度 $d\omega_1/dt$

同步器的摩擦力矩 $M_{s1}$ 是同步过程的重要控制量，但对其进行直接测量存在困难，通过式（2.20）可知，由输入轴转动角加速度可以计算出同步器的摩擦力矩 $M_{s1}$：

$$M_{s1} = i_1 i_X \left( I_1 \frac{d\omega_1}{dt} - KM_i \right) \tag{5.24}$$

式中，升挡时 $K=1$，降挡时 $K=-1$。

同步过程中，随时间的推移转速差逐步减小，因此，在控制同步器摩擦功率一定的前提下，换挡力应该随转速差的减小而增加，如图 5.17 所示。

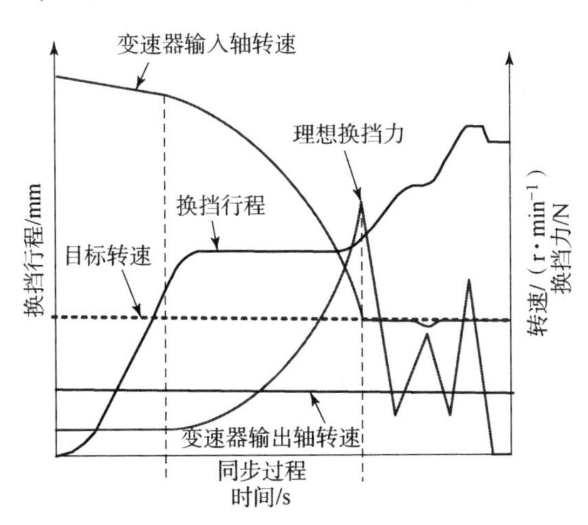


**图 5.17　挂挡过程换挡力理想曲线**

# 5.5 换挡过程的控制策略设计

依据以上的分析，摘挡和选位不作为控制的重点，只以从空挡到目标挡的挂挡过程控制作为本节的重点，下面对这一过程的自动控制策略进行研究。

按照图 5.16 所示的挂挡过程控制曲线，依照同步器的工作状态将挂挡过程分为三个阶段：同步前阶段（0—1）、同步阶段（1—2）、同步后阶段（2—4），三个阶段的控制目标不同，因此控制策略也不相同。

## 5.5.1 同步前阶段的控制策略

通过上文的分析，同步前阶段用于消除换挡操纵机构各部件之间的间隙，只影响换挡时间，对同步器的结合冲击、摩擦功率等不会造成影响，因此以操纵机构的最大运动速度作为控制目标，以机构行程 TX 为依据，以换挡电磁阀的控制占空比作为控制对象，在图 5.16 的点 1 之前，保持电磁阀控制占空比为 100%，即电磁阀全开，采用简单的开环控制就可以。同步前阶段控制框图如图 5.18 所示。

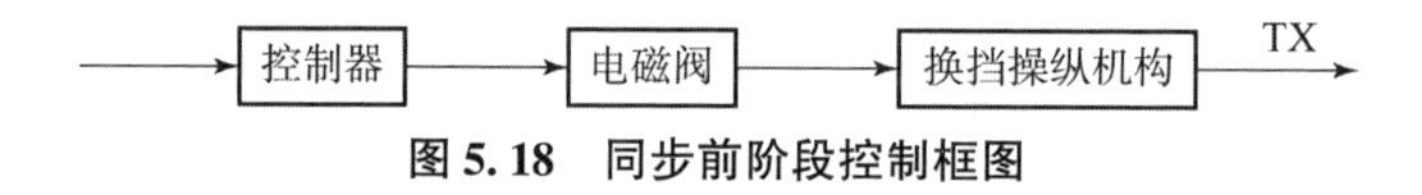


图 5.18 同步前阶段控制框图

通过试验总结换挡行程与同步器工作状态的对应关系，确定点 1 对应的 TX 值，比准确的同步点位置 2 提前一定的裕量，避免较快的机构运动速度造成同步器的结合冲击。

## 5.5.2 同步阶段的控制策略

越野车辆要求较高的动力性，需要换挡期间能够尽量缩短动力中断的时间，同步过程是换挡过程的重要组成部分，同步时间是换挡时间的重要组成部分，因此同步时间也应当尽量短。同步时间短，则需要提高同步器的摩擦功率，但同步器在使用过程中的单位面积摩擦功率不允许长时间超过其最大单位面积摩擦功率，因此以同步器的最大单位面积摩擦功率作为同步过程的控制目标，在兼顾同步器使用寿命的前提下追求尽量短的同步时间。

通过以上的分析，在已知同步器最大允许摩擦功率前提下，根据同步器主、从动部分之间的转动角速度差 $\omega_1/i_X - n_2 \cdot i_{G/D,X}$ 可以计算出换挡过程所允许的最大换挡力 $F_{max}$，并以其作为控制目标。再由变速器输入轴转动角加速度 $d\omega_1/dt$ 对换挡机构实际输出的换挡力 $F_{ac}$ 进行估算，根据需求的换挡力和实际换挡力的偏差，对电磁阀控制占空比 $d$ 进行调整，实现同步过程的换挡力控制，同步过程控制框图如图 5. 19 所示。

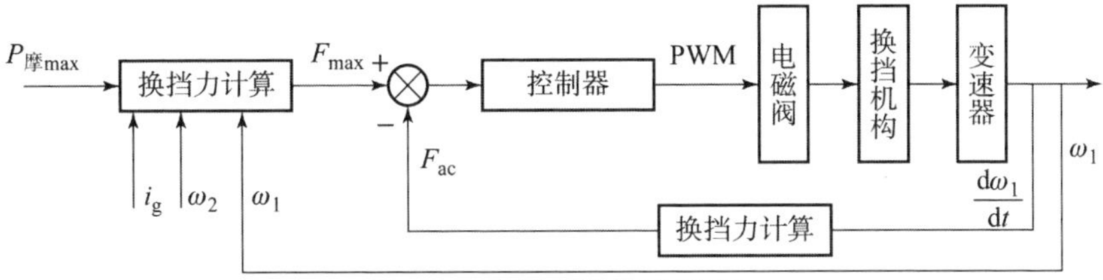


**图 5. 19　同步过程控制框图**

图 5. 20 是两组换挡过程冲击度对比，图（a）中换挡过程不分阶段控制，整个换挡过程电磁阀常开，提供换挡操纵机构最大的换挡速度和换挡力。图（b）中换挡过程分阶段控制，根据换挡行程 TX 的不同阶段，对换挡速度和换挡力进行相应的调节。

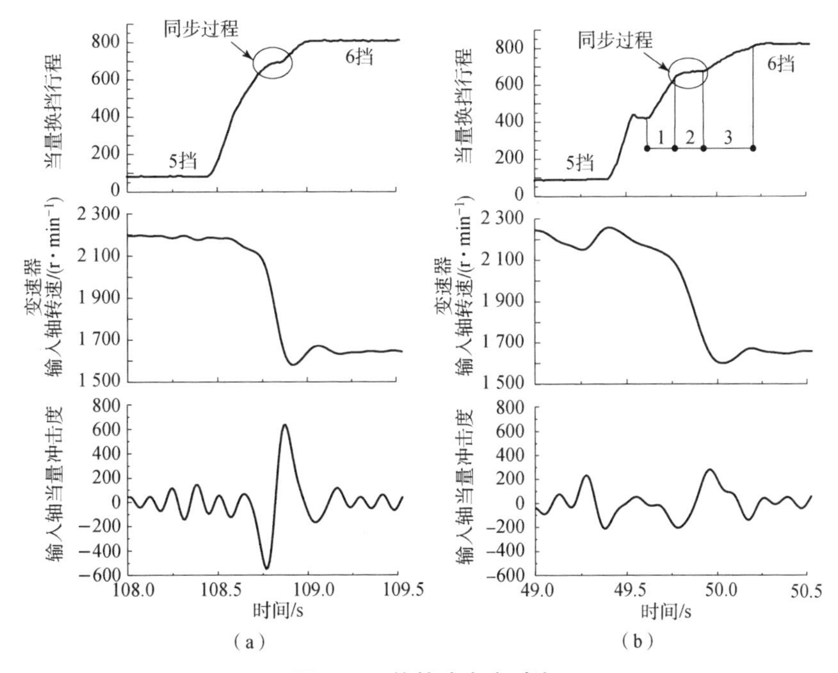


**图 5. 20　换挡冲击度对比**

（a）冲击大；（b）冲击小

从图 5.20 中可以看出，在换挡点相同的情况下，图（a）中的换挡过程迅速，在 0.5 s 内就完成了换挡动作，但是换挡冲击较大，换挡过程粗暴，换挡噪声大，换挡品质差，容易造成同步器损坏。图（b）中的换挡过程分阶段控制，可以从图中换挡行程 TX 的曲线变化区分出换挡过程的各个阶段，换挡过程在 0.7 ~ 0.8 s 完成，满足换挡需求。相对于图（a）中的换挡过程，图（b）的换挡过程冲击较小，换挡平稳，噪声小，有利于提高换挡品质，同时还可以有效地保护同步器。

同步过程中的不同占空比控制下，同步器摩擦功率对比如图 5.21 所示。图 5.21（a）中的同步过程采用较大的控制占空比，换挡油缸输出相对较大的换挡力，尤其是在同步过程开始阶段，由于同步器的主、从动部分的转速差较大，会导致较大的同步器摩擦功率，图 5.21（a）所示摩擦功率当量值接近 2 000，约为 0.5 W/mm$^2$。图 5.21（b）中的同步过程采用较小的控制占空比，输出相对小的换挡力，同步器的摩擦功率当量值小于 1 500，比图 5.21（a）中的摩擦功率的最大值减小 25%，可见，同步过程中通过调整电磁阀的控制占空比，对同步器的摩擦功率进行调整是切实可行的，并且可以得到理想的控制效果。

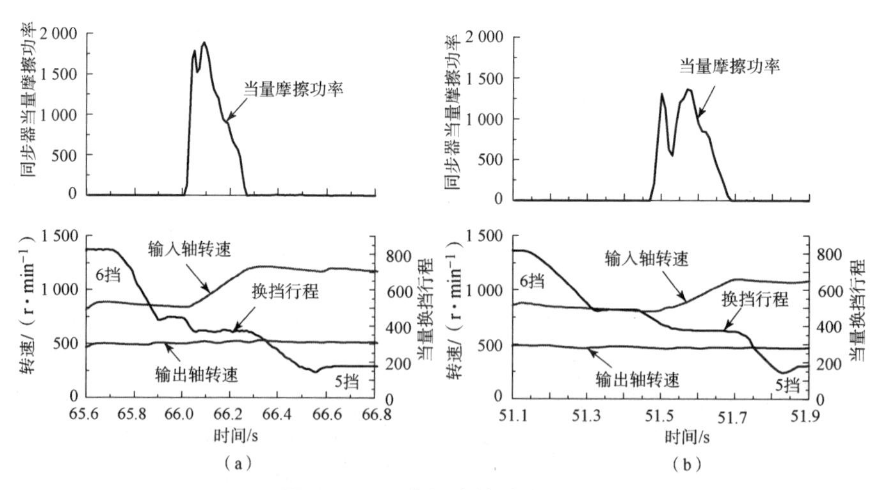


**图 5.21 同步器摩擦功率对比**

## 5.5.3 同步后阶段的控制策略

同步过程结束以后，即同步器主、从动部分的转速差减小为零后，结合套越过同步器与目标挡齿圈的花键齿相啮合，换挡机构行程到极值，换挡结束。此阶段，由于结合套与目标挡齿圈的齿尖有相顶的情况出现，因此需要控制结合套的运动速度，过快的结合会导致两者齿尖的撞击，也会导致齿尖的损坏，以通过大量的实车试验，总结出适当的换挡速度 d$TX$/d$t$ 作为此阶段的控制目标，对电磁阀的控制占空比 $d$ 进行调整，同步后阶段的控制框图如图 5.22 所示。

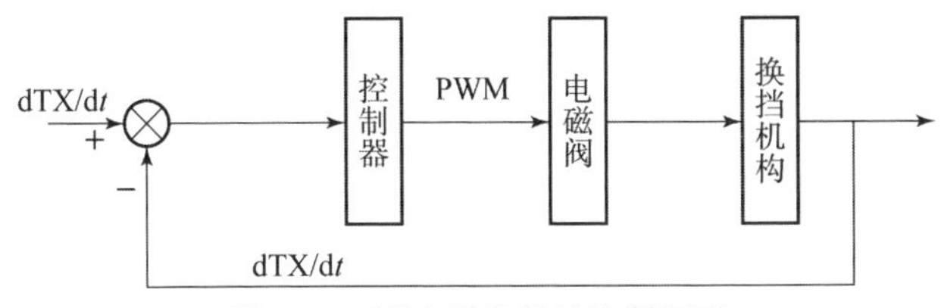


**图 5.22　同步后阶段的控制框图**

当换挡操纵机构运动到极限值 $TX_{max}$（$TX_{min}$）后，就认为换挡过程已结束，为了防止操纵机构的磨损造成 $TX_{max}$（$TX_{min}$）的标定值与真实值之间的差异，影响系统控制效果，继续对操纵机构实施推力。当确认换挡行程不再增加，即其变化率 d$TX$/d$t$ 为零，则可以确认换挡完成。

为消除换挡操纵机构之间的残余压力，防止换挡结束后换挡拨块与结合套之间的摩擦导致换挡拨块的严重磨损，同步后阶段最终端的控制效果应如前文中的图 5.12 所示，当换挡操纵机构的行程达到极限值以后，再回退一小段行程，用于形成机构之间的间隙。

换挡到位后，通过对换挡油缸的反向充油，使换挡操纵机构元件之间主动形成间隙，可以有效地消除换挡结束后换挡拨块与结合套之间的残余压力，如图 5.23 所示。

图 5.23（a）中，换挡机构到达最大行程 $TX_{max}$后，换挡操纵机构不主动形成间隙；图 5.23（b）中，换挡机构到达最大行程 $TX_{max}$后，换挡油缸反向充油，换挡操纵机构主动形成间隙。从两图中圆圈示出的部分可以看出，不采用主动形成间隙的换挡过程，换挡结束后，换挡操纵机构之间存在换挡残余压力，会导致换挡拨块与结合套之间的附加磨损；采用主动形成间隙的控制策略，换挡操纵机构之间的残余压力消失，有效地减少了换挡结束后换挡拨块的磨损。

采用本节的换挡过程控制策略，在试验车上进行实车试验，在经历相同的里程考核试验后，换挡操纵部件的磨损得到了有效的控制，使用寿命得以延长，如图 5.24 所示。

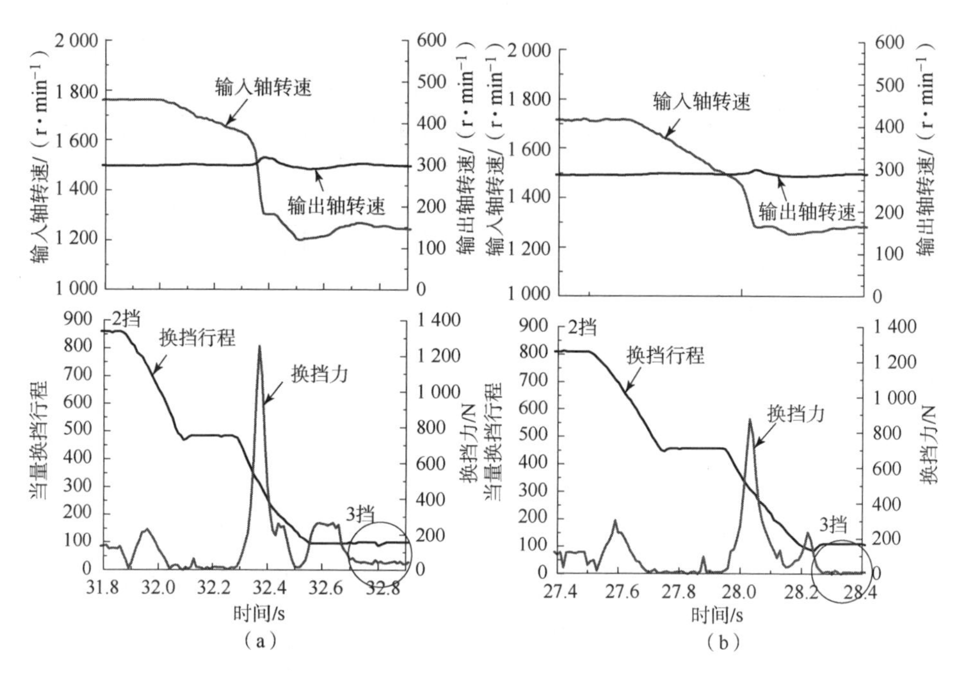


**图 5.23 同步结束后控制效果对比（见彩插）**

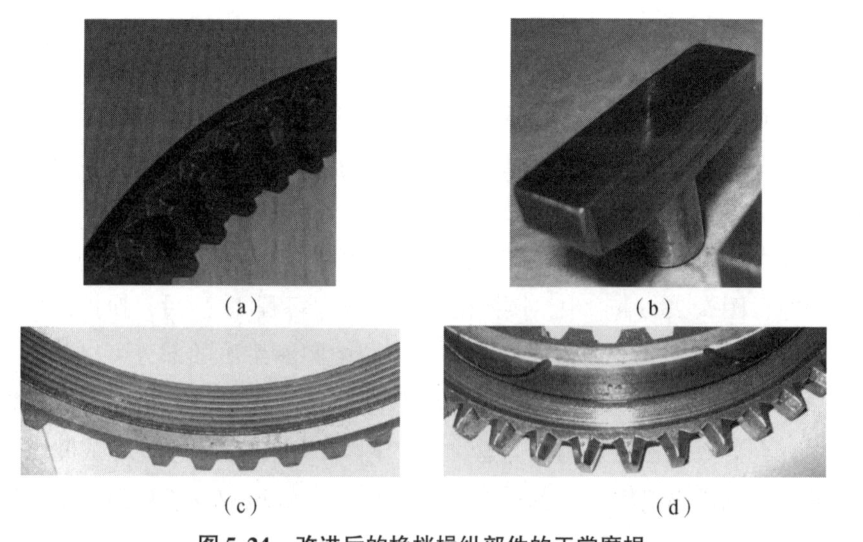

**图 5.24 改进后的换挡操纵部件的正常磨损**

（a）结合套；（b）换挡拨块；（c）同步环；（d）齿圈

# 第6章　重型越野车辆起步特性分析及控制

起步控制是AMT的关键技术之一，尤其是移库、倒库等车辆小距离移动时，车辆的起步品质尤被驾驶员所关注。设计操纵机构实现离合器的简单自动控制并不难，但离合器的自动控制要保证车辆有良好的起步品质却是起步控制的难点。越野车辆的突出特点是起步路况复杂，在公路车辆上应用的起步控制策略并不适用于越野车辆，尤其是越野车辆在起伏路面等特殊路况下行驶时。越野路面上的起步阻力大，会使离合器的半接合点位置变“深”，延长车速出现前离合器的接合时间，同时还会增加发动机载荷，引起发动机转速的急剧下降，增加车辆的起步冲击，或者严重时使发动机被憋熄火。

本章基于第2章的动力传动系统模型及离合器工作特性，分析影响AMT起步控制效果的主要因素，基于离合器工作状态转变，对离合器的接合过程实施分阶段控制。在离合器滑摩阶段，设计了基于发动机转速的离合器模糊控制策略，满足越野车辆在公路和越野路面上的起步需求，并且通过试验进行了验证。

## 6.1　操纵特性影响因素分析

离合器接合过程中，其接合速度影响车辆的起步品质，尤其是滑摩阶段要求离合器的接合速度较慢，因此对各种影响因素比较敏感，其中包括环境温度、制动液、助力气源、内漏、机械连接机构的摩擦力和液压冲击等。

1. 环境温度

液压管路的沿程压力损失的计算公式如下：

$$\Delta P = \frac{32\rho l v_{lq} \upsilon(T)}{d^2} \tag{6.1}$$

式中，$d$ 为管路的直径，mm；$\upsilon(T)$ 为油液的运动黏度，$mm^2/s$；$l$ 为液压管路的长度，m；$v_{lq}$ 为油液的运动速度，m/s；$\rho$ 为工作油液密度，$kg/m^3$；$T$ 为油液的温度，℃。

外界环境温度的变化，影响离合器操纵液的运动黏度，其中包括液压主缸至气助力液压工作缸之间的制动液和离合器操纵缸所用的航空 10#液压油。

以满足 DOT4 标准的制动液为例，100 ℃时的运动黏度为 1.5 $mm^2/s$，-40 ℃时的运动黏度接近 1 800 $mm^2/s$。由式（6.1）可知，油液运动黏度的增加，会导致管路沿程压力损失的增加，沿程压力损失的增加会降低油液的运动速度，进而影响离合器的接合速度。如图 6.1 所示，在相同的控制参数下，-20 ℃和 20 ℃的温度条件下，离合器的接合速度差异较大，离合器接合时间由 3 s 增加到 13 s。

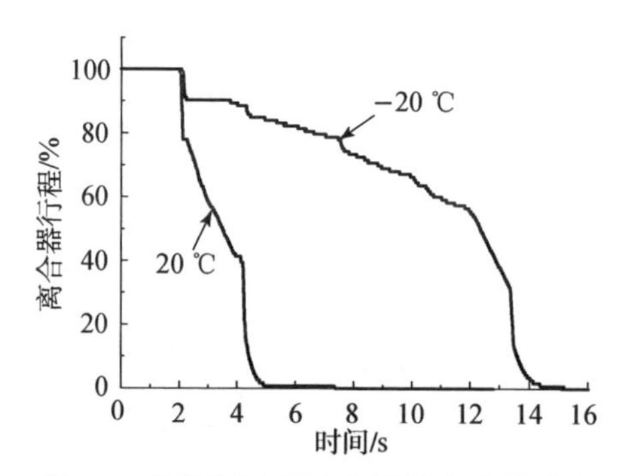


**图 6.1 不同温度下离合器接合曲线对比**

2. 制动液

离合器操纵系统所用制动液的抗水性较差，长时间使用会吸收较多的水分，导致其沸点的降低。当制动液中的水分汽化以后，液路中会出现气泡，影响离合器的分离操纵，导致离合器分离不彻底、液压冲击、机构振动或离合器无法分离等异常情况出现。如图 6.2 所示，由于离合器操纵液路中产生气泡而导致离合器分离异常。

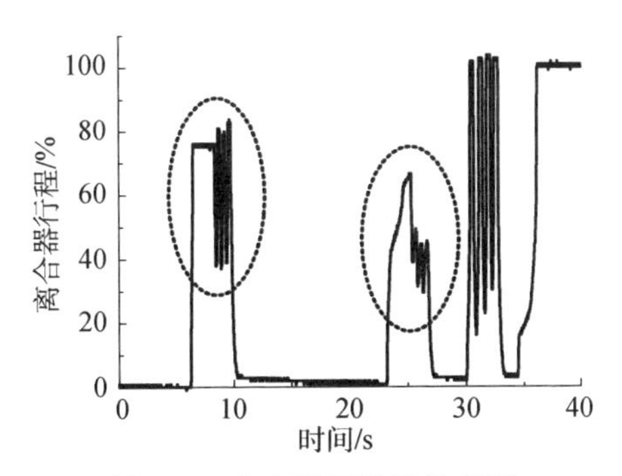


**图6.2　离合器无法正常分离**

3. 助力气源

对于有气助力的离合器操纵机构，当辅助气源的压力降低到一定值以后，就无法提供足够的助力压力，则气助力的效果被削弱或者消失，此时需要提高离合器的操纵力才能够实现离合器的分离，在这种特殊工况下，离合器操纵油路的压力相对较高，离合器控制阀的阀口两端的压差增加，导致离合器接合特性出现较大的变化，从而影响车辆的起步控制。

4. 内漏

液压系统在使用伊始，系统密封部件的制造、装配的公差较小，液路内部的内漏量较小；但随着机构工作时间的增加，液压密封器件尤其是活塞上的O型圈的磨损量逐步增加，导致液路内漏量的增加，会影响离合器操纵机构的工作特性。

5. 机械连接机构的摩擦力

离合器操纵机构的机械连接节点（轴销/轴承等）存在摩擦，在润滑条件不好时，会消耗较多的摩擦功，导致机构运动卡滞，影响离合器的操纵特性。

6. 液压冲击

离合器接合过程中，电磁阀的阀门突然关闭使得液流速度发生急剧变化，由于流动液体和工作部件的运动惯性引起液体压力值的瞬间升高，发生液压冲击的现象，导致离合器的接合抖动，影响系统的控制效果。如图6.3所示，在离合器快速接合时，突然关闭离合器控制电磁阀的阀口，导致离合器操纵油路中的液压冲击现象，并通过离合器接合行程的抖动直接体现出来。

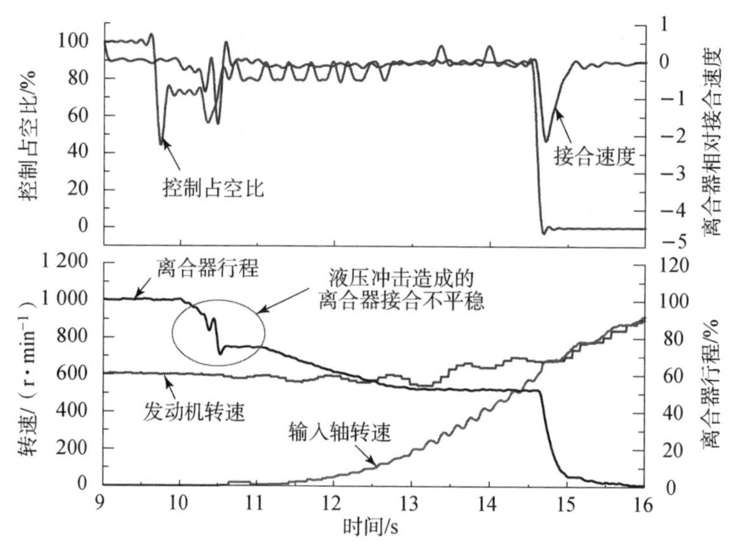


**图 6.3 液压冲击造成的离合器接合不平稳**

以上列举了影响离合器操纵机构响应特性的若干因素，可见，离合器操纵过程的相关扰动量是不可预期的，需要离合器的控制策略具有较好的适应性和兼容性，才能保证离合器操纵的控制效果和其在磨损寿命期内的适应性。

## 6.2 起步过程控制目标

车辆起步时离合器的自动控制是 AMT 的关键技术之一，起步快捷又平稳，并且起步品质稳定是 AMT 一直追求的目标。车辆起步过程中离合器控制的基本要求有以下几点。

（1）坡道起步过程中车辆不倒溜。

（2）保证起步过程中发动机不被憋熄火。

（3）起步过程平稳、柔和、冲击小，保证乘坐舒适性，避免产生过大的冲击。

（4）减少离合器摩擦片的磨损，延长其使用寿命。

（5）正确体现驾驶员意愿。

普通路面条件下，起步过程首先要保证发动机不熄火。离合器传递的扭矩即为发动机运转的阻力矩，在离合器接合过程中，随着离合器传递给发动机的阻力矩的增加，在油门开度一定时，发动机转速势必逐渐下降，如果发动机转速下降到其稳定工作的下限转速，发动机将被憋熄火，因此在起步过程中离合器传递给发动机的阻力矩要得到合理的控制。

在车辆起步过程中，离合器接合在快速性和平稳性两方面的要求相互矛盾：起步速度快，起步时间短，起步冲击势必会被放大，舒适性降低，起步不平稳；起步平稳，起步时间长，则起步的快速性达不到，并且起步时间长会导致离合器长时间滑摩，缩短其使用寿命，还降低车辆的动力性。良好的起步品质就是在成功起步的前提下，从起步过程的快速性和平稳性中取一个平衡点，将车辆动力性和舒适性均控制在合适的范围内，同时根据驾驶员对车辆性能的不同需求而有所侧重。

重型越野车辆对车辆的动力性要求较高，而对起步换挡冲击度的要求相对较低，因此在下面的重型越野车辆起步控制策略制定时，应以对动力性的追求为主，力求缩短车辆的起步时间。

## 6.3　起步过程控制策略的设计

### 6.3.1　起步过程控制参数

车辆起步过程是一个动态连续过程，在这一过程中发动机转速、离合器接合位置及车速都是连续变化的，在这些相关的信号中，选择出最能反映车辆运行状态并且容易测量的信号作为起步过程的控制参数，是实现起步过程合理控制的一个基本条件。而 AMT 通过传感器直接检测到的或者通过车辆整车 CAN 总线通信获得的每个信号都有不同的含义，如何将不同的信号进行匹配从而提取车辆的控制信息也是设计离合器控制策略所必须解决的问题。根据各信号的含义及其对起步过程性能的影响，选取以下信号作为起步过程的控制参数。

1. 发动机转速及油门开度信号

发动机转速表征着发动机的工作状态：高速或低速。同一油门开度下，在其他影响发动机性能的参数相同时，发动机转速高说明发动机负荷小；相反，转速低说明发动机负荷大。转速变化率表征着发动机的运转趋势：加速或减速。发动机转速增加时，说明发动机输出扭矩大于外界阻力矩，发动机负荷小，承载能力强，具备加速的条件；相反，发动机转速减小时，说明发动机输出扭矩小于外界阻力矩，发动机负荷大，承载能力弱，趋于减速状态。

发动机油门开度信号也是反映其工作状态及承载能力的重要信息，同时体现了驾驶员的驾驶意愿，大油门说明驾驶员希望提高车速或者车辆通过的路面阻力更大，小油门开度说明驾驶员对车辆速度基本满意或者车辆的起步阻力比较小。

2. 变速器输入轴转速

变速器输入轴转速首先表征着当前车速，同一挡位条件下，转速高则车速高，反之则车速低。输入轴转速变化率表征着车辆的加速度，变化率大说明车辆加速度大，通过离合器传递给发动机的车辆加速阻力矩大；变化率小说明车辆加速度小，则通过离合器传递给发动机的车辆加速阻力矩小。同时变速器输入轴转速的二阶导数能体现车辆的纵向冲击度，是车辆乘坐舒适度的重要衡量指标。另外，变速器输入轴转速与发动机转速的差值，表征了离合器的滑摩情况，转速差大则磨损严重，转速差小则磨损轻微。

3. 离合器接合行程及其变化率

通过在离合器分离拨叉上安装位移传感器，可以检测到离合器的接合行程，离合器接合行程表征着离合器能够传递扭矩的能力，离合器接合行程越“深”则离合器传递的扭矩也越大；反之，离合器传递的扭矩就小。其变化率表征离合器的接合速度，由起步过程冲击度计算公式（2.4）可知，离合器的接合速度会影响车辆的纵向冲击度。

起步过程中发动机转速、变速器输入轴转速及离合器接合行程等是受离合器控制影响的被动量，是前一时刻控制结果的体现。发动机转速、变速器输入轴转速及离合器接合行程的变化率是离合器控制的当前效果，表征着发动机转速和车速的变化趋势。在离合器接合控制过程中综合考虑表征当前状态的各转速值、行程值和表征下一时刻状态的各转速值、行程值的变化率，才能准确地把握起步阶段这一动态过程，提高起步品质。

### 6.3.2 起步第一阶段控制策略

1. 控制目标及要求

基于上文的分析，离合器接合第一阶段的控制目标可以确定为：前半阶段接合速度要快，尽量缩短接合时间，后半段尤其是接近离合器主、从动部分开始接合的位置，要控制离合器的接合速度，避免离合器主、从动部分开始接合时的冲击。

如图 6.4 所示，离合器主、从动部分开始接合，还未传递扭矩的离合器行程位置称为离合器初始接合点，初始接合点的偏移一般只和离合器的磨损有关，与车辆的负载等无关，在车辆的使用过程中不能获知其确切值，但可以获知其接近值；离合器传递的扭矩足以克服路面阻力的离合器行程位置称为半接合点，车辆阻力变化时，半接合点的位置会有较大差异，如硬质路面条件下的半接合点位置“浅”，沙石路面条件下的半接合点位置“深”；预设半接合点是写入控制程序的与整车情况相关的控制参数，是比离合器初始接合点要“浅”的位置，标定人员根据经验预估标定或者系统根据控制软件内的标定规则进行自标定。

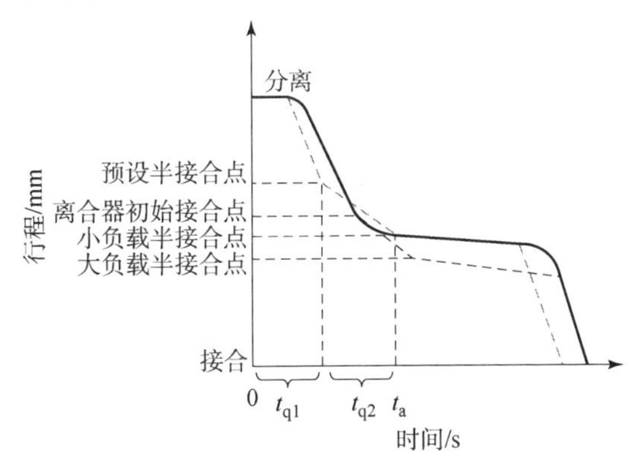


**图 6.4　离合器控制过程**

为实现第一阶段快速接合的控制目标，第一阶段的控制以离合器行程的预设半接合点作为分界点，将第一阶段的控制分为前后两段：前半段的控制目标是离合器的最快接合速度；后半段的控制目标是将离合器的接合速度控制在适当值。此方法既可以防止由于接合速度过快而造成冲击，又可以避免由于离合器接合速度慢而造成起步延迟。之所以采用这种分段控制方式，主要是考虑液压操纵机构的响应滞后，提前进入慢接合状态有利于降低离合器主、从动部分开始接合时的冲击。下面主要讨论后半段的离合器控制。

2. 控制方案设计

对离合器接合第一阶段的直接评价指标是其工作时间 $t_a$ 及出现车速时的

冲击度，与其相关联的是离合器接合控制中的预设半接合点及第一阶段后半段的离合器接合速度等参数。根据第一阶段的前、后半段的不同特点，设计第一阶段的控制方案：第一阶段前半段采用开环控制，以离合器的最大接合速度作为控制目标；第一阶段后半段的离合器接合闭环控制模型如图 6.5 所示，以离合器的理想接合速度为控制目标，离合器的理想接合速度通过对大量的试验数据进行总结而获知，兼顾离合器工作时间和乘员感受。

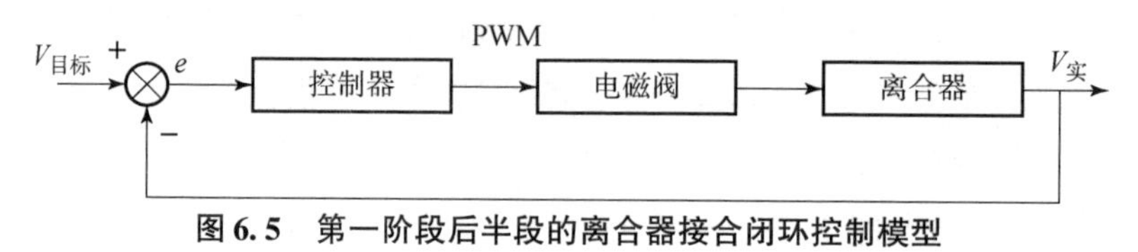


**图 6.5　第一阶段后半段的离合器接合闭环控制模型**

通过装备 AMT 的试验车辆的实车起步试验对上文的控制策略进行验证，如图 6.6 所示。

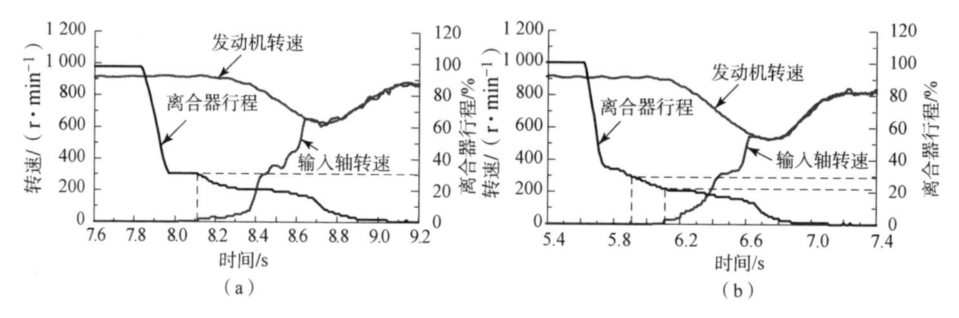


**图 6.6　不同路面的起步曲线**

（a）铺装路面；（b）土石路面

图 6.6（a）是试验车辆在良好铺装路面上的起步试验数据，图 6.6（b）是试验车辆在土石路面上的起步试验数据。在铺装路面起步时，车辆的半接合点位置“浅”，离合器接合位置到 30% 时，车辆即可起步；在土石路面起步时，车辆的半接合点位置“深”，离合器接合位置到 20% 时，车辆才能起步，这与前文的分析相符合。同时，通过试验数据可知，图 6.6（b）中离合器按照设定的接合速度从 30% 位置接合到 20% 位置用时 0.2 s，即车辆在土石路面上起步比铺装路面上起步要晚 0.2 s 左右，这符合车辆实际使用的情况及需求。

图 6.6 中的两组数据的离合器接合第一阶段的冲击度得到了有效控制，并且第一阶段的工作时间短，满足车辆的使用要求，证明离合器接合第一阶

段控制策略是合理可行的。

3. 基于冲击度的半接合点自调整模糊控制策略设计

越野车辆使用环境复杂，车辆的起步阻力差异、离合器的磨损等会降低起步过程第一阶段的控制效果，为适应车辆的这一使用需求，要求起步过程第一阶段的离合器控制策略能够具备自适应能力，以保证车辆的起步品质。

为追求车辆的动力性，第一阶段后半段的工作时间成为第一阶段离合器控制的重点，其与两个因素相关：离合器的接合速度、预设半接合点与真实半接合点之间的行程差。

为控制离合器初始接合时的冲击，将第一阶段后半段的离合器接合速度限定在某一特定值，因此预设半接合点与真实半接合点之间的行程差成为影响第一阶段后半段工作时间的主要因素。

预设半接合点位置和真实半接合点位置之间的行程差与车辆的起步阻力和离合器的磨损有关，起步阻力大则行程差大，离合器磨损量的增加也会导致行程差变大，行程差大则离合器接合时间就会变长。车辆的起步阻力由路面环境决定，不受系统控制，无法对其进行相应的调整，但离合器的磨损存在一定的规律，其磨损方向一定，即随着离合器的磨损，真实半接合点的位置是逐步变“深”的，因此可以根据这一特点对离合器的预设半接合点的位置进行调整，用于保证离合器磨损后的车辆起步品质。

为缩短车辆的起步时间，一般将第一阶段后半段的工作时间限定在一定的范围之内，当其超出限定范围时，就认为离合器存在较大的磨损，需要对离合器预设半接合点位置进行相应的调整。

除离合器接合时间之外，离合器的接合冲击也是第一阶段后半段的控制重点。第一阶段后半段的离合器接合冲击大，说明离合器的预设半接合点比较接近真实的半接合点位置，预设半接合点位置“深”，离合器的接合速度未能够及时得到控制。第一阶段后半段的接合时间长，则说明离合器的预设半接合点与真实半接合点位置间的差值较大，预设半接合点位置“浅”。

因此，离合器预设半接合点的位置正向调整以冲击度作为判断条件，负向调整以第一阶段后半段的工作时间，即图 6.4 中的 $t_{q2}$ 作为判断条件。考虑到坡道等特殊路况对离合器预设半接合点调整所造成的干扰，拟采取缩小调整步长的方法，避免偶然的一次坡道起步就造成预设半接合点位置的较大调整。

第一阶段后半段的离合器工作时间，可由系统根据离合器的工作状态变化通过计时直接获取。而车辆起步冲击度的检测通过传感器直接测量存在较大难度，采用文献［12］的方法，通过对转速信号的处理，得到车辆的冲击度，并用来作为车辆控制效果的评价指标。换挡冲击度的计算公式如下：

$$j=\frac{\mathrm{d}\alpha}{\mathrm{d}t}=\frac{\mathrm{d}^2 v}{\mathrm{d}t^2}=\frac{r}{i_o i_g}\cdot\frac{\mathrm{d}^2\boldsymbol{\omega}_1}{\mathrm{d}t^2}=\frac{r}{i_o i_g^3}\cdot\frac{\mathrm{d}^2\boldsymbol{\omega}_2}{\mathrm{d}t^2} \tag{6.2}$$

式中各参数意义同前。

为减小系统的计算量，本书使用当量冲击度 $j_1$ 作为控制参数，计算公式如下：

$$j_1=\frac{\mathrm{d}^2\omega_2}{\mathrm{d}t^2}\cdot\frac{60}{2\pi} \tag{6.3}$$

式中各参数意义同前。

采用模糊控制思想，通过换挡冲击度和第一阶段后半段的工作时间，确定离合器预设半接合点的修正量 $\Delta l_{ch}$，修正量以离合器行程传感器检测到的数字量表示，以离合器的最大分离行程值计为 100%。离合器预设半接合点正向调整时，以当量冲击度 $j_1$ 作为模糊控制变量，选择其论域及隶属度函数曲线，如图 6.7 所示。

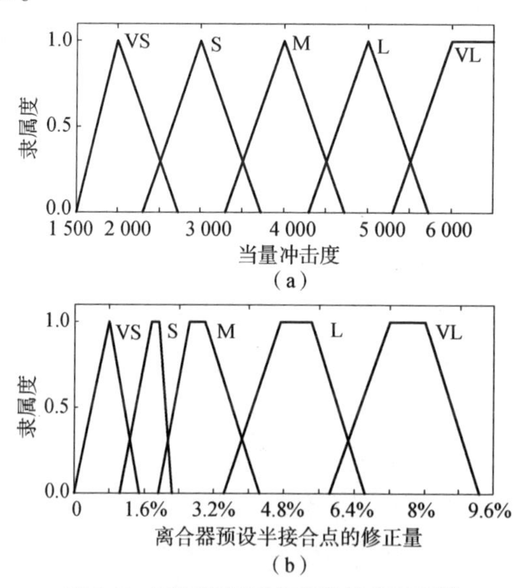


**图 6.7　正向修正时各变量的隶属函数**

(a) 输入变量 $j_1$ 的隶属函数；(b) 输出变量 $\Delta l_{ch}$ 的隶属函数

$j_1$ 作为模糊控制器输入变量，定义模糊语言变量集为“very small”

(VS)、“small”(S)、“medium”(M)、“large”(L)、“very large”(VL)，论域范围为 1 500 ~ +∞；修正值 $\Delta l_{ch}$ 为输入变量，定义模糊语言变量集为“very small”(VS)、“small”(S)、“medium”(M)、“large”(L)、“very large”(VL)，论域为 0 ~ 9.6%。

在每个采样时刻 $k$ 规定下述 5 条控制规则，分别为

$R_1$.　if $j_1(k)$ = VS　then $\Delta l_{ch}(k)$ = VS;

$R_2$.　if $j_1(k)$ = S　then $\Delta l_{ch}(k)$ = S;

$R_3$.　if $j_1(k)$ = M　then $\Delta l_{ch}(k)$ = M;

$R_4$.　if $j_1(k)$ = VL　then $\Delta l_{ch}(k)$ = VL;

$R_5$.　if $j_1(k)$ = L　then $\Delta l_{ch}(k)$ = L。

同理，修正量 $\Delta l_{ch}$ 值负向调整时，选择 $t_{q2}$ 作为模糊控制器输入变量，定义模糊语言变量集为“very small”(VS)、“small”(S)、“medium”(M)、“large”(L)、“very large”(VL)，论域为 300 ~ +∞；修正值 $\Delta l_{ch}$ 仍为输出变量，定义模糊语言变量集为“very small”(VS)、“small”(S)、“medium”(M)、“large”(L)、“very large”(VL)，论域为 −9.6% ~0。负向修正时各变量隶属函数如图 6.8 所示，其模糊控制规则也与正向调整相似，此处不再赘述。

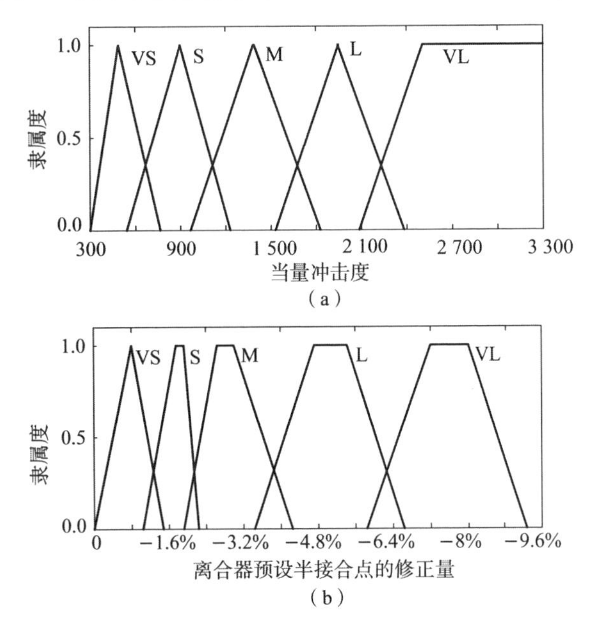


**图 6.8　负向修正时各变量隶属函数**

(a) 输入变量 $t_{q2}$ 的隶属函数；(b) 输出变量 $\Delta l_{ch}$ 的隶属函数

图6.9（a）中的离合器预设半接合点为60%，从曲线中可以看出，离合器的预设半接合点设置比较“深”，当离合器行程快速接合至60%时其接合速度才转为平缓，但离合器的主、从动部分已经开始接合，并且产生了较大的冲击，如试验数据中的当量冲击度值所示。由于第一阶段的冲击度较大，通过离合器的自适应调整策略将预设半接合点位置正向调整到70%，如图6.9（b）所示，在主、从动部分开始接合之前离合器的接合速度就得到了有效的控制，成功地抑制了离合器主、从动部分的接合冲击，从图6.9（b）的试验数据中可以看出，预设半接合点调整后，第一阶段的冲击度被大大降低。

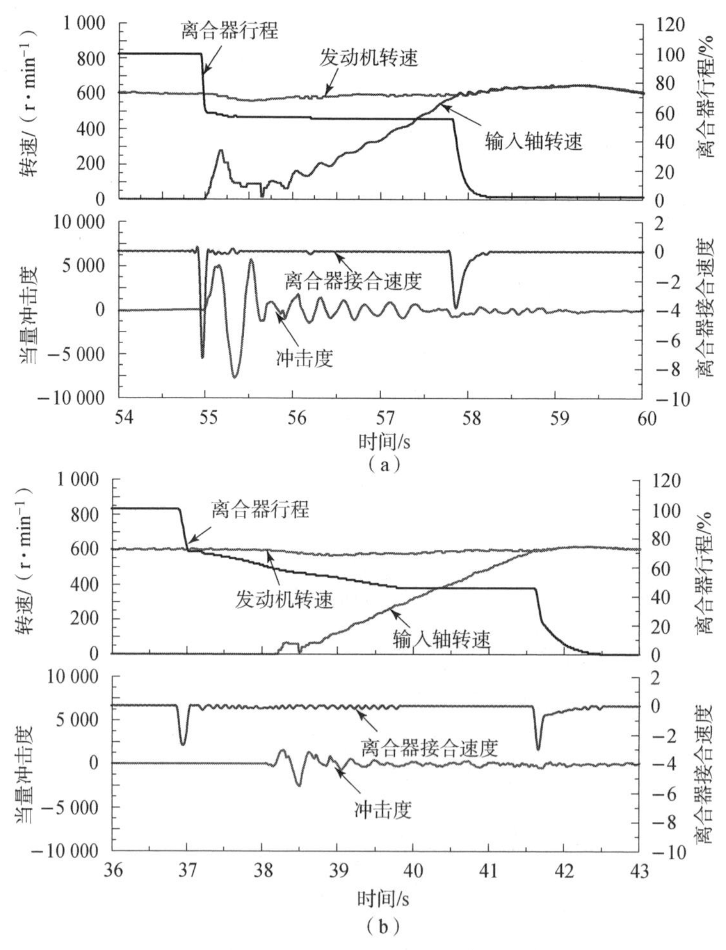


**图6.9 离合器接合第一阶段试验曲线对比（见彩插）**

### 6.3.3　起步第二阶段控制策略

1. 控制目标及要求

越野车辆使用环境复杂，路况变化比较大，不同路况的起步阻力存在较大差异，根据发动机油门开度、离合器主从动部分转速差、理想的车辆起步模型等方法控制，或是控制过程过于复杂，或是不能保证越野车辆在各种路况下都有良好的起步效果。基于全程调速发动机的特点，本书提出了基于发动机最佳转速的离合器控制策略，以当前油门开度下发动机能输出最大扭矩的转速作为离合器控制的目标，此策略可以充分利用发动机负载能力，在提高车辆动力性的同时，还能抑制车辆的起步冲击。

起步过程中离合器接合控制的第二阶段，随着离合器的接合，其摩擦扭矩逐步增加，车速也逐渐增加，这一过程是起步控制的关键过程，直接影响起步品质。通过上文的分析，第二阶段中的车辆纵向冲击度由离合器摩擦扭矩的变化率决定，与离合器的接合速度有直接的关系，因此只要离合器接合速度合理，就可保证滑摩阶段车辆纵向加速度较小。

离合器同步后的车辆纵向加速度由发动机的输出扭矩所决定，通常它与离合器在滑摩阶段所传递的摩擦扭矩不同，而且经常明显要小于离合器摩擦扭矩值，这也是离合器滑摩阶段与同步阶段承接点处容易出现较大冲击的原因。

因此，若要降低离合器同步点处的车辆冲击度，需在滑摩阶段，尽量缩小离合器传递的摩擦扭矩与发动机的输出扭矩之间的差值。

2. 控制方案及策略设计

基于上文的分析，设计离合器接合第二阶段控制模型框图，如图 6.10 所示。油门开度是驾驶员意愿的直接体现，以油门开度来控制离合器的接合速度可以较好地体现驾驶员的意愿，还能够提高车辆对路面的适应性。

基于模糊控制的思想，以图 6.10 中的发动机的目标转速作为参考模型转速，检测发动机当前的转速及其变化率，基于实际值与目标值之间的差值对离合器的控制规则进行调整，对离合器的接合速度进行修正，控制参数调节量的产生过程可用图 6.11 说明。

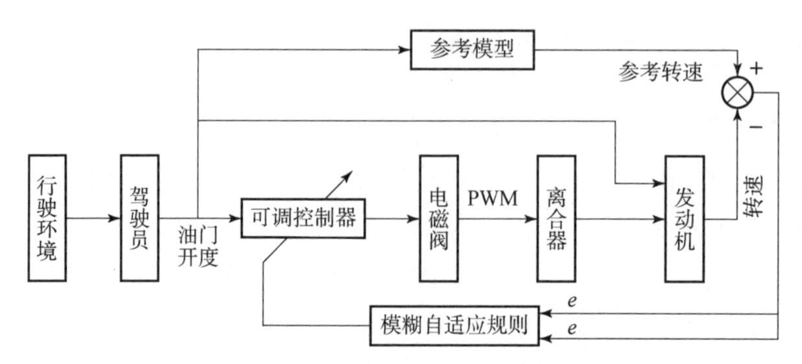


**图 6.10　离合器接合第二阶段控制模型框图**

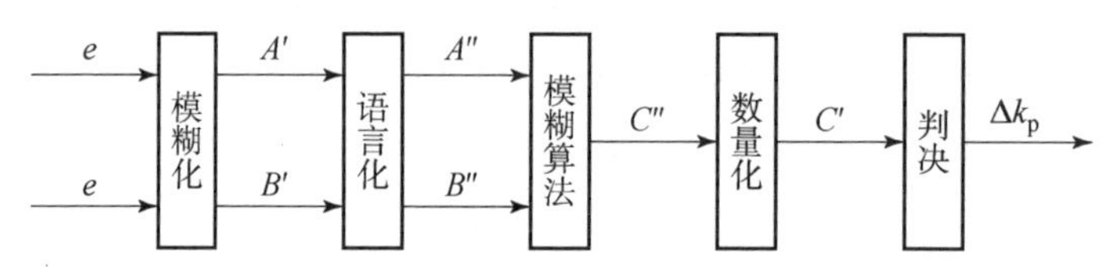


**图 6.11　控制参数调节量的产生过程**

发动机的转速偏差 $e$ 及其变化率 $\dot{e}$ 的语言域模糊集定为｛负大，负中，负小，零，正小，正中，正大｝，$e$ 及 $\dot{e}$ 在各自的连续论域中各模糊集的隶属度函数如图 6.12 所示。

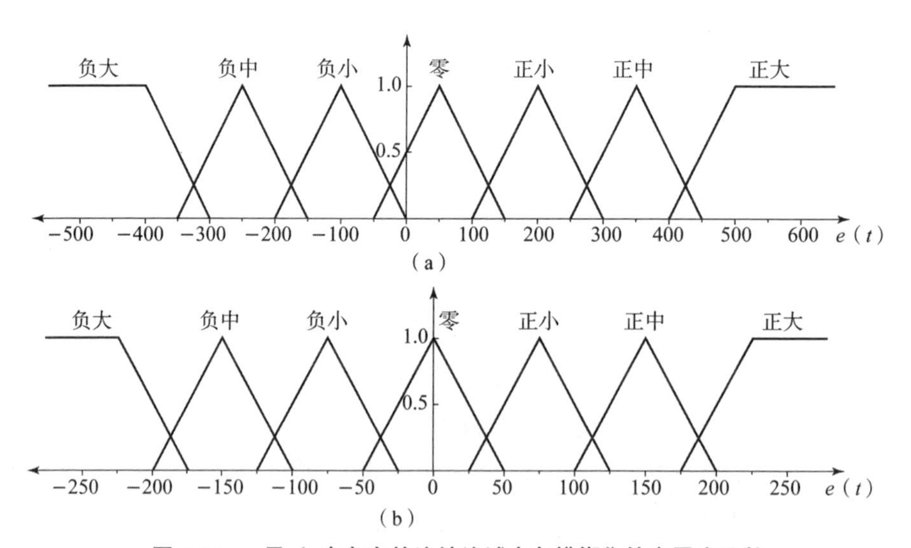


**图 6.12　$e$ 及 $\dot{e}$ 在各自的连续论域中各模糊集的隶属度函数**

（a）误差隶属度；（b）误差变化率隶属度

控制器修正量 $\Delta k_{p}$ 的语言域模糊集也定为｛负大，负中，负小，零，正小，正中，正大}，其在连续论域内的隶属度函数如图 6.13 所示。

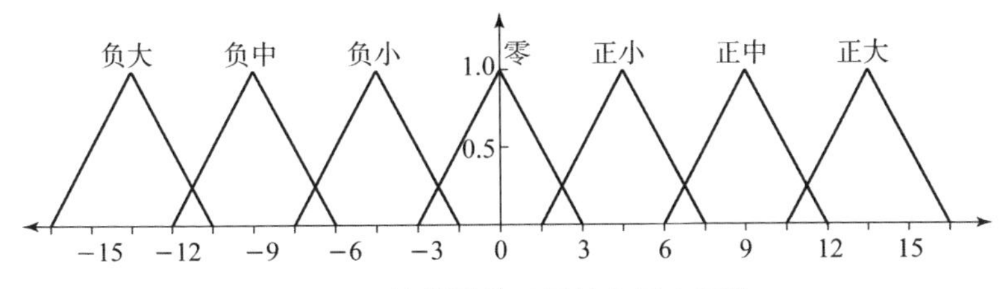


**图 6.13　控制器修正量的隶属度函数**

根据输出误差 $e$ 及其变化率 $\dot{e}$ 与系统输出量之间的关系，可以决定控制器参数修正量 $\Delta k_p$ 的值，其具体的控制规则如表 6.1 所示。

**表 6.1　$\Delta k_p$ 的控制规则**

| 修正 $\Delta k_p$ | | "误差变化率" $\dot{e}$ | | | | | | |
|---|---|---|---|---|---|---|---|---|
| | | 负大 | 负中 | 负小 | 零 | 正小 | 正中 | 正大 |
| 误差 $e$ | 负大 | 负大 | 负大 | 负大 | 负中 | 负小 | 负小 | 零 |
| | 负中 | 负大 | 负大 | 负大 | 负中 | 负小 | 零 | 正小 |
| | 负小 | 负大 | 负大 | 负中 | 负小 | 零 | 正小 | 正中 |
| | 零 | 负大 | 负中 | 负小 | 零 | 正小 | 正中 | 正大 |
| | 正小 | 负中 | 负中 | 负小 | 正小 | 正中 | 正大 | 正大 |
| | 正中 | 负中 | 负小 | 零 | 正小 | 正中 | 正大 | 正大 |
| | 正大 | 负小 | 零 | 正小 | 正中 | 正大 | 正大 | 正大 |

起步过程中，通过对发动机实际转速与参考模型转速的误差 $e$ 及其变化率 $\dot{e}$ 的检测，经由模糊控制规则修正可调控制器，对离合器的接合速度进行调整，以期达到良好的起步控制效果。

为了对控制策略的效果能有更直观的判断，在分别装备手动机械变速器和 AMT 的两台试验车辆上，通过安装数据采集系统对熟练驾驶员的人工操纵起步过程和 AMT 自动控制起步过程的试验数据进行采集。图 6.14（a）是人工操纵离合器起步的试验曲线，图 6.14（b）是相同挡位下 AMT 自动控制起步的试验数据。

图 6.14（a）中人工操纵起步试验的路况良好，离合器半接合点位置在 80% 处，起步过程中离合器滑摩将近 2 s，起步过程的最大冲击点在离合器的

同步点处；图 6.14（b）中 AMT 自动控制起步试验的路面阻力较大，离合器半接合点位置在 58% 处，起步过程中离合器滑摩将近 2.5 s，起步过程中的最大冲击点同样在离合器的同步点处。相较于人工起步，AMT 起步过程中的离合器接合曲线光滑，说明 AMT 起步过程中的离合器接合比较平稳，这样有利于保持离合器传递扭矩变化的平稳性，提高乘坐舒适性。

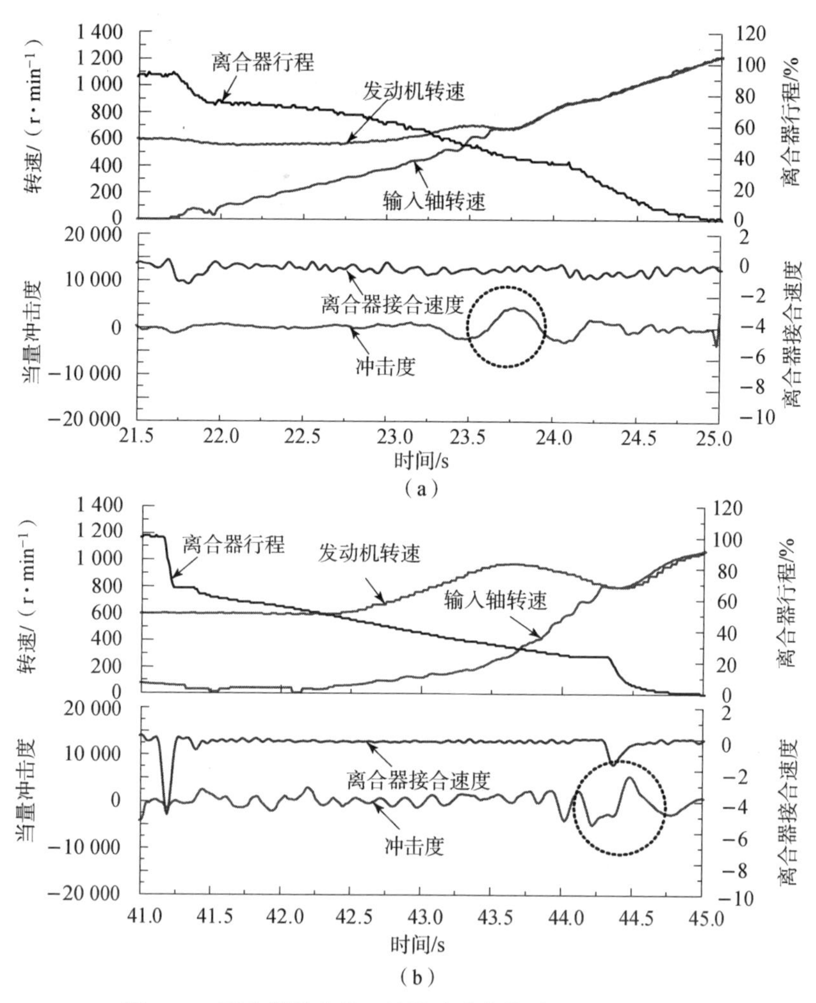


**图 6.14 离合器接合第二阶段试验曲线对比（见彩插）**

AMT 起步过程中的冲击度与优秀驾驶员人工操纵起步过程中的冲击度相当，并且在较大的阻力下起步时的离合器滑摩时间也被控制在合理范围内，证明上文中的控制策略是合理可行的。

# 第 7 章　重型越野车辆坡道起步控制

坡道起步作为车辆起步的一种特殊使用工况，也是车辆在行驶过程中经常出现的工况。对于装备手动机械变速器的车辆，驾驶员通过油门、离合器和驻车制动的协调控制实现车辆的坡道起步，这对驾驶员的驾驶技巧要求较高，驾驶员必须通过反复训练才能掌握。装备 AMT 的越野车辆需要具备自主协调控制离合器、油门和制动系统的能力，才能实现坡道起步的自动操纵。

车辆在坡道上的起步过程可分为沿坡道向上起步和沿坡道向下起步：沿坡道向上的起步过程中，车辆容易出现与其行驶方向相反的溜车工况，严重影响行车安全，对车辆沿坡道向上的起步过程控制的要求较高，也是 AMT 技术的重点研究方向；而沿坡道向下的起步过程中，车辆的溜车方向与其行驶方向相同，对车辆的行驶安全不会造成影响，因此，一般不作为研究重点。

本章以车辆沿坡道向上的起步工况为前提，重点研究装备 AMT 的重型越野车的坡道起步控制理论与方法，讨论基于驻车制动系统的坡道起步辅助阀的控制策略，并进行试验验证。

相对于小坡度角坡道上的起步过程，大坡度角坡道上的起步过程对离合器、油门和制动系统的协调控制要求更高，这也是越野车辆的突出特点，下面主要讨论越野车辆在大坡度角的坡道上起步的控制要求。

## 7.1　车辆坡道起步过程的受力分析

越野车辆在大坡度角的坡道上起步时，由于离合器接合的第一阶段不传递扭矩，当制动力消失而离合器没有传递扭矩或者传递的扭矩不够大时，车辆重力产生沿下坡道方向的分力会使车辆倒溜，这是非常危险的工况，不允许发生。因此，在坡道起步时，需要制动系统能够提供一定的制动力来辅助车辆坡道起步，当离合器能够传递足够大的扭矩后，再解除制动，以保证车辆坡道起步的成功。

车辆在坡道上驻车时，车轮受力分析如图 7.1 所示。

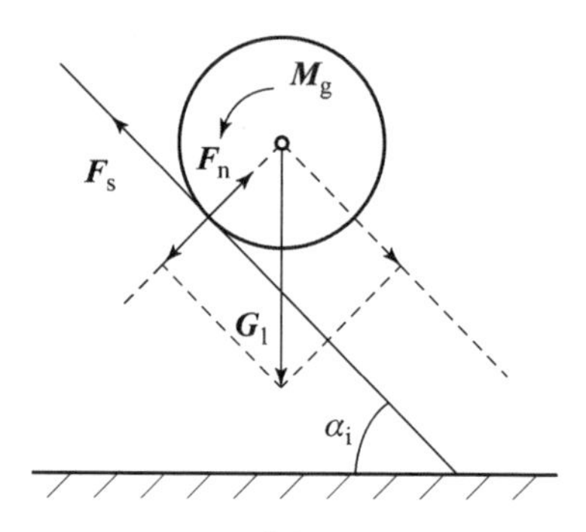


**图 7.1　车轮受力分析**

图 7.1 中，$\boldsymbol{G}_1$ 为车轮自重及车身作用在车轮中心上的垂直作用力，N；$\boldsymbol{F}_n$ 为地面法向作用力，N；$\boldsymbol{F}_s$ 为地面作用于车轮的静摩擦力，N；$\boldsymbol{M}_g$ 为制动力矩，N · m；$\alpha_i$ 为坡度角。

此时车辆处于静止状态，制动力矩 $\boldsymbol{M}_g$ 为静摩擦力矩，与地面静摩擦力 $\boldsymbol{F}_s$ 满足关系式：

$$\boldsymbol{M}_g = \boldsymbol{F}_s \cdot r, \ \boldsymbol{F}_s = \boldsymbol{G}_1 \cdot \sin\alpha_i \tag{7.1}$$

式中，$r$ 为车轮滚动半径，可近似认为是车轮半径，m。

车辆在坡道起步时，首先离合器快速接合，消除其主、从动部分的间隙，等到离合器接合到特定的位置后，其传递的摩擦扭矩能够克服坡道阻力时，制动解除则可保证车辆坡道起步不倒溜。起步过程受力分析如图 7.2 所示。

图 7.2 中，$\boldsymbol{M}_t$ 为传动轴传递给车轮的驱动扭矩，N · m；$\boldsymbol{M}_f$ 为滚动阻力矩，N · m；$\boldsymbol{M}_j$ 为等效至车轮上的加速阻力矩，N · m；$\boldsymbol{F}_t$、$\boldsymbol{F}_g$、$\boldsymbol{F}_j$、$\boldsymbol{F}_f$、$\boldsymbol{F}_i$ 为等效至车体上的驱动力、制动力、加速阻力、滚动阻力、坡道阻力，N；其余各量与图 7.1 中相同。

假定坡道路面良好，车轮不打滑，不考虑路面变形、风阻等因素，车辆在坡道起步过程中受到制动力、坡道阻力、滚动阻力和加速阻力的作用。

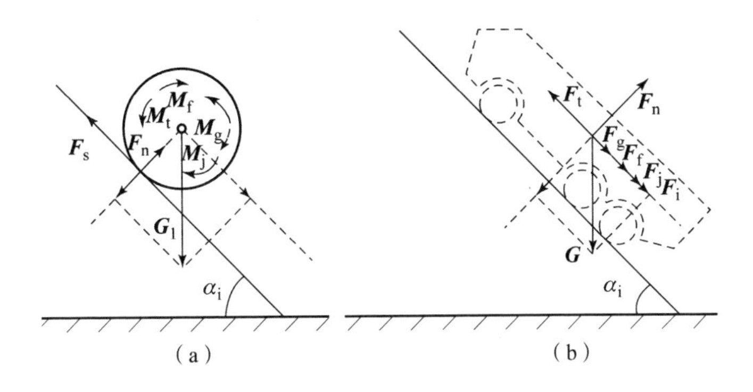


**图 7.2　起步过程受力分析**

(a) 驱动轮受力情况；(b) 整车受力分析

依据离合器和制动力矩的状态可以将坡道起步过程分为以下四个阶段。

(1) 离合器开始接合，消除其主、从动部分的间隙，此时车辆仍然处于静止驻坡状态，车轮受力见图 7.2 (a)，制动力矩满足式 (7.1)。

(2) 离合器主、从动部分开始接合，车速为零。此阶段，随着离合器传递摩擦扭矩的增加，制动力矩正向（以第一阶段的制动力矩方向为正向）逐渐减小至零。车轮受力见图 7.2 (a)。

制动力矩正向时，车轮的力矩平衡方程式如下：

$$\boldsymbol{M}_t + \boldsymbol{M}_g = \boldsymbol{F}_s \cdot r \tag{7.2}$$

(3) 离合器主、从动部分间的压紧力继续增加，车速仍然为零。此阶段，随着离合器摩擦扭矩的增加，制动力矩作用方向改变且数值逐步增加。

制动力反向后，车轮的力矩平衡方程式如下：

$$\boldsymbol{M}_t = \boldsymbol{M}_g + \boldsymbol{F}_s \cdot r \tag{7.3}$$

(4) 开始出现车速并且逐步增加。当传递到车轮的驱动扭矩能够克服制动力及坡道阻力时，车辆就出现了速度和加速度。制动力矩仍然反向，但随着制动系统的操纵气压或者油压的变化而减小，直至最后制动力矩消失。

车轮的力矩平衡方程式如下：

$$\boldsymbol{M}_t = \boldsymbol{M}_g + \boldsymbol{M}_f + \boldsymbol{M}_j \tag{7.4}$$

此阶段的车辆受力见图 7.2 (b)，力平衡方程式如下：

$$\boldsymbol{F}_t = \boldsymbol{F}_g + \boldsymbol{F}_f + \boldsymbol{F}_j + \boldsymbol{F}_i,\ \boldsymbol{F}_i = \boldsymbol{G} \cdot \sin\alpha_i \tag{7.5}$$

下面借助图 7.3 来说明坡道起步过程中车辆受力的变化过程，$\boldsymbol{F}_t$、$\boldsymbol{F}_j$、$\boldsymbol{F}_f$

和 $\boldsymbol{F}_i$ 以图 7.2（b）中所示的方向为正向，$\boldsymbol{F}_g$ 以图 7.2（b）中所示的方向为负向。图中（1）(2)(3)(4) 分别表示上文中根据制动力变化而将坡道起步过程划分的四个阶段：第（1）阶段，制动力 $\boldsymbol{F}_g$ 正向，与车辆的坡道阻力大小相等；第（2）阶段，随着离合器传递给车轮的驱动扭矩的逐渐增加，制动力 $\boldsymbol{F}_g$ 正向（以沿坡道向上）逐渐减小，直至为零；第（3）阶段，当驱动力足以克服车辆的坡道阻力时，制动力 $\boldsymbol{F}_g$ 作用方向反转，并且数值开始逐渐增加；第（4）阶段，当驱动力足以克服制动力和坡道阻力时，车辆出现速度和加速度，车辆的滚动阻力和加速阻力开始出现，并且随着制动的解除，制动力逐渐减小，直至为零。

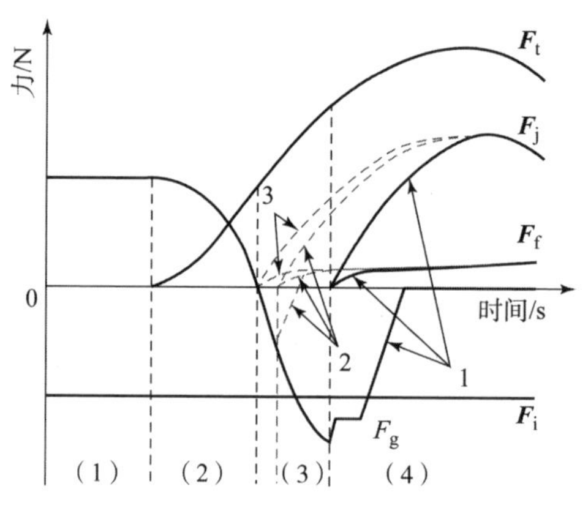


**图 7.3 车辆受力变化趋势**

在第（3）阶段中，制动解除的时机选择不同，会造成车辆受力变化的较大差异，图 7.3 中选择了三种典型的情况用来说明制动解除时机对车辆受力变化的影响：线 1 部分，制动解除时间较晚，制动力反向增加到最大值后，被驱动力克服，车辆开始运动；线 2 部分，制动解除时间正常，制动力逐渐减小的时刻被驱动力克服，车辆开始运动；线 3 部分，制动解除的最早时刻，在驱动力刚好克服坡道阻力的时候，制动就完全解除，制动力不再反向增加，如果制动解除的时刻比线 3 早，就会出现车辆在坡道上倒溜的现象。

由以上分析可知，通过 AMT 采集到的车辆行驶状态信息对制动力解除时机进行控制成为车辆坡道起步控制的关键，这也是下文要讨论的主要内容。

对于装备AMT的车辆，需要具备辅助车辆坡道起步的制动自动控制系统，这一系统被称为坡道起步辅助控制系统（hill-start assist system，HAS）。

## 7.2　基于驻车制动的坡道起步辅助控制系统

根据功用，车辆的制动系统可分为行车制动系统、驻车制动系统、第二制动系统及辅助制动系统，车辆坡道起步辅助制动控制系统一般通过对行车制动系统或驻车制动系统的干预控制实现辅助坡道起步。

轻型车辆的驻车制动系统一般通过人力拉动拉杆和缆绳进行制动，安装自动操纵机构较为困难，因此轻型车辆的坡道起步辅助控制系统一般都是在坡道起步过程中对行车制动系统进行控制的。其中最便捷的一种方式是通过AMT与ABS的通信来实现对制动力的控制，这种方式无须安装新的器件，可靠性也能够得到保障。对于没有安装ABS的车辆，则需要在制动系统中安装驱动阀来实现对制动力的控制，根据制动系统的结构特点，在制动系统的液路中安装HAS阀，通过截断制动液的回路，延长制动压力的作用时间，实现坡道起步过程中的辅助制动。

随着车辆电子技术的发展，出现了一种新型的电控驻车制动系统，以电机作为动力，通过中间的螺杆机构减速增扭，实现驻车制动的电子控制。通过电子驻车制动系统辅助控制车辆的坡道起步，已经成为车辆主动安全技术发展的一个新的方向。

我国生产的中型以上的车辆一般采用气压制动，本节的重型越野车试验平台采用复合式制动气缸，集驻车制动和行车制动于一体。基于制动系统的这种结构特点，可以通过对驻车制动系统安装HAS阀，实现制动系统的自动控制，用以辅助车辆实施坡道起步。这种方式可以避免HAS阀对车辆行车制动性能的影响。

试验车辆采用的弹簧储能放气制动的驻车制动系统，是目前重型车辆驻车制动系统普遍采用的典型结构，基于车辆驻车系统的工作原理，在驻车制动气路中加装HAS阀，实质是一个由AMT控制的二位三通阀，加装HAS阀的驻车制动系统原理如图7.4所示。

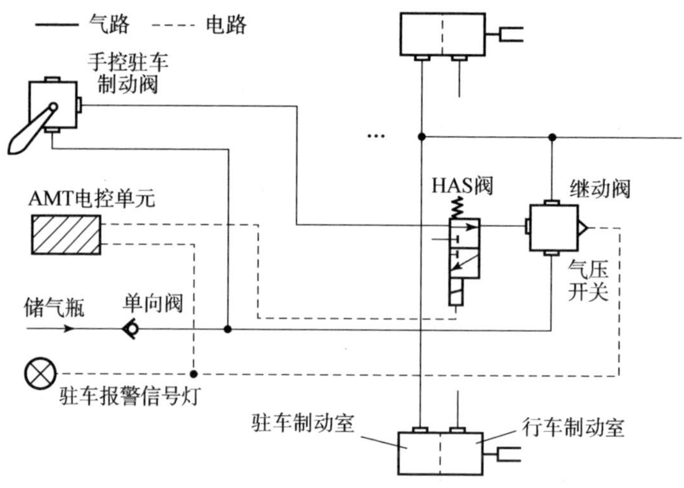


**图 7.4 加装 HAS 阀的驻车制动系统原理**

HAS 阀的三个气路分别连接手控驻车制动阀、继动阀和大气，当 HAS 阀处于断电位置时，手控驻车制动阀与继动阀相连，这时驻车制动系统实施或解除制动由手控驻车制动阀控制。当 HAS 阀处于通电位置时，继动阀的控制气路与大气相连，无论手控驻车制动阀的状态如何，车辆均将保持驻车制动状态。

HAS 阀的辅助制动控制流程如下：AMT 在辨识到车辆进行坡道起步时，首先将 HAS 阀打开，使车辆处于驻车制动状态，此时驾驶员抬起行车制动踏板，离合器开始接合，驾驶员打开手控驻车制动阀，驻车制动控制转由 AMT 自动控制；在坡道起步过程中，当 AMT 检测到离合器传递的摩擦扭矩足够时，关闭 HAS 阀，解除驻车制动，车辆进入正常的起步控制。

## 7.3 基于驾驶操纵流程的坡道识别

车辆坡道起步辅助制动系统所起的作用实质就是车辆坡道起步时延长制动力的作用时间，以便离合器有足够的接合时间，使驻车制动解除的时间与离合器传递足够输出扭矩的时间一致。

但是车辆的每一次起步所需要的延长制动时间都是不一样的，它需随坡道路面的状况不同而有所差异，如车辆在较小坡度角的路面起步时，驻车制动就应该提前解除，否则制动力作用的延长会使得车辆处于“制动条件下起步”的状态，使得制动系统和动力传动系统相互抵消，导致离合器和制动器的磨损，乃至发动机会被憋熄火。坡道起步辅助控制系统如若要起到好的控制效果，避免“制动条件下起步”的情况发生，对车辆坡道起步的准确识别就变得十分重要。本书采用基于驾驶操纵流程的坡道识别方法。

车辆在通常路面起步时，驾驶员会先解除驻车制动，再进行接合离合器、加油门等起步操作；车辆在坡道起步时，驾驶员会先进行接合离合器、加油门等起步的早期操作，再解除驻车制动。通过以上两种起步过程中驾驶员的操纵流程特点，不难发现驾驶员控制驻车制动的解除时机不同是车辆坡道起步与通常路面起步的一个关键区别。因此基于对驻车制动系统工作状态的检测，对起步过程中驾驶员的操纵流程进行逻辑判断，就可以对车辆是否是在坡道上起步进行识别，其判断逻辑如图7.5所示。

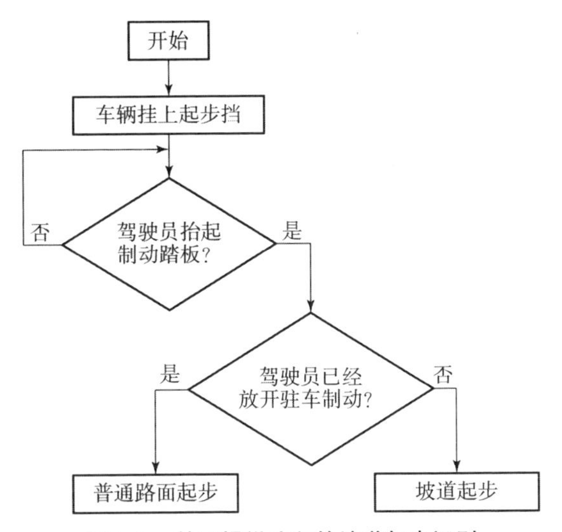


**图7.5　基于操纵流程的坡道起步识别**

这一识别方法不需要安装新的传感器，控制了成本，并且基于驾驶员对当前路况的判断进行坡道识别，可靠性和准确性得到了保证。

本章坡道起步过程中，驻车制动工作流程如图7.6所示。首先，驾驶员打开手控驻车制动阀，使车辆在坡道上停车；起步时，驾驶员操纵换挡手柄和制动踏板使车辆挂上起步挡后，先抬起制动踏板，此时车辆依然为驻车制动状态，因此系统判断当前起步是坡道起步，HAS阀起作用，驻车制动控制转为自动控制，随后驾驶员就将驻车制动的手控阀关闭；当AMT根据车速等信号判断离合器能够传递足够的扭矩时，HAS 阀被 AMT 关闭，驻车制动解除，车辆进入正常的起步过程控制。

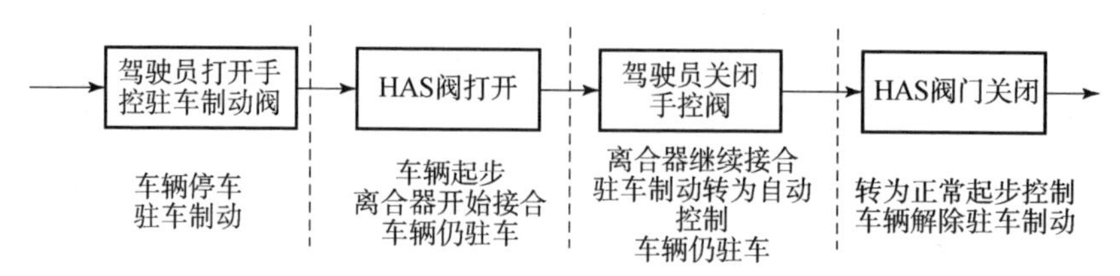


图 7.6 驻车制动工作流程

# 7.4 坡道起步试验及控制策略研究

相较于第 6 章讨论的车辆在通常路面的起步控制，车辆坡道起步控制的被控对象中增加了制动，只有实现制动、离合器和油门三者的协调控制，才能保证车辆良好的坡道起步效果。

## 7.4.1 人工操纵坡道起步过程试验

通过对装备手动变速器的试验车辆安装数据采集系统，对人工操纵坡道起步过程的试验数据进行采集，为坡道起步过程的自动控制提供相应的参考，如图 7.7 所示。

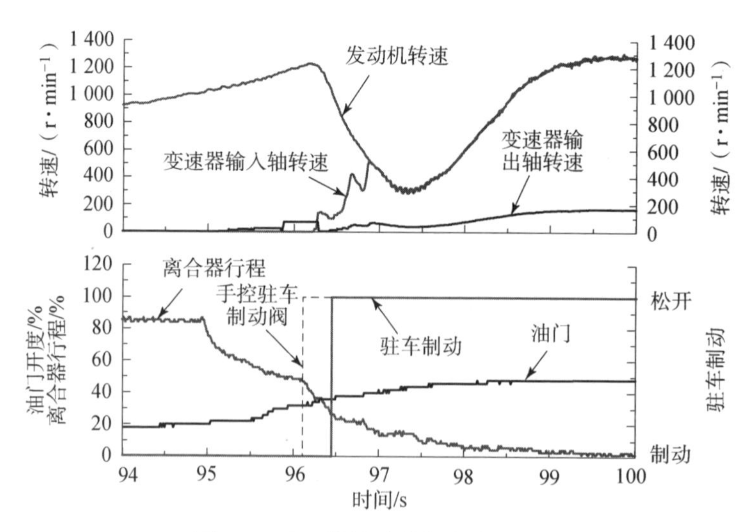


图 7.7 人工操纵坡道起步试验曲线

图 7.7 中，在坡道起步前车辆处于驻车制动状态，驾驶员先慢抬离合器踏板，然后根据当前的坡度角给予较大的油门，图中所示的坡道起步过程由于起步坡度角较大，油门开度达 40% 以上，随着离合器的逐渐接合，离合器传递给发动机的负载扭矩逐步增加，当离合器接合到 50% 时，发动机运转声音沉闷并且车身出现一定程度的抖动，如图中变速器输出轴出现较低的转速，由此驾驶员判断离合器已经输出足够的摩擦扭矩，然后打开手控驻车制动阀，驻车制动解除，车辆转为正常起步，随着离合器的继续接合，其主、从动部分的转速差逐步减小直至差值为零。

根据以上坡道起步过程的分析，其中的关键步骤是驾驶员根据车辆当前的状况，判决离合器是否输出了足够的摩擦扭矩，只有离合器输出了足够大的扭矩时，驻车制动才可以解除。当驾驶员听到发动机运转声音沉闷并且感觉到车身有一定程度的抖动时，就认为离合器已经传递足够大的扭矩了。因此，在坡道起步的自动控制策略中，需要 AMT 能够根据其采集到的车辆状态信号，包括发动机的当前工作状态及变速器输入输出轴的转速变化等，判断离合器传递扭矩的情况，然后对驻车制动实施准确控制。

### 7.4.2　控制目标及要求

车辆坡道起步过程中的起步阻力主要包括滚动阻力、坡道阻力和制动力。由于滚动阻力和坡道阻力是由外界条件决定的，不受 AMT 控制，只有制动力变化可受 AMT 控制。根据 7.1 节中对车辆起步过程中制动力的变化过程分析可知，制动力在车辆坡道起步过程中所起到的作用随着离合器的接合过程而变化，当离合器不传递扭矩或者传递扭矩较小时，制动力帮助车辆在坡道上停车；当离合器传递的扭矩较大时，制动力的作用发生变化，制动力反而成为阻碍车辆起步的阻力。

车辆坡道起步过程中制动力的最优控制目标是：当离合器传递的扭矩足以克服坡道阻力的时候，驻车制动应及时解除，制动力正向减小到零后不再反向增加。

如果要达到这一最优目标，则需要知道离合器输出的摩擦扭矩可以克服坡道阻力的准确时刻。为达到这一点，就需要充分利用 AMT 检测到的车辆的各种信号，包括发动机转速及其变化率、变速器输入轴转速等，对当前离合器传递的扭矩进行评估，如果认定其已超过当前的坡道阻力，即可解除驻车制动。

借助图 7.8 可以说明车辆在不同角度的坡道上起步时，车辆安全起步所需离合器传递的摩擦扭矩与坡度角的关系。

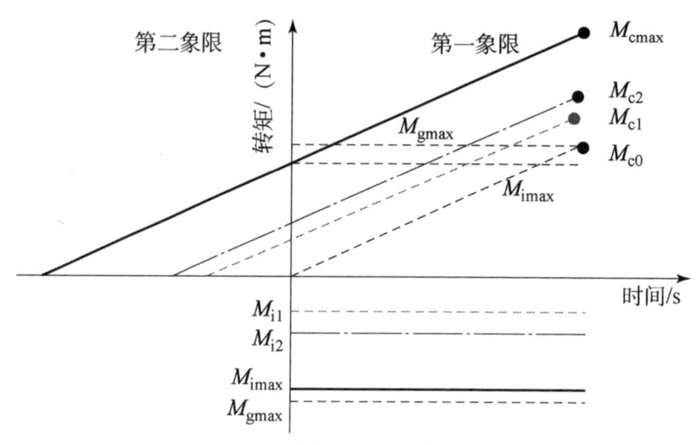


**图 7.8　允许制动解除的安全范围**

图 7.8 中，$\boldsymbol{M}_{i1}$为小坡度角时的坡道阻力矩；$\boldsymbol{M}_{i2}$为大坡度角时的坡道阻力矩；$\boldsymbol{M}_{imax}$为坡度角最大时的坡道阻力矩；$\boldsymbol{M}_{gmax}$为驻车制动系统制动力矩的设计极限值；$\boldsymbol{M}_{c0}$、$\boldsymbol{M}_{c1}$、$\boldsymbol{M}_{c2}$、$\boldsymbol{M}_{cmax}$为不同坡度角条件下，离合器输出的摩擦扭矩。

车辆在坡道上起步时，当离合器输出的摩擦扭矩达到图中第一象限中的值时，驻车制动解除后，车辆才能安全起步而不后溜。以车辆在某一大坡度角的坡道上起步为例，车辆所受的坡道阻力矩为$\boldsymbol{M}_{i2}$，随着离合器的接合，其输出的摩擦扭矩$\boldsymbol{M}_{c2}$逐渐增加，当其数值如图 7.8 所示，由第二象限增加到第一象限后，$\boldsymbol{M}_{c2}$就超过了阻力矩$\boldsymbol{M}_{i2}$，此时驻车制动放开，车辆就能顺利起步。

从图 7.8 中可见，随着车辆起步坡道的坡度角的增加，辅助驻车制动解除时所需离合器输出的扭矩也就相应地增加。

离合器传递的扭矩是否已经超过当前坡道条件下的坡道阻力，可以通过以下两种方法进行判断。

1. 车速信号分析

根据 7.1 节中车辆在坡道起步时的受力分析，如式（7.5）所示，当离合器输出的扭矩足以克服坡道阻力矩、滚动阻力矩和制动力矩时，车辆就会移动，有车速产生。因此车速出现时，即变速器的输入轴转速出现时，就可以认定离合器传递的扭矩已经足以克服坡道阻力。这与图 7.7 中的人工驾驶车辆坡道起步的操纵流程相同，当驾驶员感觉车身抖动时就认为离合器传递的扭矩已经足够大，可以解除驻车制动了。

依据车速进行控制，可以保证较高的安全性，即离合器传递的扭矩不仅克服坡道阻力，还克服滚动阻力和制动力。由式（7.1）可知，驻车制动系统所能提供的最大制动力 $\boldsymbol{M}_{gmax}$ 必须要大于车辆在允许的最大角度 $\alpha_{imax}$ 的坡道上驻车时车辆满载重量沿坡道方向的分力，也称最大坡道阻力，可以用下面公式表示：

$$\boldsymbol{M}_{gmax} > \boldsymbol{G}_1 \cdot \sin\alpha_{imax} \cdot r \tag{7.6}$$

式中各量的物理含义与式（7.1）相同。

如若离合器传递的扭矩足以使车辆出现车速，则其传递的扭矩 $\boldsymbol{M}_c$ 需要满足下面的公式：

$$\boldsymbol{M}_c > \boldsymbol{G}_1 \cdot \sin\alpha_{imax} \cdot r + \boldsymbol{G}_1 \sin\alpha_i \cdot r \tag{7.7}$$

式中，$\alpha_{imax}$ 为最大坡度角；$\alpha_i$ 为当前坡度角。

因此以车速为控制参数，对离合器输出的摩擦扭矩要求高，车辆坡道起步的安全系数高，但同时也会在一定程度上增加离合器的磨损。

2. 发动机输出扭矩预估

坡道起步时，油门的大小是驾驶员对当前坡道起步阻力的主观评估，如果起步阻力大，则驾驶员会增大发动机的油门开度；反之，油门开度则较小，因此根据油门信号可以对当前的坡道起步阻力进行合理的评估。通过试验总结，油门与坡度角关系如图 7.9 所示，当车辆处于爬坡挡条件下，如果判定当前起步过程为坡道起步，则由油门确定驻车制动解除时离合器所需传递的扭矩值。

根据第 2 章中的发动机动力学平衡方程式（2.7）：

$$I_e \cdot \frac{d\omega_e}{dt} = \boldsymbol{M}_e(\alpha, \omega_e) - \boldsymbol{M}_c \tag{7.8}$$

可知，由发动机的油门、转速等信号，依据发动机的稳态输出扭矩可以计算出离合器当前传递的扭矩 $\boldsymbol{M}_c$。

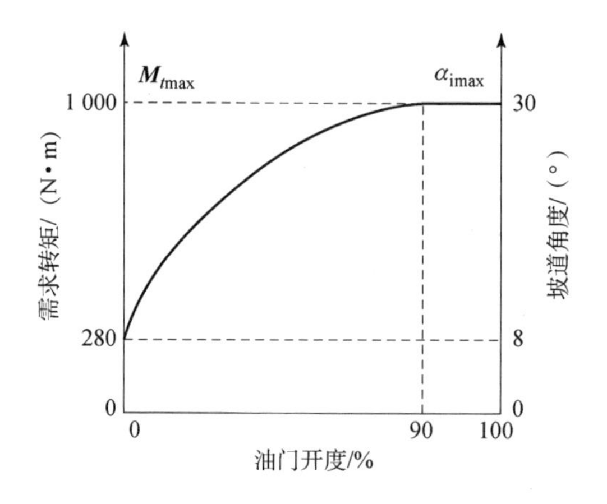


**图 7.9 油门与坡度角关系**

由于坡道起步过程中制动力解除的时机在实时性上要求并不十分严格，因此无须对发动机的负载扭矩做出十分精确的预判。起步过程中随着离合器传递扭矩的增加，发动机转速会逐渐下降，为简化控制程序的计算过程，结合发动机速度特性曲线，再根据图 7.9 中油门开度与所需要的离合器摩擦扭矩的对应值，得出离合器传递扭矩已达到安全值时的发动机转速，如表 7.1 所示。

**表 7.1 不同油门信号对应的发动机转速**

| 油门/% | 转速/（r·min$^{-1}$） | 油门/% | 转速/（r·min$^{-1}$） |
|---|---|---|---|
| 0 | 500 | 60 | 1 600 |
| 10 | 800 | 70 | 1 800 |
| 20 | 900 | 80 | 1 900 |
| 30 | 1 100 | 90 | 2 000 |
| 40 | 1 200 | 100 | 2 000 |
| 50 | 1 400 | | |

在一定油门下，当发动机转速增加率不大于零，并且发动机转速低于表 7.1所示的转速时即可认为离合器传递的扭矩已经满足要求。对于表 7.1 以外的油门开度信号的情况，可采用插值法计算发动机的需求转速。

在实际应用中，为增加车辆坡道起步控制的可靠性，以上述两种方法相结合作为坡道起步过程中驻车制动解除的判断条件，满足方法 1 或者方法 2

均可解除驻车制动。

如驻车制动解除时未出现车速，则离合器将继续接合，直至出现车速，离合器接合进入第二阶段，根据发动机的转速对起步过程进行控制，控制策略与第 6 章中车辆在通常路面上起步的第二阶段相同，这里不再赘述。

## 7.5 基于多信号融合的重型越野车辆坡道起步控制策略的提出

通过前面的分析可以知道，AMT 重型越野车辆的坡道起步过程涉及动力、传动、整车以及驾驶员意图等多个方面的协调控制。就试验车辆的硬件条件而言，AMT 系统能够获取的信号繁多，并且随着车辆工况的改变随时会发生不同程度的变化，如何对这些信号进行有效的融合和利用是研究过程中的难点。鉴于此，为了尽快完成 AMT 重型越野车辆坡道起步难题，推进 AMT 重型越野车辆批量化生产的进程，就试验平台当前条件提出了基于多信号融合的 AMT 重型越野车辆坡道起步的解决方案。

### 7.5.1 自动机械变速系统能够获取的信号

图 7.10 所示为自动机械变速系统（AMT 系统）结构简图。由图中我们可以看出，AMT 系统的工作原理为：以中央处理器为控制核心，通过传感器或与其他相关的控制器进行通信来获取车辆的状态信息、驾驶员的操纵信息以及自动操纵机构的信息，完成离合器、选挡和换挡的自动操纵以及发动机油门的自动调节，从而实现起步和选、换挡的自动控制。AMT 系统的控制核心——电控单元能够获取的状态信息主要由两部分组成：一部分是 AMT 系统通过传感器获取的信息，如气压信号、油压信号、手柄信号、行车制动信号、驻车制动信号、离合器位移信号、选位位移信号、换挡位移信号等。这部分信号的获取可以通过在车辆相应位置加装特定的传感器，然后对传感器检测到的信号进行适当的处理后得到；另外一部分是 AMT 系统电控单元与发动机电控单元通过 CAN 通信方式获得，如发动机转速、油门踏板位置等信号。

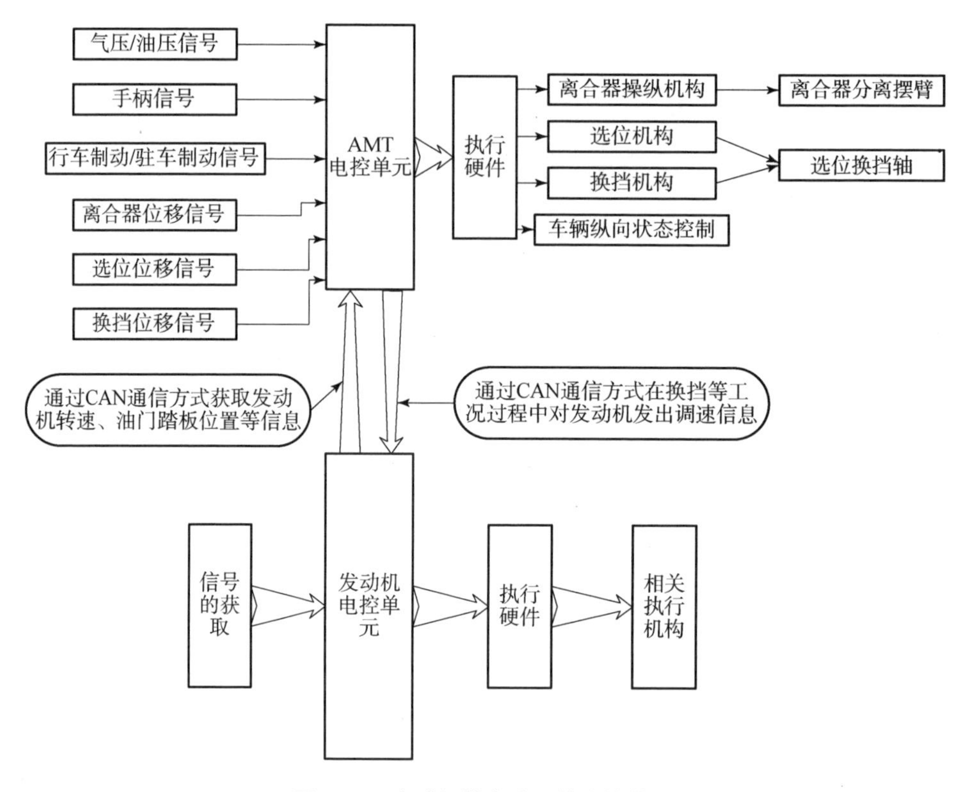


图 7.10　自动机械变速系统结构简图

### 7.5.2　坡道起步过程中涉及的信号

在坡道起步过程中，几乎涉及了 AMT 系统所能够获取到的所有信号：由于试验车辆采用了电控－气动的坡道起步辅助系统，为了保证在坡道起步过程中驻车制动能够及时地解除，一般会将储气罐中的气压加压到一定数值以上后再进行坡道起步，对于储气罐中气压信号的监控会用到气压传感器。为了保证电控－液动选挡、换挡机构，离合器机构能够可靠地工作，油源油压必须维持在一定的范围内，这就涉及油源油压的监测。并且在挂挡过程中，选、换挡位移信号的准确获取也是非常重要的。在坡道起步过程中，必定会用到行车制动和驻车制动信号。在车辆起步加速过程当中，为了保证起步平稳快捷、减少滑摩功的需求，离合器位置信号以及发动机转速信号是必不可少的控制参量。

### 7.5.3 基于多信号融合的 AMT 重型越野车辆坡道起步控制策略的实现过程和难点

下面对 AMT 重型越野车辆坡道起步控制的多信号融合过程展开细致的分析。图 7.11 所示为基于多信号融合的 AMT 重型越野车辆坡道起步实现过程简图。

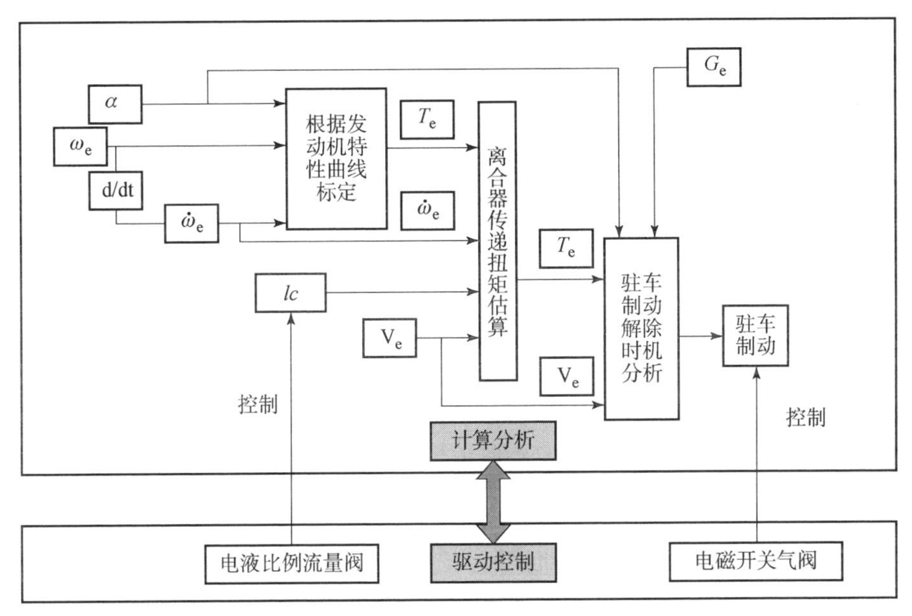


**图 7.11　基于多信号融合的 AMT 重型越野车辆坡道起步实现过程简图**

在图 7.11 中，$\alpha$ 表示油门开度的大小；$lc$ 表示离合器分离行程；$V_e$ 表示车速；$G_e$ 表示当前挡位信息；其他字母所表示的含义与前面的动力学分析中所表示的含义一致。

图 7.11 被分为计算分析和驱动控制两个大的模块：其中计算分析为驱动控制提供依据，其主要包括发动机输出扭矩标定、离合器传递扭矩估算以及驻车制动解除时机分析三部分；驱动控制具体执行相应的操作，主要包含两个部分内容：一部分是 AMT 电控单元通过控制电液比例流量阀控制离合器的接合或分离过程，另外一部分则是 AMT 电控单元通过电磁开关气阀控制驻车制动。

从前面章节的动力学分析中我们已经获知，对于 AMT 重型越野车辆坡道起步过程的自动控制而言，如何准确地判断驻车制动解除的时机是坡道起步过程成功的关键。要准确地判断驻车制动解除时机，AMT 系统电控单元需要获取两个信息：坡道角度的大小和离合器传递的扭矩大小。其中坡道角度大小的信息可以通过起步前驾驶员的挂挡、踩油门等一些操作过程进行识别；在离合器接合过程中，其传递的扭矩值的实时估计则存在一定的难度，要获取离合器传递的扭矩值，需要准确地获取发动机实时输出的扭矩值、发动机曲轴角速度的变化率和发动机飞轮、曲轴以及离合器主动部分等部件换算到曲轴上的转动惯量值，然后通过 AMT 电控单元中的程序对离合器传递的扭矩值进行实时的计算，并将计算结果作为判断驻车制动解除时机的重要依据。当然，在上述三个参量中，曲轴以及离合器主动部分等部件换算到曲轴上的转动惯量值是一个固定值，可以通过试验车辆动力传动系统多自由度模型的相关参数计算得到；发动机曲轴角速度变化率的计算可以通过选取适当的步长对曲轴角速度求导获得；发动机实时输出扭矩值的计算则需要根据 AMT 电控单元中的相关算法、当前油门开度大小、发动机曲轴角速度、发动机曲轴角速度变化率、发动机的特性曲线并结合必要的坡道起步试验，才能对发动机实时输出扭矩进行准确的标定，保证离合器传递扭矩值估算的准确性，给后续控制策略的制定提供依据。当 AMT 电控单元判断离合器传递的扭矩值大于坡道阻力矩与摩擦阻力矩之和等效到变速器输入轴的阻力矩值时或车辆出现车速时，判定此时离合器传递的扭矩值能保证车辆在当前坡道起步情况下不发生溜坡，则可以解除驻车制动。

因此，通过对图 7.11 的细致分析，提出基于多信号融合的 AMT 重型越野车辆坡道起步控制：发动机实时输出扭矩的算法和标定、离合器传递扭矩值的估算以及驻车制动解除时机的准确判定。并且这三者之间还有一定的逻辑性，前一项工作完成的质量对后续的研究工作将会产生较大的影响，因此对这三项工作中的每一项都要认真完成，这样才能更好地完成基于多信号融合的 AMT 重型越野车辆坡道起步控制策略研究。

## 7.6 离合器传递扭矩估算方法研究

离合器在接合过程中传递扭矩的准确估算对于车辆坡道起步品质的好坏，

甚至是起步的成败均有着非常重要的影响。本章从膜片弹簧离合器的基本结构、工作原理等分析着手，结合坡道起步过程实际需求，提出坡道起步过程中离合器传递扭矩值的估算方法，结合必要的实车试验数据，对估算方法进行进一步的验证和改进。

坡道起步过程不同于平地起步过程，由于坡道阻力的存在，离合器负荷一般比较大，加上为了保证坡道起步的成功率，驾驶员在坡道起步前一般会将油门踏板踩到较深的位置，这会导致坡道起步过程中离合器主、从动盘之间的转速差较大，进一步加大了坡道起步过程中产生的滑摩功。特别是在极限坡道（60% 坡道）起步过程中，甚至会出现起步几次离合器摩擦片就变形严重或烧蚀的情况，因此如何在坡道起步过程中找到更好的方式估算离合器传递的扭矩，减少驻车制动解除指令发出之前的滑摩功，成为又一个急需解决的问题。

图 7.12 所示为传动系统简化模型。由此可以得到如下公式：

$$I_e \cdot \dot{\boldsymbol{\omega}}_e(t) = \boldsymbol{T}_e(t) - \boldsymbol{T}_c(t) \tag{7.9}$$

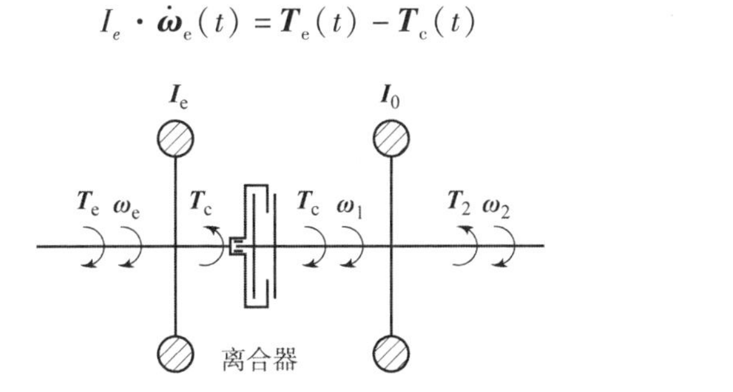


**图 7.12　传动系统简化模型**

在车辆坡道起步过程中，忽略发动机的高频振动，将发动机曲轴作为一个旋转的刚体，发动机输出扭矩对于传动系统来讲是一个非常重要的参量，其可以用与油门开度 $\alpha$ 和发动机转速 $\boldsymbol{\omega}_e$ 两个参数相关的函数进行描述：

$$\boldsymbol{T}_e(t) = \boldsymbol{M}(\boldsymbol{\alpha}, \boldsymbol{\omega}_e) \tag{7.10}$$

将式（7.10）代入式（7.9）中得

$$\boldsymbol{T}_c(t) = \boldsymbol{M}(\boldsymbol{a}, \boldsymbol{w}_e) - \boldsymbol{I}_e \cdot \dot{\boldsymbol{\omega}}_e(t) \tag{7.11}$$

从式（7.11）可以看出，在离合器接合不断加深、发动机转速连续下降的过程当中，离合器传递的扭矩主要由两部分构成：第一部分是发动机通过燃烧过程而产生的输出扭矩 $\boldsymbol{M}(\boldsymbol{\alpha}, \boldsymbol{\omega}_e)$；第二部分则是发动机转速在下降过程

中而产生的扭矩 $\boldsymbol{I}_e \cdot \dot{\boldsymbol{\omega}}_e(t)$，它的大小由发动机飞轮、曲轴以及离合器主动部分等部件换算到曲轴上的转动惯量与发动机转速变化率的乘积决定，在大坡道起步过程中，为了减少滑摩功，延长离合器的使用寿命，离合器会接合得较快，离合器给发动机施加的负载扭矩值增加较快，这会导致发动机的输出转速在某些时间段产生较大的下降率，因而第二部分的扭矩值也较大。故在离合器传递扭矩的过程中，其值也不可忽视。也就是说，当发动机转速下降率较大的时候，离合器将发动机输出扭矩进行一定程度的“放大”后再输出，当离合器接合速度达到一定程度时，该“放大”效果不可忽视。

结合先前的理论分析，对历史坡道起步数据进行统计和计算，并结合必要的坡道起步试验，可以得到不同油门开度下满足起步条件的参数，如表 7.2 所示。

**表 7.2 离合器传递扭矩估算试验数据统计**

| 油门开度/% | 曲轴角速度/$(r \cdot s^{-1})$ | 曲轴角速度下降率/$(r \cdot s^{-2})$ |
|---|---|---|
| 35 | ≤120 | ≥5 |
| 45 | ≤126 | ≥10 |
| 60 | ≤167 | ≥13 |
| 85 | ≤204 | ≥30 |
| 100 | ≤220 | ≥45 |

## 7.7 坡道起步控制策略及验证

本节将在结合前面章节研究结论的基础上制定坡道起步控制策略。

### 7.7.1 坡道起步过程中离合器控制策略的制定

根据试验车辆 AMT 系统在坡道起步过程中的控制过程和相关部件的特性参数，设计了相应的坡道起步控制策略，坡道起步过程软件流程如图 7.13所示。

AMT 电控单元通过起步之前驾驶员的操作识别车辆是否进行坡道起步，如果判断车辆进行坡道起步，则 AMT 电控单元会给坡道起步辅助控制阀通

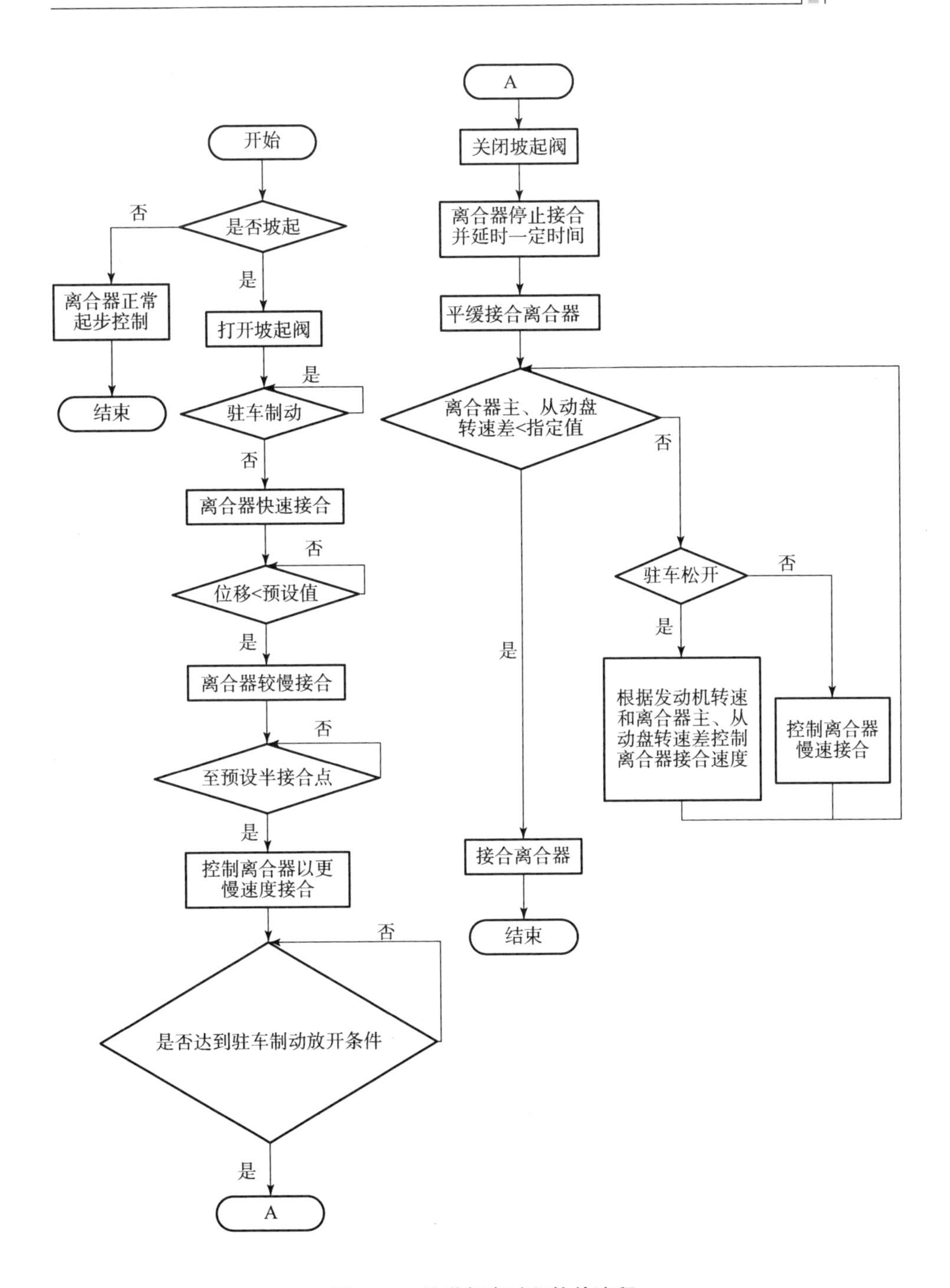


**图 7.13　坡道起步过程软件流程**

电，手控驻车制动阀与驻车继动阀之间的气路被隔断，驻车继动阀通过坡道起步辅助控制阀的作用与大气相通。这样，当手控驻车制动阀关闭后，驻车制动完全转由 AMT 电控单元控制。当车辆坡道起步过程中离合器不断接合，发动机转速持续下降，AMT 电控单元检测到离合器传递扭矩达到当前坡道下驻车制动解除的条件时，AMT 电控单元发出关闭坡道起步辅助控制阀的指令。从坡道起步辅助控制阀关闭指令发出到驻车制动完全解除需要一定的时间，故在坡道起步辅助控制阀关闭指令发出后，离合器会减缓其接合速度，必要时甚至会停止接合并保持一段时间，防止驻车制动解除过程中离合器接合过深而给发动机施加过大负载，从而导致发动机转速被拖至太低，在后续的起步过程中发动机转速被拖到稳定转速之下而熄火。然后离合器按照一定的控制策略继续接合，完成坡道起步。

### 7.7.2 坡道起步试验结果及分析

在此前相关研究的基础之上，结合试验车辆硬件条件和图 7.13 所示的软件流程编写了相关的控制软件。控制软件经试验车辆分别在 5°、13°、22°、31°等不同坡道上进行多次起步试验，均取得成功。如图 7.14 ~ 图 7.17 所示。

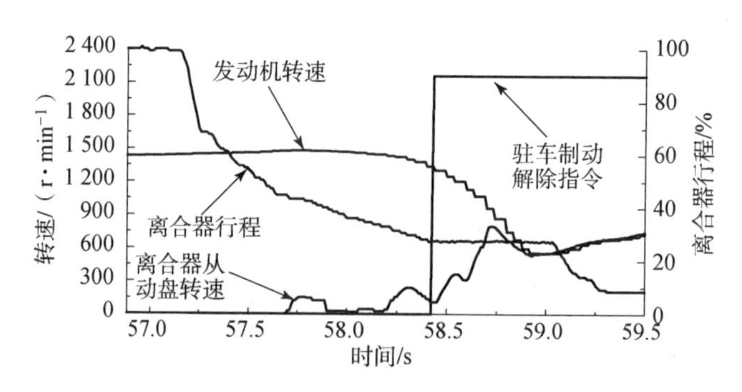


**图 7.14 5°坡道起步试验数据曲线**

在坡道起步过程中，驾驶员在坡道上平稳驻车后，挂入爬坡挡，AMT 电控单元通过驾驶员的操作判定车辆要进行坡道起步，坡道起步辅助控制阀打开，放开手控驻车制动阀后，驻车制动转由 AMT 电控单元控制。松开制动踏板后，车辆随即进入坡道起步程序。

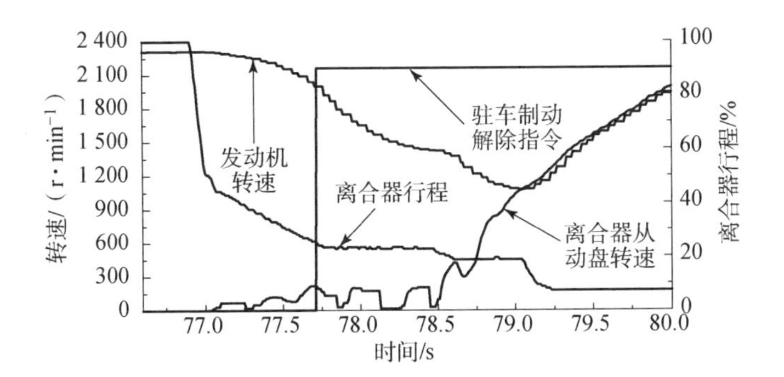


**图 7.15　13°坡道起步试验数据曲线**

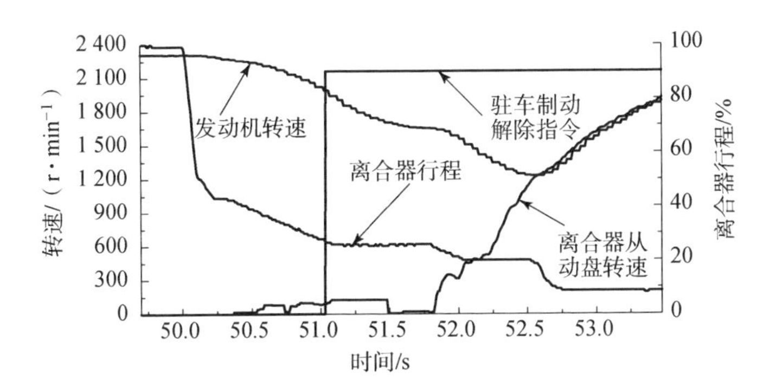


**图 7.16　22°坡道起步试验数据曲线**

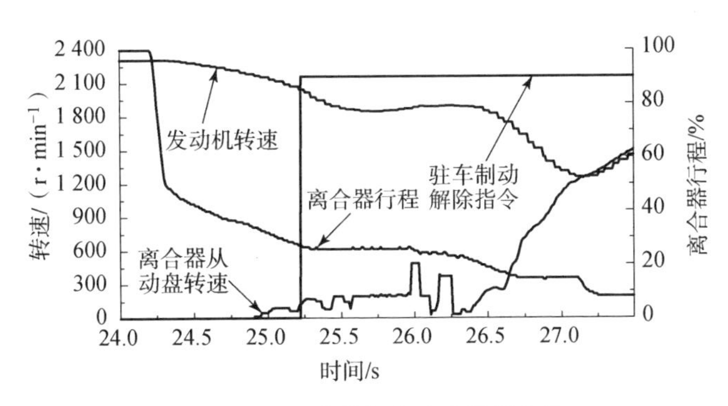


**图 7.17　31°坡道起步试验数据曲线**

离合器控制策略对于各种坡道起步成功与否影响重大：从图 7.14 到图 7.17的 4 幅图中均可以看到，离合器接合初始阶段，为了尽快消除空行程，离合器以较快速度接合，但是到了离合器开始传递扭矩且发动机转速开始下降的时候，离合器接合速度明显变慢，这样的接合速度既可以防止起步过程产生较大冲击，也便于对离合器接合量进行控制，防止驻车制动解除前离合器接合过深而带来不利的影响。在解除驻车指令发出后，离合器会停止接合并延时一段时间，这段延时可以减缓驻车制动在解除过程中发动机转速被进一步拖低，以保证驻车制动完全解除时发动机有较高的转速。

# 第8章　重型车辆的慢行巡航和起－停慢行巡航控制

## 8.1　研究意义

高级驾驶辅助系统（advanced driver assistant system，ADAS）是智能交通系统的关键环节，已成为国内外竞相研究的热点课题。其中，自适应巡航系统（adaptive cruise system，ACC）可通过发动机和制动系统的控制，实现车速的自动调控，有利于降低驾驶员的工作强度，改善燃油经济性和驾乘舒适性。巡航方式也由高速公路定速巡航发展为多路段全车速巡航，近几年又出现了适于拥堵路段的起－停慢行巡航系统。与传统的高速路巡航系统相比，起－停慢行巡航系统还很不成熟，而且其面临的路况更为复杂，车速变化也更为频繁。起－停慢行巡航系统的适应性和稳定性是实现全工况、全车速巡航的关键问题。

与传统的液力机械自动变速器相比，采用干式离合器的 AMT，由于滑摩过程扭矩传递的复杂非线性特性，且易受摩擦材料、接合位置、温度、相对滑摩转速等影响，因此慢行时所需的精确滑摩控制难度很大。如何优化 AMT 的起步和慢行控制方法，是配合发动机和制动系统实现起－停慢行巡航适应性、稳定性的重要研究内容。

除了一般路面，车辆起－停慢行工况下会面临坡道起步、极小距离移动等多种极限工况，如城市拥堵坡道跟车、车辆进出车库、通过困难路面等。

该工况下的巡航控制，期望车距减小、车速变化频繁，对车距保持、车速控制的精度要求提高。从运动学角度分析，起－停慢行巡航系统是一个典型的、具有切换特性的混杂系统，无法使用连续系统理论或离散系统理论来准确描述。当满足具体任务触发条件时，电控单元产生具体的指令（离散事件）。伴随着指令的执行，车辆传动系统从一个状态切换到另一个状态，切换前后系统服从不同的微分方程，但自适应巡航物理系统的状态始终是连续的。为了描述连续变量和离散事件之间的关系，需要确定某种混杂自动机来描述系统运行轨迹。

在上述分段连续运动系统下，车辆纵向动力学系统会呈现复杂的非线性特性，如低转速下发动机的动态响应特性、转矩输出特性、干式离合器的滑摩扭矩特性等。而在坡道或较差路面起步和慢行时，为了确保足够的驱动扭矩和不熄火，发动机转速必须高于怠速转速，从而造成离合器滑摩的转速差将更大、持续时间将更长、要求的控制精度也将更高。因此，中高滑摩转速差、交替动态滑摩条件严重影响了离合器扭矩传递的精确性，进而增加了车辆纵向驱动扭矩的不确定性，干式离合器交替滑摩状态下的动力学特性和控制方法的研究是起－停巡航控制的核心问题。

## 8.2 慢行工况离合器控制

### 8.2.1 低速工况离合器控制算法设计

在低速工况离合器控制的过程中，车辆的运行有多种状态，对于不同的运行状态，要采取不同的控制策略。图 8.1 所示为不同运行状态下，控制策略选择流程。

如图 8.1 所示，当目标车速大于怠速时，应接合离合器，对发动机调速；如果目标车速为零，那么应进行制动；如果目标车速与当前车速相近，离合器保持当前位移值不动；如果目标车速与当前车速相差较多，离合器接合或分离的时间要相应延长，反之则要采取持续时间较短的离合器控制动作。

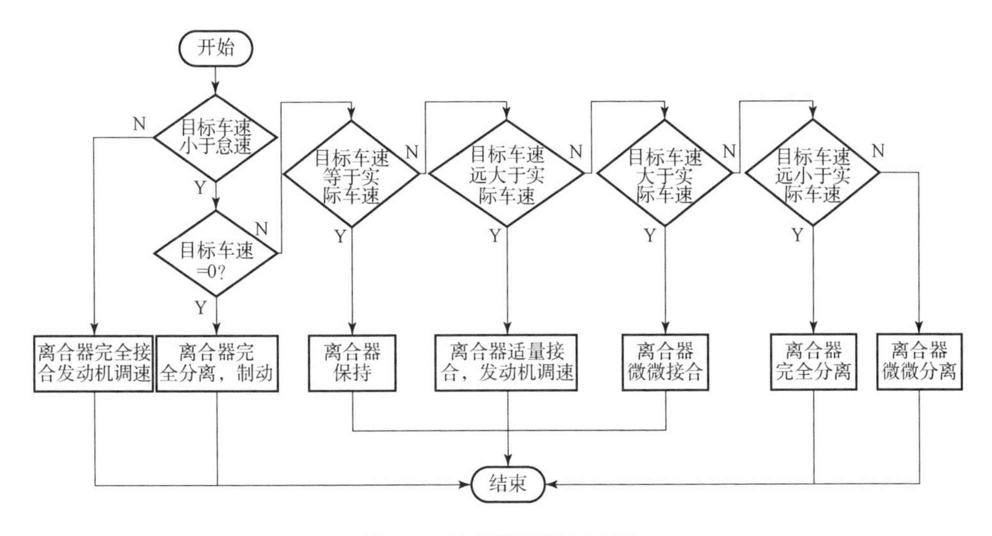


图 8.1　控制策略选择流程

## 8.2.2　基于模糊 PID 的低速工况离合器控制

1. 模糊 PID 控制器设计

在车辆实际运行中，其运动状态是实时变化的，采用一成不变的 PID（proportion integral differential、比例、积分、微分）控制参数 $K_p$、$K_i$、$K_d$ 不能适应所有时刻的车辆运行状态。本书采用模糊 PID 控制器对车辆的运动状态进行控制，并借助 Matlab 中的模糊逻辑工具箱对模糊 PID 模块进行设计。

本书的模糊 PID 控制器中的模糊模块结构如图 8.2 所示。

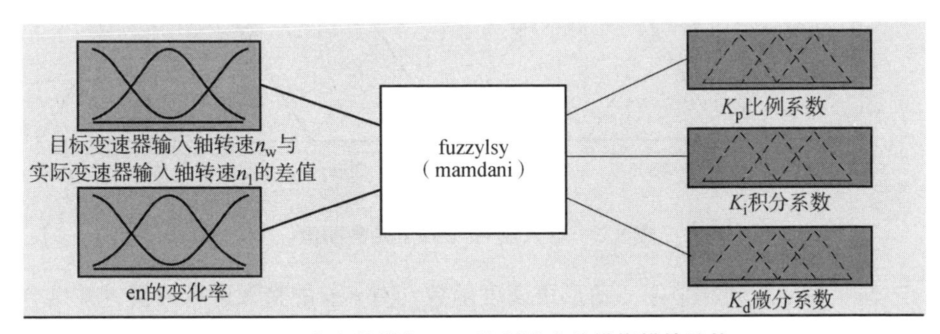


图 8.2　本书的模糊 PID 控制器中的模糊模块结构

模糊控制器采用 mamdani 型算法，把目标变速器输入轴转速 $n_w$ 与实际变速器输入轴转速 $n_1$ 的差值 en 及其变化率 ecn 当作模糊控制器的输入。

$$\mathrm{en} = n_w - n_1 \tag{8.1}$$

$$\mathrm{ecn} = \frac{\mathrm{den}}{\mathrm{d}t} \tag{8.2}$$

式中，$n_w$ 为目标变速器输入轴转速；en 为 $n_w$ 与 $n_1$ 的差值；ecn 为 en 的变化率；其余参数同前。

为了能够使控制更加精准，选择将输入量与输出量划分为 7 个隶属度函数，NB 为负方向大偏差，NM 为负方向中偏差，NS 为负方向小偏差，ZO 为 0 偏差，PS，PM 与 PB 分别代表正方向的小偏差、中偏差与大偏差。其模糊集合为

$$\mathrm{en} = \{\mathrm{NB, NM, NS, ZO, PS, PM, PB}\} \tag{8.3}$$

$$\mathrm{ecn} = \{\mathrm{NB, NM, NS, ZO, PS, PM, PB}\} \tag{8.4}$$

$$K_p = \{\mathrm{NB, NM, NS, ZO, PS, PM, PB}\} \tag{8.5}$$

$$K_i = \{\mathrm{NB, NM, NS, ZO, PS, PM, PB}\} \tag{8.6}$$

$$K_d = \{\mathrm{NB, NM, NS, ZO, PS, PM, PB}\} \tag{8.7}$$

确定了模糊集合后，要确定各个量的隶属度函数。输入量 en 采用三角形隶属度函数，对目标转速 $n_w$ 与实际转速 $n_1$ 的差值进行分析，结合实际的用车条件与试验条件，确定其取值范围为［－800，800］。图 8.3 所示为输入量 en 隶属度函数图像。

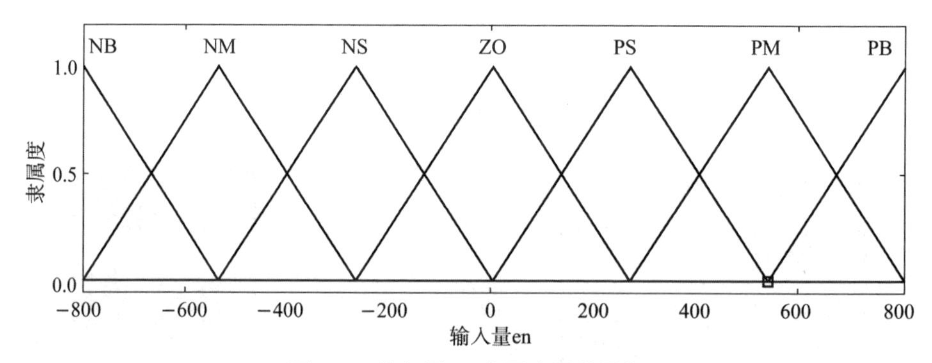


**图 8.3 输入量 en 隶属度函数图像**

输入量 ecn 同样采用三角形隶属度函数，对 ecn 的来源进行分析，并结合实际情况，确定其取值范围为［－400，400］。图 8.4 所示为输入量 ecn 隶属度函数图像。

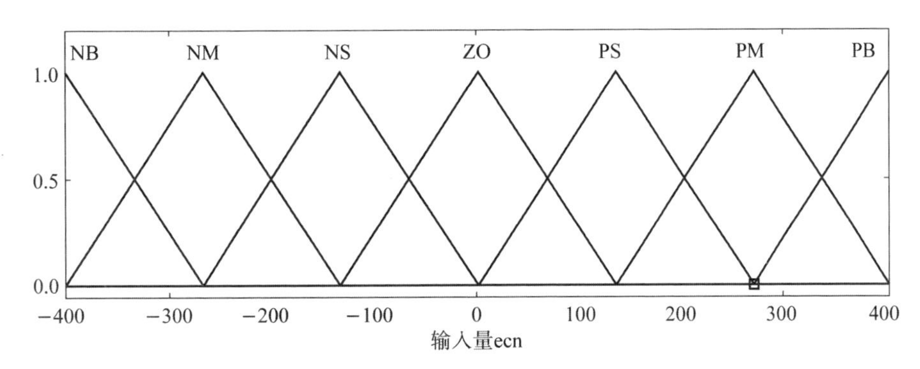


**图 8.4　输入量 ecn 隶属度函数图像**

模糊控制的输出量，$K_p$、$K_i$、$K_d$ 的隶属度函数图像分别如图 8.5 ~ 图 8.7 所示。

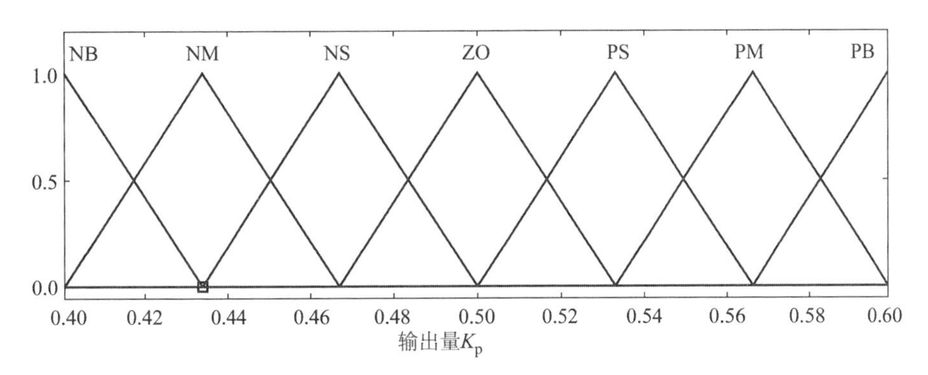


**图 8.5　$K_p$ 的隶属度函数图像**

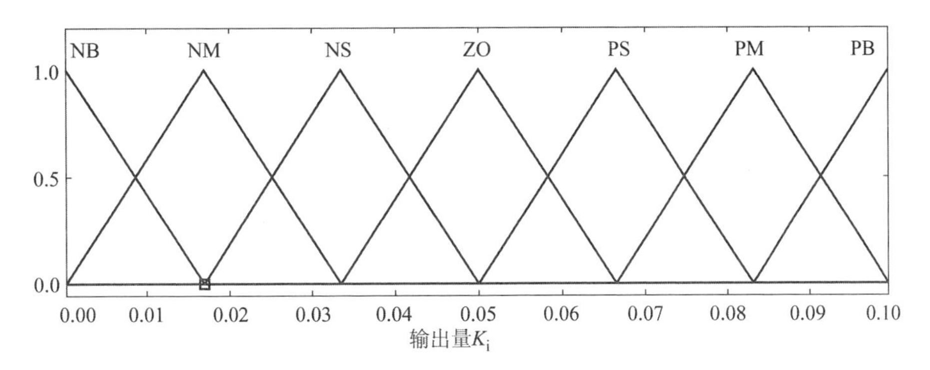


**图 8.6　$K_i$ 的隶属度函数图像**

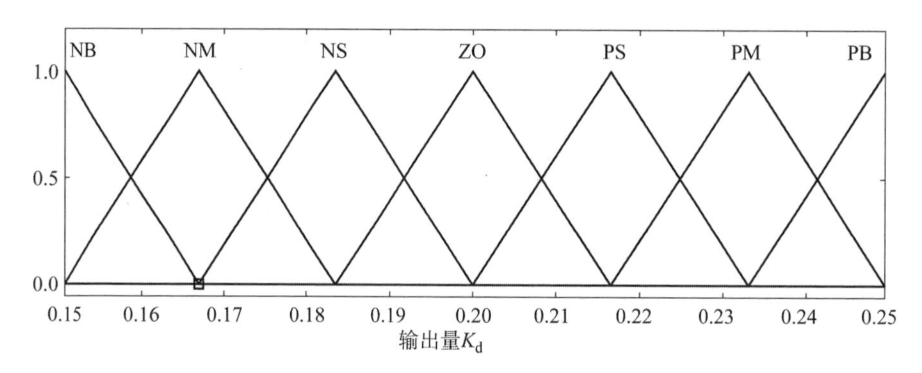


**图 8.7 $K_d$ 的隶属度函数图像**

对于模糊控制的输出量 $K_p$、$K_i$、$K_d$ 的取值范围，通过模型调试和试验，确定其最佳取值范围分别为［0.4，0.6］、［0，0.1］、［0.15，0.25］。

得到隶属度函数之后，要利用模糊规则，在输入量与输出量之间建立联系。模糊规则是由 49 条模糊条件语句组成的，这些模糊规则来自实际驾驶时驾驶员操作方式，是通过归纳总结大量的实际驾驶数据并分析而来的。以一种实际情况为例，结合实际要求，当 en 与 ecn 都处于正方向大偏差的状态时，即 $n_w$ 远大于 $n_1$，并且差值还在迅速增大的情况下，应当使模糊 PID 输出的控制量 pidvalue 变小，因此为了加快系统的响应速度，$K_p$ 应取负方向大偏差值，$K_i$ 应取正方向大偏差值，$K_d$ 应取 0 偏差值。以此类推，可以得到对应于 $K_p$、$K_i$、$K_d$ 的模糊规则，如表 8.1 ~ 表 8.3 所示。

**表 8.1 $K_p$ 的模糊规则**

| 函数 | NB | NM | NS | ZO | PS | PM | PB |
|---|---|---|---|---|---|---|---|
| NB | PB | PB | PM | PM | PS | PS | ZO |
| NM | PB | PM | PM | PM | PS | ZO | ZO |
| NS | PM | PM | PS | PS | ZO | NS | NM |
| ZO | PM | PM | PS | ZO | NS | NM | NM |
| PS | PM | PS | ZO | NS | NS | NM | NM |
| PM | ZO | ZO | NS | NM | NM | NM | NB |
| PB | ZO | NS | NS | NM | NM | NB | NB |

表 8.2　$K_i$ 的模糊规则

| 函数 | NB | NM | NS | ZO | PS | PM | PB |
|---|---|---|---|---|---|---|---|
| NB | NB | NB | NB | NM | NM | ZO | ZO |
| NM | NB | NB | NM | NM | NS | ZO | ZO |
| NS | NM | NM | NS | NS | ZO | PS | PS |
| ZO | NM | NS | NS | ZO | PS | PS | PM |
| PS | NS | NS | ZO | PS | PS | PM | PM |
| PM | ZO | ZO | PS | PM | PM | PB | PB |
| PB | ZO | ZO | PS | PM | PB | PB | PB |

表 8.3　$K_d$ 的模糊规则

| 函数 | NB | NM | NS | ZO | PS | PM | PB |
|---|---|---|---|---|---|---|---|
| NB | PS | PS | ZO | ZO | ZO | PB | PB |
| NM | NS | NS | NS | NS | ZO | NS | PM |
| NS | NB | NB | NM | NS | ZO | PS | PM |
| ZO | NB | NM | NM | NS | ZO | PS | PM |
| PS | NB | NM | NS | NS | ZO | PS | PS |
| PM | NM | NS | NS | NS | ZO | PS | PS |
| PB | PS | ZO | ZO | ZO | ZO | ZO | ZO |

确定了模糊规则之后，要将其放入模糊逻辑工具箱中，图 8.8 所示为部分模糊规则语句。

1. If (en is NB) and (ecn is NB) then (Kp is PB)(Ki is NB)(Kd is PS) (1)
2. If (en is NB) and (ecn is NM) then (Kp is PB)(Ki is NB)(Kd is PS) (1)
3. If (en is NB) and (ecn is NS) then (Kp is PM)(Ki is NB)(Kd is ZO) (1)
4. If (en is NB) and (ecn is ZO) then (Kp is PM)(Ki is NM)(Kd is ZO) (1)
5. If (en is NB) and (ecn is PS) then (Kp is PS)(Ki is NM)(Kd is ZO) (1)
6. If (en is NB) and (ecn is PM) then (Kp is PS)(Ki is ZO)(Kd is PB) (1)
7. If (en is NB) and (ecn is PB) then (Kp is ZO)(Ki is ZO)(Kd is PB) (1)
8. If (en is NM) and (ecn is NB) then (Kp is PB)(Ki is NB)(Kd is NS) (1)
9. If (en is NM) and (ecn is NM) then (Kp is PB)(Ki is NB)(Kd is NS) (1)
10. If (en is NM) and (ecn is NS) then (Kp is PM)(Ki is NM)(Kd is NS) (1)
11. If (en is NM) and (ecn is ZO) then (Kp is PM)(Ki is NM)(Kd is NS) (1)

图 8.8　部分模糊规则语句

模糊控制器在利用模糊规则对输入量进行处理之后，得到输出量的模糊值，此时需要对其进行去模糊化处理。在本节中选用最大隶属度函数法，在模糊逻辑工具箱 Defuzzification 菜单中选择 mom。最后可以得到输出量 $K_p$、$K_i$、$K_d$ 与输入量 en、ecn 之间的关系，如图 8.9 ~ 图 8.11 所示。

随后，将模糊控制器的输出量传递给 PID 控制模块，模糊控制器与 PID 控制器接合，得到模糊 PID 控制器。PID 模块将模糊控制器的输出量分别当作比例、积分、微分环节系数，PID 模块利用这三个参数，对输入量 en 进行处理，得到控制量 pidvalue。模糊 PID 控制器结构如图 8.12 所示。

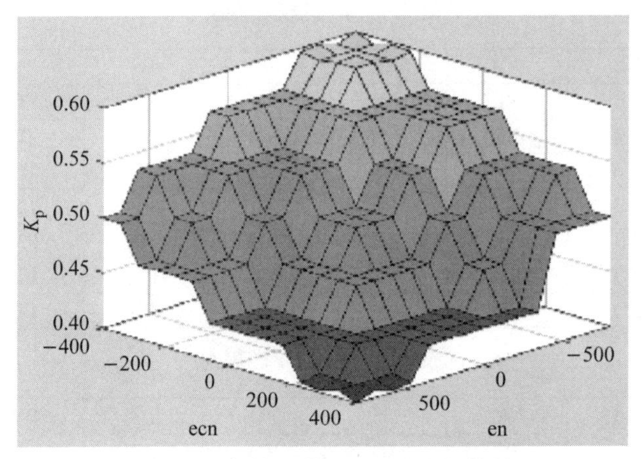


图 8.9　$K_p$ 与输入量 en、ecn 之间的关系

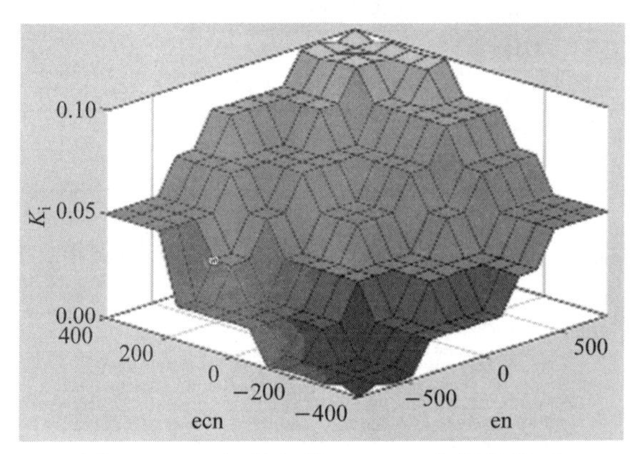


图 8.10　$K_i$ 与输入量 cn、ecn 之间的关系

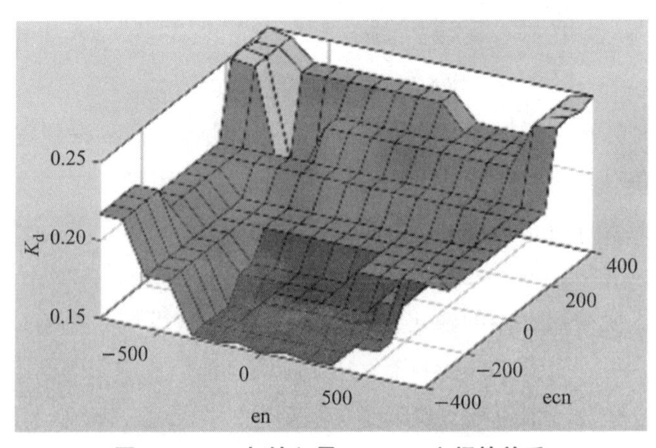


图 8.11　$K_d$ 与输入量 en、ecn 之间的关系

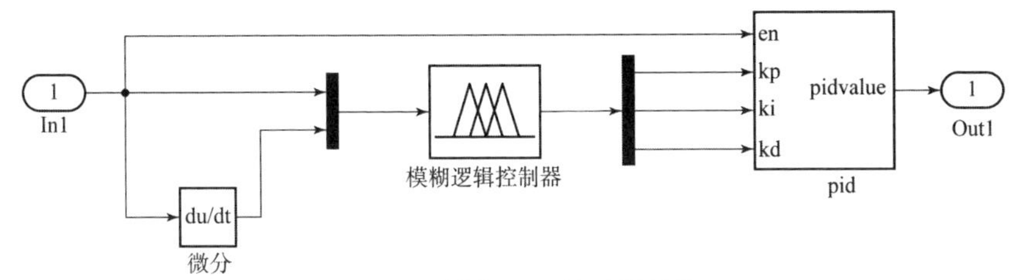


图 8.12　模糊 PID 控制器结构

2. 实车试验与分析

1）怠速过程

怠速过程试验曲线如图 8.13 所示。由图可以看出，在虚线 *A* 处，变速器输入轴转速低于目标范围，TCU 控制离合器接合来调高车速；在虚线 *B* 和 *C* 处，变速器输入轴转速高于目标范围，TCU 控制离合器分离来降低车速；虚线 *D* 处，滑摩时间大于规定值，因为没踩加速踏板，离合器完全分离。整个过程，变速器输入轴转速大致为发动机转速的一半，符合最初的设定目标。

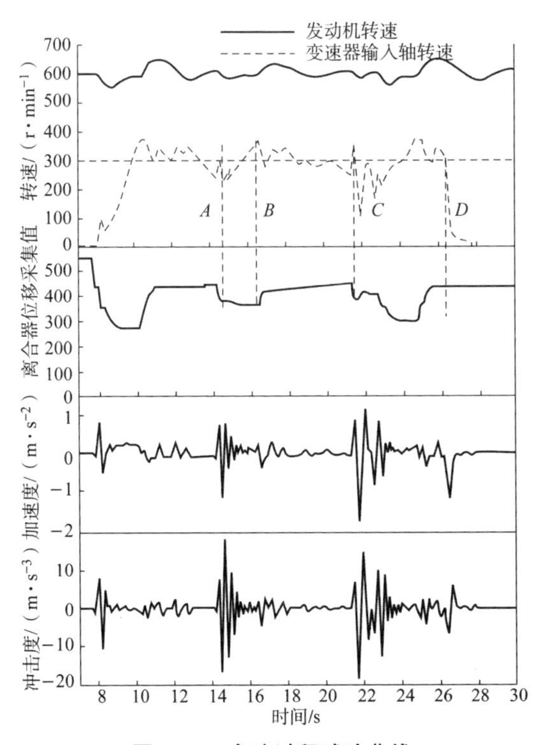


图 8.13　怠速过程试验曲线

2）非怠速过程

非怠速过程试验曲线如图 8.14 所示。由图可以看出，在虚线 *A* 处，变速器输入轴转速低于目标范围，TCU 控制离合器接合来调高车速；在虚线 *B* 处，变速器输入轴转速高于目标范围，TCU 控制离合器分离来降低车速；虚线 *C* 处，滑摩时间大于规定值，因为踩下加速踏板，离合器完全接合，变速器输入轴与发动机输出轴同步。整个过程，变速器输入轴平均转速大致为发动机转速的一半，符合最初的设定目标。

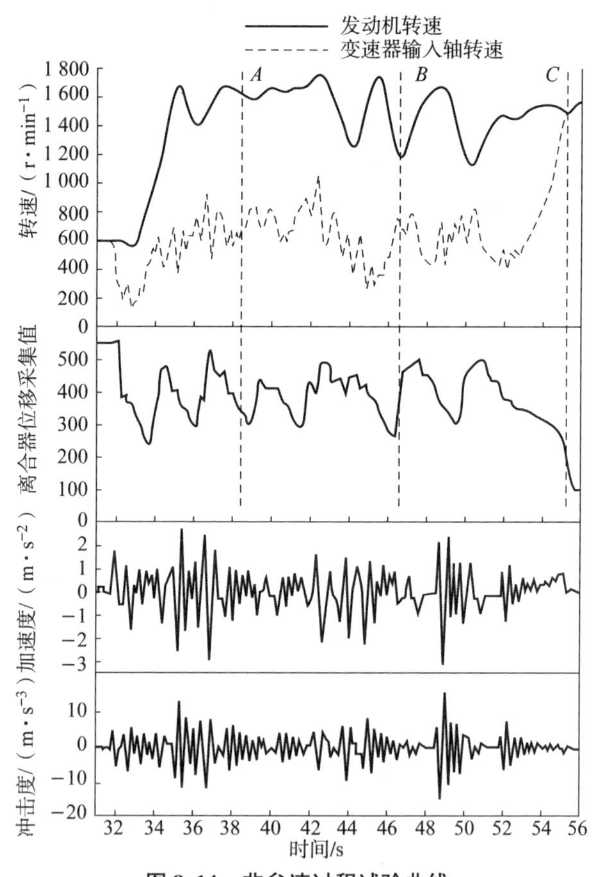


图 8.14 非怠速过程试验曲线

## 8.3 车辆在起 – 停慢行工况下的纵向动力学模型

针对起 – 停慢行模式下的行驶需求，并考虑坡道起步、编队行驶等多种复杂工况，建立同时满足扭矩平衡阶段和转速跟踪阶段的混杂动力学模型，并提取阶段切换规律。

### 8.3.1　扭矩和速度双约束下的车辆纵向动力学特性分析

车辆在含坡道的狭小空间行驶时，融合了坡道起步控制和狭小空间控制的难点，需要同时满足扭矩和车速的约束条件，并且会相互转换，如图 8.15 所示。

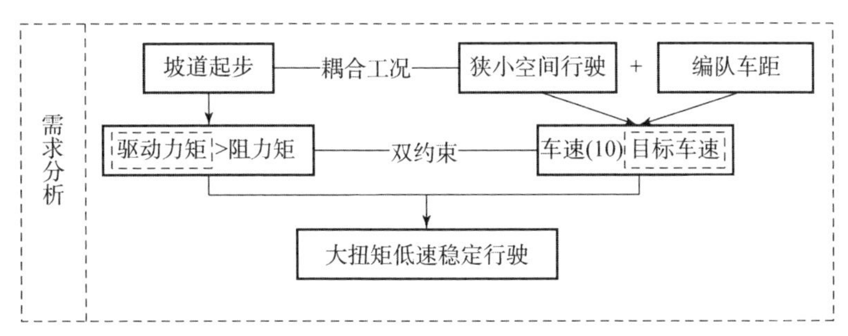


**图 8.15　含坡道的狭小空间行驶的需求分析简图**

假设坡道角度已知，考虑车 - 路闭环系统的参数时变特点，包括发动机输出特性、离合器传递扭矩特性、行驶阻力变化等，分析车辆在含坡道的狭小空间行驶的驱动力 - 行驶阻力影响因素和耦合关系。采用状态机静止和滚动状态之间的切换。按照力学中取自由体的方法，建立多阶动力学模型，获得耦合工况下的状态约束、阶段划分以及各个阶段的动力学方程。按时间轴划分动力学历程，经初步分析所获得的各主要参数随时间的定性变化历程如图 8.16 所示。

在此基础上，引入捕捉动力学特性和模型复杂度的折中因子，建立面向控制的驱动力 - 行驶阻力平衡方程且进行求解，并讨论不同历程的相互转换接口和条件，如图 8.17 所示。按照扭矩和转速的时变过程与相互耦合关系，并考虑行驶阻力变化所引起的期望扭矩变化和期望车速变化，最终获得适用于整个过程的混杂模型。

### 8.3.2　中高速滑摩、连续脉冲式位置激励下的离合器扭矩传递特性

基于离合器弹簧迟滞特性和连续脉冲式位置激励动态响应研究，建立离合器的多维扭矩传递模型。

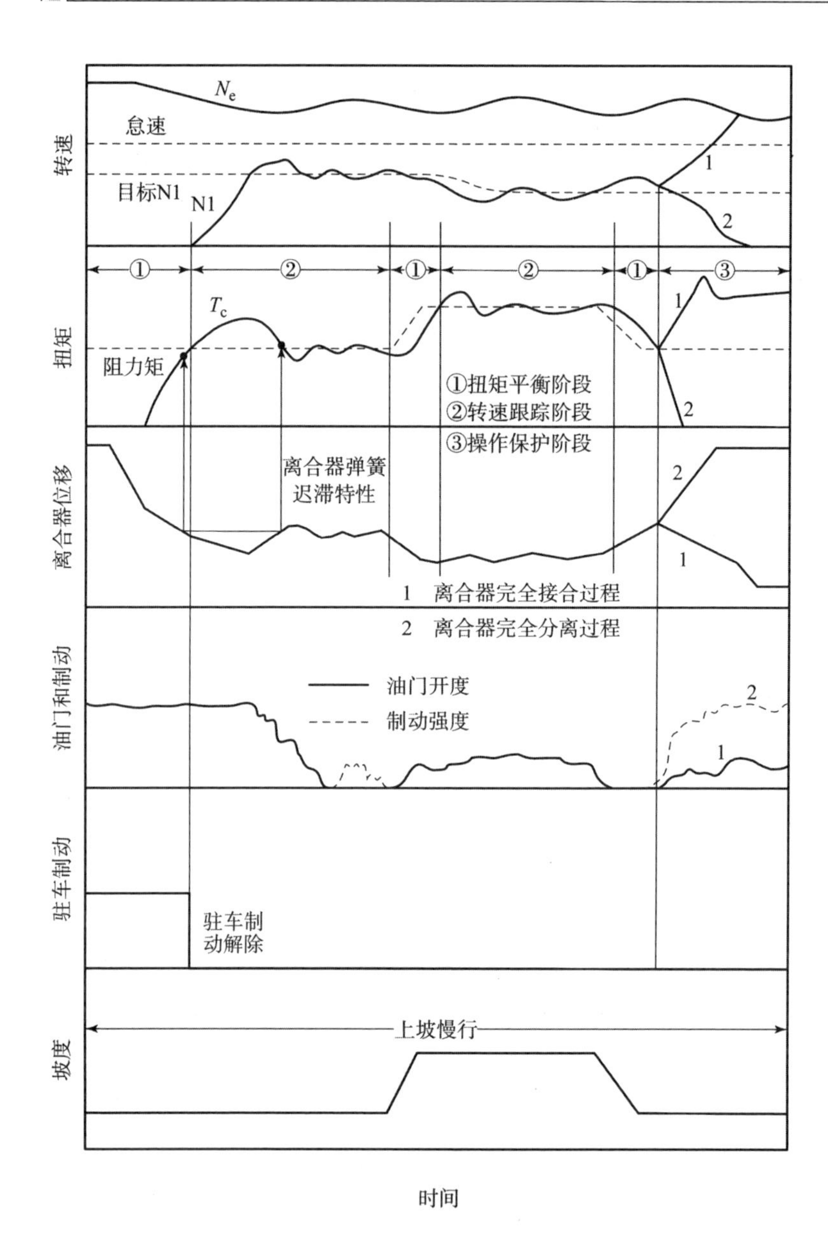


**图 8.16 经初步分析所获得的各主要参数随时间的定性变化历程**

AMT 车辆从静止状态起步时，必须对主离合器进行滑摩控制。滑摩控制的效果与离合器扭矩传递特性、目标跟踪控制律密切相关。理论上，离合器滑摩过程的扭矩传递 $T_c$ 可以基于库仑摩擦模型表示为

$$T_c = \mu(\Delta\omega, T, t) F_N(x, T, \omega_e, t) Z R_a(T, t) \operatorname{sgn}(\Delta\omega) \tag{8.8}$$

式中，$\mu$ 为动摩擦系数；$F_N$ 为压盘压紧力；$Z$ 为摩擦副数量；$R_a$ 为摩擦片有效半径；$\omega_e$ 为发动机角速度；$\omega_c$ 为离合器角速度，$\Delta\omega = \omega_e - \omega_c$；$T$ 为温度；$t$ 为磨损（随着时间）；$x$ 为离合器分离轴承位移。

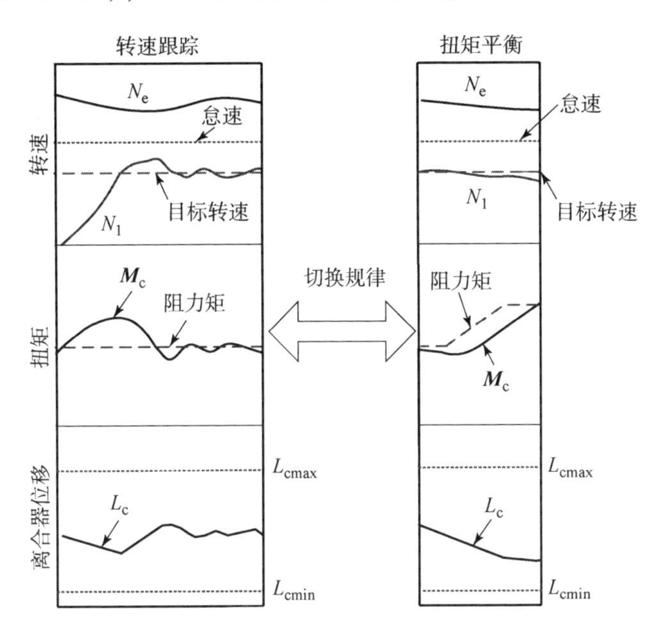


**图 8.17　转速跟踪和扭矩平衡阶段特性曲线**

同时，由于很难将不同影响因素解耦，所以将式（8.8）表示为式（8.9）所示的形式：

$$T_c = T_c(\Delta\omega, \omega_e, T, t, x) \tag{8.9}$$

本书研究含坡道的起 - 停慢行工况，上述因素中影响最明显的是中高速的滑摩转速 $\Delta\omega$ 以及离合器分离轴承位移 $x$。针对这两个因素，本书采用图 8.18所示的流程进行研究，最终获得脉冲式位移、滑摩转速差与扭矩的多维非线性方程。

### 8.3.3　转速跟踪阶段的离合器滑摩过程控制方法

本节的离合器滑摩控制包括扭矩平衡阶段和转速跟踪阶段。在前期的研究中已经对扭矩平衡阶段的离合器滑摩控制进行了较为深入的理论和实验研究，提出基于多信号融合的 AMT 重型越野车辆坡道起步控制策略，并已应用于批量生产的重型轮式装甲车辆上。本小节主要针对转速跟踪阶段的离合器滑摩过程控制展开研究。

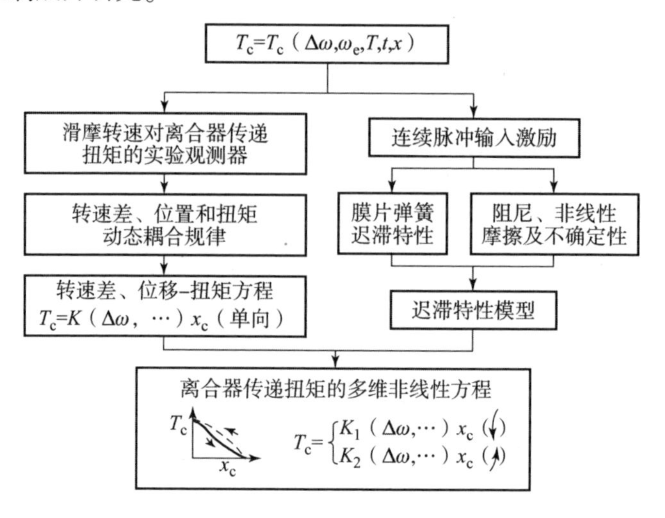


**图 8.18　离合器扭矩传递特性研究方案**

本小节拟采用的离合器接合过程控制如图 8.19 所示。在初始阶段，以前次存储状态（包括离合器半接合点、车辆所受阻力等），通过前馈控制器输出控制量。在车辆动力学状态可以通过现有测量手段获得后，通过离合器扭矩传递方程对离合器扭矩传递特性进行估计，并将估计结果反馈至控制输入端，形成闭环控制。

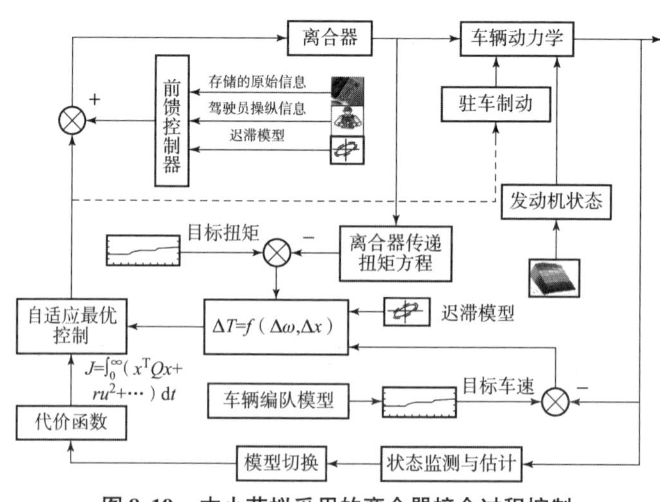


**图 8.19　本小节拟采用的离合器接合过程控制**

同时，由于离合器扭矩传递特性的不确定以及估算结果误差的存在，需要对上述控制器的灵敏度进行测试和分析。

## 8.4　应用前景

1. 提高干式离合器控制水平

为实现 AMT 全地域控制提供技术支撑。离合器控制是实现 AMT 控制的关键技术，也是决定车辆起步、换挡过程品质的重要因素。尤其是 AMT 在越野车辆中的应用，使得全地域控制成为必须。

2. 应用于全速巡航系统，促进智能交通系统的发展

近几年，伴随着驾驶员辅助系统、车联网、无人驾驶技术等的研究热潮，智能交通系统得到了快速发展。全车速自动巡航控制系统是智能交通系统下人机结合的重要环节，有助于降低驾驶强度，提高行车安全性和驾乘舒适性。本书的研究成果可以提高起－停慢行巡航的稳定性和适应性，对实现全工况、全车速的自动巡航系统具有重要意义。

# 第9章　重型车辆自动变速操控系统的故障诊断

## 9.1　自动变速操控系统实时故障诊断目的

ASCS实时故障检测和诊断的目的与作用主要有以下三个方面。

（1）监测ASCS系统运行状态。在AMT系统运行过程中，通过实时采集车辆状态信息，来判断ASCS系统处于健康状态、亚健康状态或故障状态。若识别出ASCS系统处于故障状态，应将此作为触发容错控制的重要条件，并及时提醒驾驶员，防止在故障状态下造成更为严重的物理损失，有效地减小故障的危害性。

（2）扩大故障诊断对象的范围。在众多故障类型中，许多ASCS故障症状仅存在于动态运行过程或某特定行驶工况中，离线的故障检测和诊断无法捕捉故障症状，如离合器在接合过程中的打滑现象，突显了实时故障检测和诊断的必要性。

（3）缩小故障源范围。在ASCS系统软件功能的实现过程中，ASCS系统物理结构出现不可恢复变化，导致ASCS系统某设定功能的丧失，通过实时故障检测和诊断算法，实现ASCS系统的丧失软件功能到物理结构的映射。针对该物理结构所处的约定层次，分析故障的可诊断性，若故障源具有可诊断性则建立相应的故障模型，故障源范围即为故障模型所对应的ASCS系统物理结构的约定层次。故障源范围为AMT系统的故障检修提供重要的参考信息，可大大提高故障的维修效率。

## 9.2　ASCS稳态行为故障检测和诊断算法研究

### 9.2.1　ASCS稳态行为故障检测和诊断策略

稳态行为是指ASCS系统无指令需要响应的连续物理过程。根据此稳态特性可知，ASCS系统无须驱动任何执行机构，因此稳态行为下ASCS故障检测和诊断的对象为传感器信号与传动系统状态。ASCS稳态行为包含多种变量，关系复杂，需要对ASCS稳态行为进行类型划分，根据不同的类型信息选择相应的故障检测和诊断算法。

ASCS是代替人工操控实现自动变速功能，首先需要遵循驾驶员的驾驶意图，因此根据信号优先级将稳态行为下ASCS系统状态信息划分为驾驶员意图信号和ASCS自身信息。同时，以信号的平稳性为依据将稳态行为下ASCS自身信息划分为平稳信号和非平稳信号（信号的平稳性是指信号自身分布参数或者分布规律随时间不发生变化），如图9.1所示。

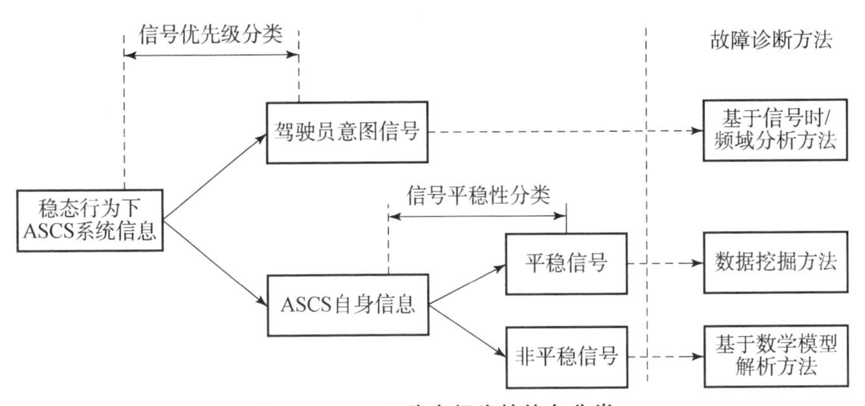


图9.1　ASCS稳态行为的信息分类

如图9.1所示，由于驾驶员意图是整个ASCS系统控制的基础和输入，ASCS的任务是完成对驾驶员驾驶意图的响应，因此无法运用ASCS自身的状态信息来重构和修改驾驶员意图。但是驾驶员意图往往是通过传感器信号来体现的，受到传感器采集条件的约束，因此可以通过传感器采集条件的约束性来检测驾驶员驾驶意图。

针对 ASCS 自身信息，除了受到传感器采集条件的约束外，还应受到信号分布规律特性（平稳性和非平稳性）的约束。针对稳态行为下 ASCS 平稳信息，根据平稳信号分布参数和分布规律不随时间变化的特点，利用无故障历史数据作为先验知识，建立系统健康模型，并将其用于检测 ASCS 当前状态信息。若当前状态信息符合系统历史健康模型，则认为系统无故障；若不符合则认为系统当前状态异常。

针对 ASCS 自身非平稳信号，由于信息分布参数或规律随时间而变化，因此无法通过历史数据来估计当前时刻信息所应服从的分布或规律。针对此问题，可利用当前 ASCS 系统信息之间的冗余关系作为先验知识，若一段时间内稳态行为下 ASCS 非平稳信号符合冗余关系，则认为系统正常，若不符合则认为故障发生。将上述先验知识总结（表 9.1），由此可获得稳态行为下不同类型的系统信息故障检测和诊断方法，同时确定 ASCS 稳态行为故障检测和诊断策略。

**表 9.1 稳态行为下 ASCS 系统信息故障诊断先验知识**

| ASCS 稳态行为信息类型 | 信息先验知识 |
|---|---|
| 驾驶员意图信号 | 符合传感器自身条件和采集条件约束 |
| 平稳信号 | 1. 符合传感器自身条件和采集条件约束；<br>2. 符合历史无故障数据模型 |
| 非平稳信号 | 1. 符合传感器自身条件和采集条件约束；<br>2. 满足信号之间冗余关系 |

### 9.2.2 驾驶员意图信号的故障检测和诊断方法研究

根据驾驶员驾驶意图的故障检测和诊断的先验知识（表 9.1），将驾驶员驾驶意图信号的诊断方法总结为：在无硬件冗余的情况下，若驾驶员意图信号满足规定协议并且在有效范围内，则认为信号正常，否则驾驶员意图信号异常。以下给出故障检测和诊断的两种方法。

1. 基于信号极限阈值的故障检测和诊断方法

以油门脚踏板信号为例，油门脚踏板信号是通过在驾驶员油门踏板上安装传感器采集而获得的，其采集流程如图 9.2 所示。

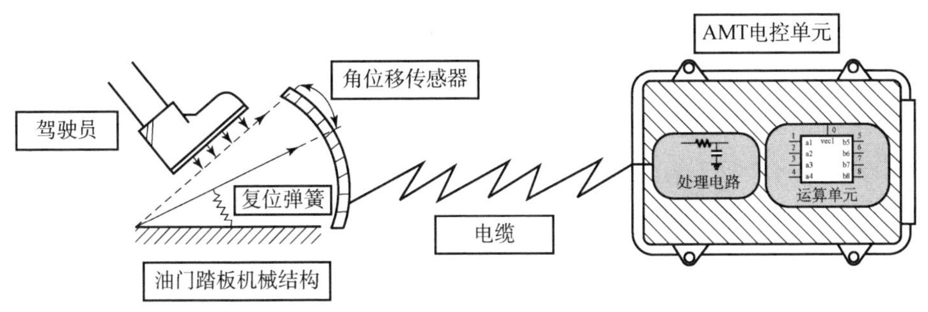


**图 9.2　油门脚踏板信号采集流程**

由图 9.2 可知，驾驶员脚部动作驱动油门踏板机械结构使其产生旋转，同时角位移传感器将踏板旋转角度转化为模拟电压信号。通过电缆传输模拟电压信号，经过处理电路后输入运算单元，从而实现油门踏板信号的采集和驾驶员意图的获取。

信号阈值取决于系统硬件极限范围，驾驶员油门踏板信号阈值范围受到油门踏板机械结构旋转角度和角位移传感器测量范围的限制。在 ASCS 硬件平台设计时，通常角位移传感器测量范围略大于油门踏板机械结构的旋转角度，信号采集范围留有一定余量，最大限度地保证信号的灵敏度。当系统硬件确定后，油门踏板的信号阈值也随之确定，故障类型主要有油门踏板机械结构的卡滞、电缆短路断路、传感器失效、处理电路失效等。

信号变化率阈值取决于系统信号变化极限速率。当油门踏板踩下时，油门踏板信号变化速率取决于驾驶员提供的最大驱动力；当油门踏板回位时，油门踏板信号变化速率取决于复位弹簧的回位力。针对模拟电压信号，在硬件匹配时通常保证低通滤波电路的截止频率高于正常工况下油门踏板信号频率。信号变化速率阈值的诊断对象主要为干扰导致的信号异常波动，但驾驶员意图信号变化率因人而异，变化率阈值设定的不恰当容易导致故障误报。

2. 基于采集协议的驾驶员意图信号故障检测和诊断方法

当采集的信号不满足预先约定的协议或格式时，则认为所采集的信号无效或存在故障。以驾驶员选挡器信号为例，选挡器位置采用编码数据表示，如表 9.2 所示。

在表 9.2 中，Bit0 ~ Bit4 分别代表安装于选挡器中的 5 个霍尔开关，“●”表示高电平触发有效，若选挡器位置处于“N 柄位”时，霍尔开关 Bit4、

Bit3、Bit2 和 Bit1 被触发，而霍尔开关 Bit0 无效，通过 5 个霍尔开关的组合信息来识别当前选挡器位置。当选挡器信号编码数值不等于预先约定的编码数值时，则认为当前选挡器柄位无法确认，从而有效地防止因选挡器信号错误而造成的行驶危险。

表 9.2 驾驶员选挡器位置编码表

| 手柄位置 | Bit4 | Bit3 | Bit2 | Bit1 | Bit0 | 编码数值 |
|---|---|---|---|---|---|---|
| D1 柄位 | ● | ● |  | ● |  | 26 |
| D2 柄位 | ● | ● |  |  | ● | 25 |
| D3 柄位 | ● | ● |  |  |  | 24 |
| R 柄位 |  | ● | ● |  | ● | 13 |
| N 柄位 | ● | ● | ● | ● |  | 30 |

### 9.2.3 稳态行为下 ASCS 自身信息的故障检测和诊断方法研究

由 9.2.1 小节中分析可知，ASCS 自身信息根据分布规律的特点可分为平稳信号和非平稳信号，其诊断先验知识见表 9.1。本节分别针对平稳信号和非平稳信号提出相应的故障检测与诊断算法，并进行试验验证。

1. 基于 PCA 的 ASCS 平稳随机信号的故障检测和诊断算法研究

稳态行为下 ASCS 平稳随机信号的故障检测和诊断需充分利用信号服从一定分布规律的特点，因此对稳态行为下 ASCS 平稳随机信号的历史数据进行挖掘，构建信号的分布规律，然后再将所构建的信号分布规律用于检测和诊断当前状态下系统信号，从而实现故障检测和诊断功能。

由于 ASCS 平稳随机信号具有数据维数高、变量之间关系复杂等特点，采用单变量数据挖掘的方法只能检测过程变量的均值改变、阈值、方差，但却无法反映变量之间的相关关系，对于逻辑关系复杂的大型系统具有明显的不足。为了弥补此缺点，体现信号之间的相关关系，多变量统计（多元统计）被广泛地应用于工业过程监测，其典型理论有主元分析（principal component analysis，PCA）、因子分析、聚类分析等。本书选用多变量统计的主元分析方法来实现对 ASCS 平稳随机信号的故障检测和诊断。

主元分析是一种降维的有效方法，它通过数据处理将高维数据以尽可能少的信息损失投影到低维空间，使数据降维，达到简化数据结构的目的。结合故障的定义，即系统至少一个特征属性或参数出现不可接受的偏差，PCA 理论认为数据的变化是反映系统规律的指标，通过 PCA 数据挖掘构建无故障的 PCA 模型，之后运用 PCA 模型计算当前系统状态变量的综合指标来反映系统状态变量的偏差，最终通过偏差的判断实现故障检测和诊断的功能。

传统 PCA 算法在处理三维历史数据时，通常采用多向主元分析方法，但存在着主元模型存储空间需求大、模型之间冗余度高等问题，不利于实时故障检测算法的移植和实现。因此，在保证故障检测灵敏度的条件下，针对主元子空间数据矩阵结构进行研究以减小模型的冗余度和存储空间，同时提高主元模型对噪声的鲁棒性。

如图 9.3 所示，AMT 车辆从怠速状态起步，从 2 挡升至 5 挡。从系统轨迹中提取出系统稳态行为。选取稳态行为 1 为研究对象（其余稳态行为方法类似），从历史数据中选择 50 组无故障数据建立历史主元模型。其监控变量有挂挡行程位置 TX（关闭电磁阀后标定参数值 188）、选位行程位置 TY（关闭电磁阀后标定参数值 532）、离合器分离摆臂行程位置 LC（离合器完全接合值 144），采样时间为 10 ms，取综合监控指标 OIndex 控制限为 11.345。

相对于传统 PCA 模型，由于对子空间数据结构的优化，改进的 PCA 模型具有运算量小、存储量少、对噪声鲁棒性好的优点。图 9.4（a）是将实车稳态行为 1 中变量输入传统 PCA 模型中的故障检测结果，图 9.4（b）是将实车稳态行为 1 中变量输入改进 PCA 模型中的故障检测结果。从检测结果中可知，在无故障时 OIndex 指标远远小于控制限阈值 11.345，此时诊断结果与实际吻合，ASCS 系统平稳变量正常。

在实际工程应用中，测量噪声是无法避免的，为了验证故障检测算法对噪声的判断，向稳态行为 1 中的平稳变量分别加入高斯噪声，同时运用不同主元分析模型去检测，其故障检测结果如图 9.5 所示。

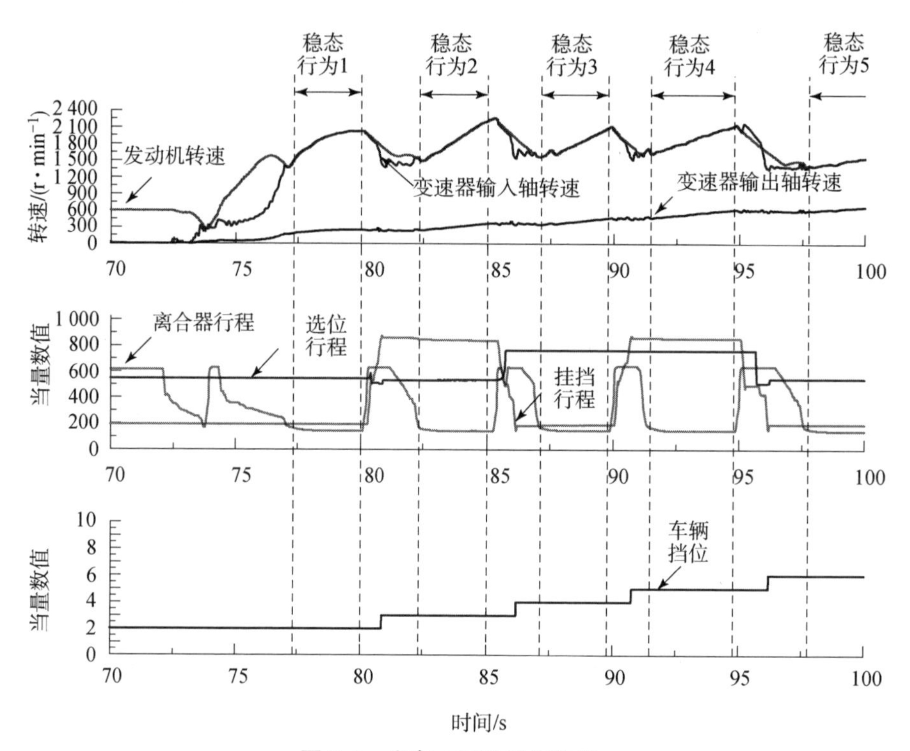


**图 9.3 实车 ASCS 采集数据**

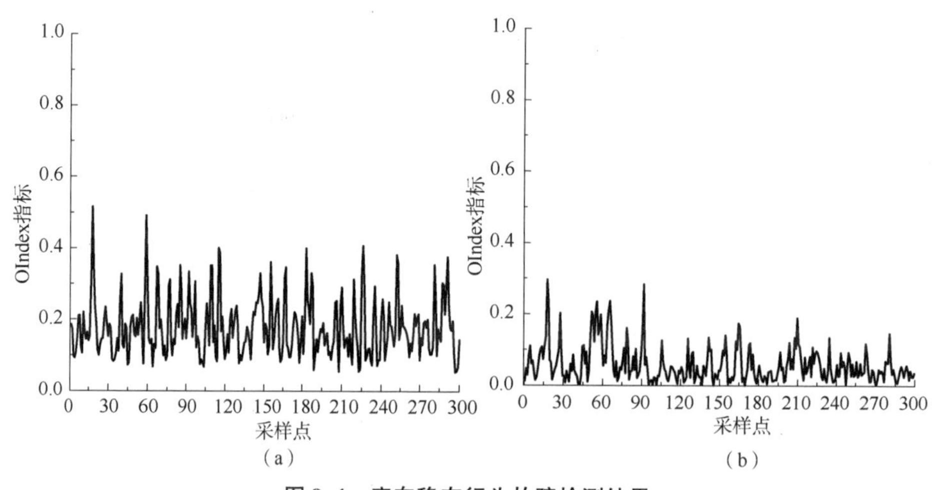


**图 9.4 实车稳态行为故障检测结果**

(a) 基于传统 PCA 故障检测 OIndex 指标；(b) 基于改进 PCA 故障检测 OIndex 指标

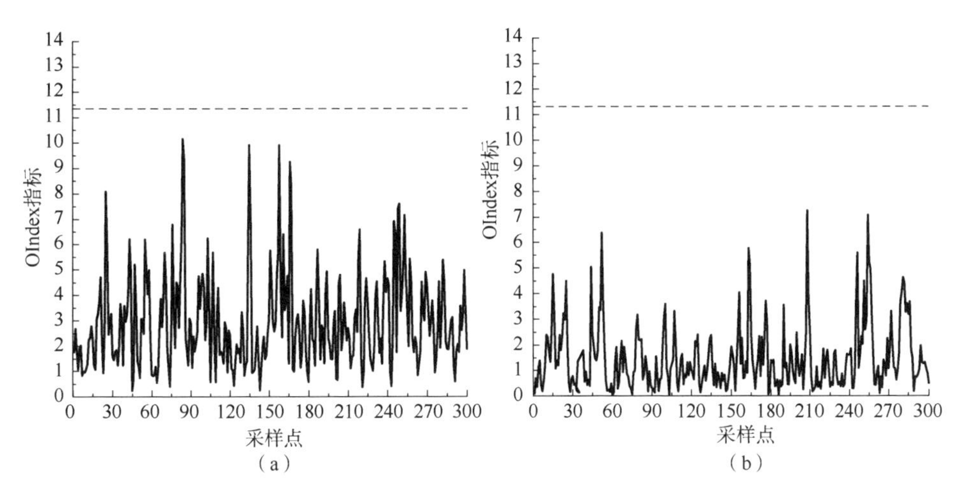


**图 9.5　噪声干扰下稳态行为故障检测结果**

(a) 基于传统 PCA 故障检测 OIndex 指标；(b) 基于改进 PCA 故障检测 OIndex 指标

在图 9.5 (a) 中采用传统 PCA 模型进行故障检测，在采样点 87 和采样点 135 的时候综合统计指标 OIndex 接近设定阈值，若超出虚线 (11.345) 则认为 ASCS 系统在该时刻的平稳变量之间的马氏距离不符合历史模型，若噪声加大则可能会引起故障误报。与之相比较在图 9.5 (b) 中，检测结果与设定阈值有一定余量，可见改进的 PCA 模型对系统噪声具有更好的鲁棒性。

为了验证故障检测算法对噪声与故障的区分能力和灵敏性，向稳态行为 1 平稳变量中同时加入噪声和单一故障，如图 9.6 所示。在采样点 100 时向选位行程 TY 注入故障，故障类型为传感器均值异常，同时运用不同主元分析模型进行故障检测。检测结果如图 9.7 所示，通过检测结果图 (a)、(b) 对比可以发现，在故障发生之前均未发生故障误报，在采样点 100 处监控指标 OIndex 数值迅速上升，超出故障检测阈值，同时通过对比综合统计指标数值可以发现，基于改进 PCA 的主元分析模型对故障更加灵敏。

为了体现故障检测算法对故障的跟踪能力，向稳态行为 1 平稳变量 TX 同时加入噪声和间隙性故障 (正弦信号)，故障注入如图 9.8 所示。

运用改进的 PCA 模型进行故障检测，检测结果如图 9.9 所示。

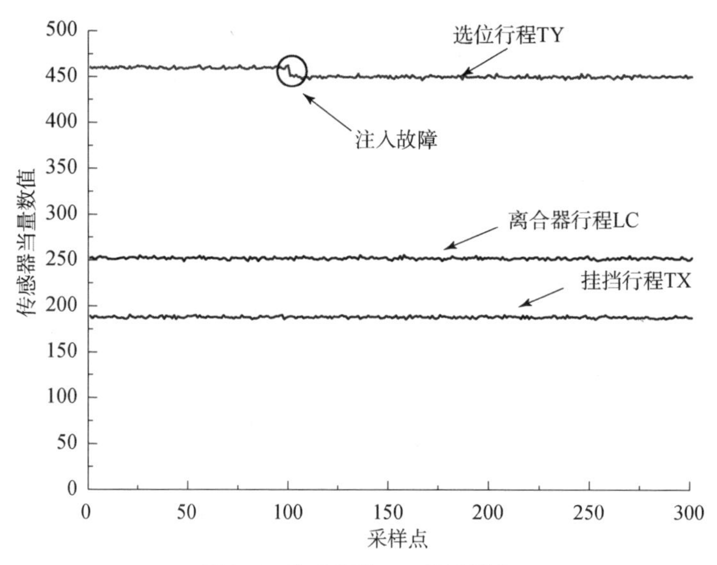


**图 9.6　稳态行为 TY 故障注入**

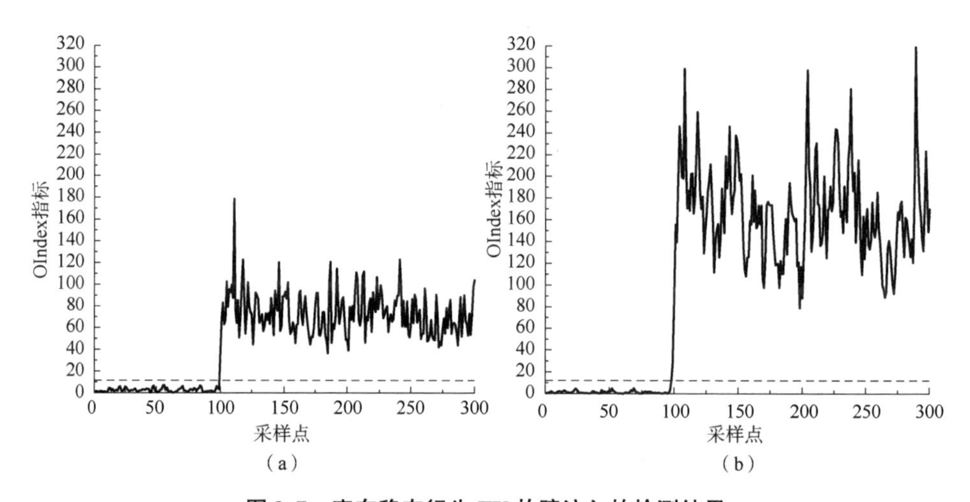


**图 9.7　实车稳态行为 TY 故障注入的检测结果**

(a) 基于传统 PCA 故障检测 OIndex 指标；(b) 基于改进 PCA 故障检测 OIndex 指标

故障检测指标 OIndex 超过阈值则认为系统稳态行为出现异常，图 9.9 中用柱框标明，总共出现完整的 9 次柱框（第 10 次不完整），即认为出现了 9 次持续性故障，故障区间分别与波峰和波谷一一对应，故障诊断结果与注入故障（正弦故障）的特性吻合。统计超出故障检测阈值的故障持续时间和间隔时间，如表 9.3 所示，柱框的持续时间以及间隔时间基本一致，但是细节上均呈现出正态分布趋势，这是由测量噪声的正态分布特点所引起的。

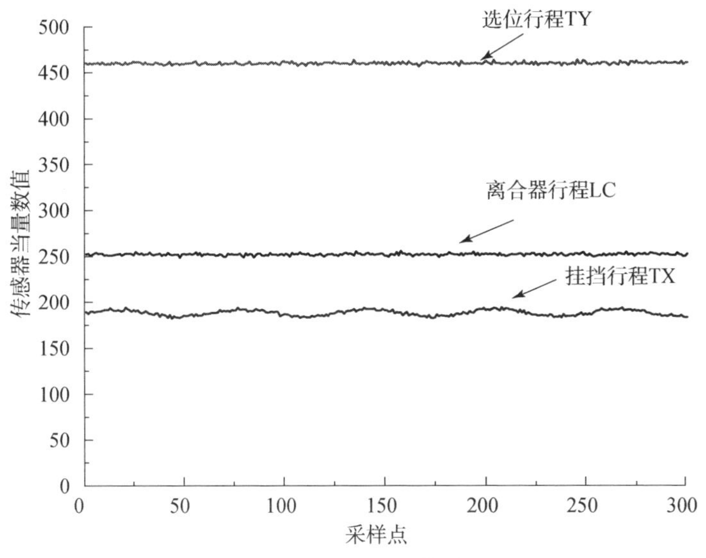


**图 9.8　稳态行为 TX 故障注入**

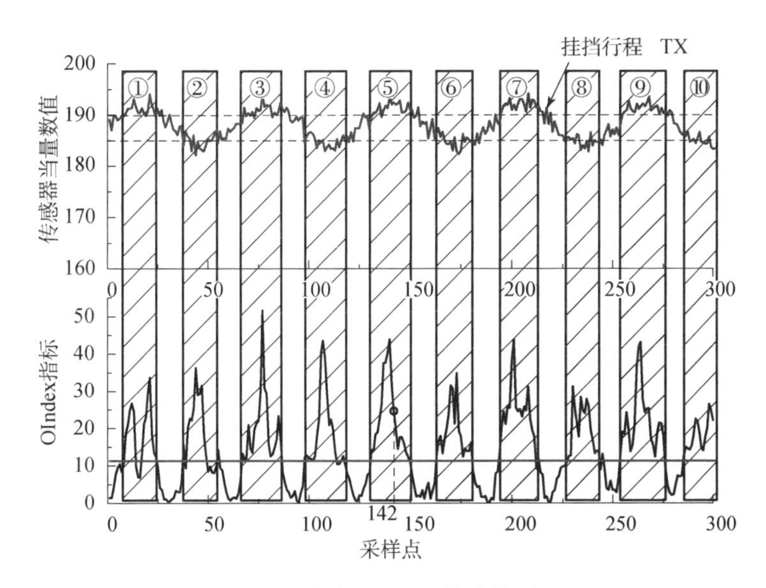


**图 9.9　稳态行为 TX 故障检测图**

将柱框投影到挂挡行程 TX 数据曲线中，柱框所包含的挂挡行程数据用虚线标注。从整体的角度观察，可明显发现柱框所对应的挂挡行程数据，几乎全部集中在 TX 曲线的波峰和波谷部分，也就是说当 TX 数值与中心绝对误差过大时，监控指标超出设定阈值，认为故障发生。监控指标 OIndex 数值与 TX 数值的趋势一致性说明故障检测算法对故障具有良好的跟踪性。同时在虚线部分之内则认为系统稳态行为正常，说明故障检测算法对数据自身波动有一定的冗余性。

**表 9.3 故障持续时间以及间隔时间统计**

| 故障序列号 | 故障持续时间/ms | 故障间隔时间/ms |
| --- | --- | --- |
| 1 | 150 | 90 |
| 2 | 110 | 140 |
| 3 | 190 | 180 |
| 4 | 150 | 120 |
| 5 | 180 | 180 |
| 6 | 170 | 140 |
| 7 | 170 | 170 |
| 8 | 170 | 190 |
| 9 | 190 | 90 |
| 10 | 150 | 100 |

当故障检测算法发现 ASCS 系统异常稳态行为后，将故障检测结果和三个 ASCS 系统平稳变量输入故障诊断算法模块中，搜索导致监控指标 OIndex 超过阈值的原因，即寻找对系统偏差贡献最大的平稳变量。

当 ASCS 系统监控指标超出设定阈值时，各个采样点对应着不同的主元子空间模型，由于篇幅限制，这里省略。

2. ASCS 非平稳随机信号的故障检测和诊断方法研究

在 ASCS 稳态工况过程中存在一类信号，它是驾驶员意图的衍生物，即动力系统的转速信号。驾驶员通过油门脚踏板和制动脚踏板来调整车辆速度，从而满足车辆行驶的速度需求。不同路况、不同时间、不同驾驶员产生不同车辆行驶速度的要求，即车辆速度信号在时间轴上的分布没有固定的规律，或分布参数随时间发生变化（非平稳性），因此很难用历史数据来分析或估计当前信号的参数。

虽然无法用历史数据来诊断当前 ASCS 非平稳信号，但可利用系统硬件平台的自身结构来获得故障检测和诊断的先验知识，主要有以下两种诊断方法。

1）单信号诊断

单信号诊断仅针对信号自身，利用频谱分析、时域极值分析等手段，实现信号自身的故障诊断功能。单信号诊断的先验知识和故障阈值需要根据具体硬件平台信息而确定。

2）基于数学解析模型的故障诊断方法

当离合器处于接合状态时，转速之间存在一定的冗余关系：

$$n_e = n_1 \tag{9.1}$$

$$n_e = i_g \times n_2 \tag{9.2}$$

$$n_1 = i_g \times n_2 \tag{9.3}$$

式中，$i_g$ 为当前挡传动比；其余参数同前。

通过信号之间的数学关系来分析当前 ASCS 系统转速信号的状态，从而实现故障诊断的功能。

## 9.3　ASCS 物理系统响应行为故障检测和诊断算法研究

当 ASCS 系统状态满足预先设定的阈值条件时，ASCS 从当前状态向指定状态转化，从而产生 ASCS 物理系统响应行为，形成 ASCS 物理系统响应过程。由于历史物理系统的响应行为与当前物理系统的响应行为很难具有一致性，因此本书采用车辆动力学知识来检测和诊断 ASCS 物理系统响应行为。

### 9.3.1　ASCS 物理系统响应行为响应过程的时序逻辑

为了运用车辆动力学知识对 ASCS 物理系统响应行为进行故障检测和诊断，首先需要获得 ASCS 物理系统响应过程的动力学数学模型。从 ASCS 运行过程可知，ASCS 物理系统响应过程是多个不同物理系统响应子过程在时间轴上的时序逻辑组合，因此 ASCS 物理系统响应过程的数学模型包含两部分：物理系统响应子过程的时序逻辑和物理系统响应子过程。首先，通过结合 ASCS 自身结构特点，建立 ASCS 物理系统响应过程的时序逻辑库。其次，对 ASCS 物理系统响应子过程进行局部建模，其中局部模型分别包含车辆传动系统数学模型和操控系统数学模型，最终实现 ASCS 物理系统响应过程的数学建模。

由 AMT 系统构造可知，换挡执行器包括变速器的选位执行器、挂挡执行器和离合器执行器，而车辆的油门和制动两部分是由驾驶员直接控制的，操控系统不做主动干预，因此 ASCS 物理系统响应过程可划分为选位过程、摘挡过程、挂挡过程、离合器分离过程和离合器接合过程，如图 9.10 所示。

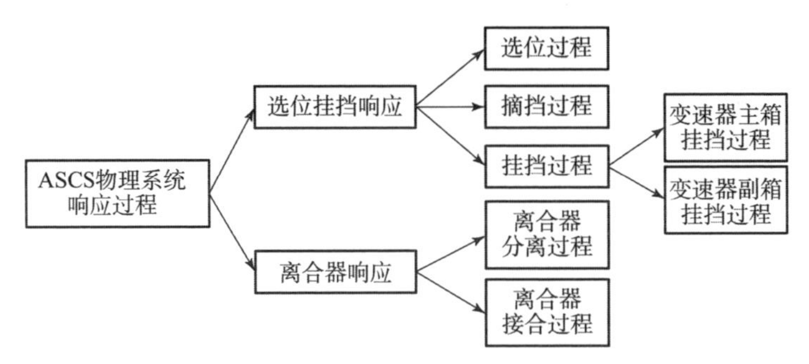


**图 9.10　ASCS 物理系统响应过程类型**

图 9.11 和图 9.12 是 ASCS 实际运行过程数据采集结果。

图 9.11 中，当 ASCS 系统产生起步指令后，发生一系列的物理系统响应过程：离合器分离过程、选位过程、变速器主箱挂挡过程、离合器接合过程，从而实现车辆起步的控制功能。在图 9.12 中，为满足车辆行驶的动力性需求，当发动机转速超过某设定阈值时，ASCS 系统产生升挡指令，并产生相应的物理系统响应过程：离合器分离过程、摘挡过程、变速器副箱挂挡过程（副箱只有高低两挡，不存在选位问题）、选位过程、变速器主箱挂挡过程、离合器接合过程。

通过图 9.11 和图 9.12 物理系统响应过程的时序逻辑对比发现，ASCS 物理系统响应过程是以六个子过程作为元素，并按照一定时序逻辑组合而成的，而该时序逻辑取决于 ASCS 系统的决策指令。不同的决策指令对应着不同的物理系统响应过程的时序逻辑，由于 ASCS 物理系统响应过程属于 ASCS 混杂系统轨迹的一部分，因此可将时序逻辑看作物理系统响应过程的混杂阈值条件，运用混杂动态系统理论来描述 ASCS 物理系统响应过程的运行轨迹。更为重要的一点是，任何物理系统响应过程的时序逻辑均受限制于定轴式机械变速器的平台结构，从而可提取出一个公共的基础时序逻辑，如图 9.13 所示。

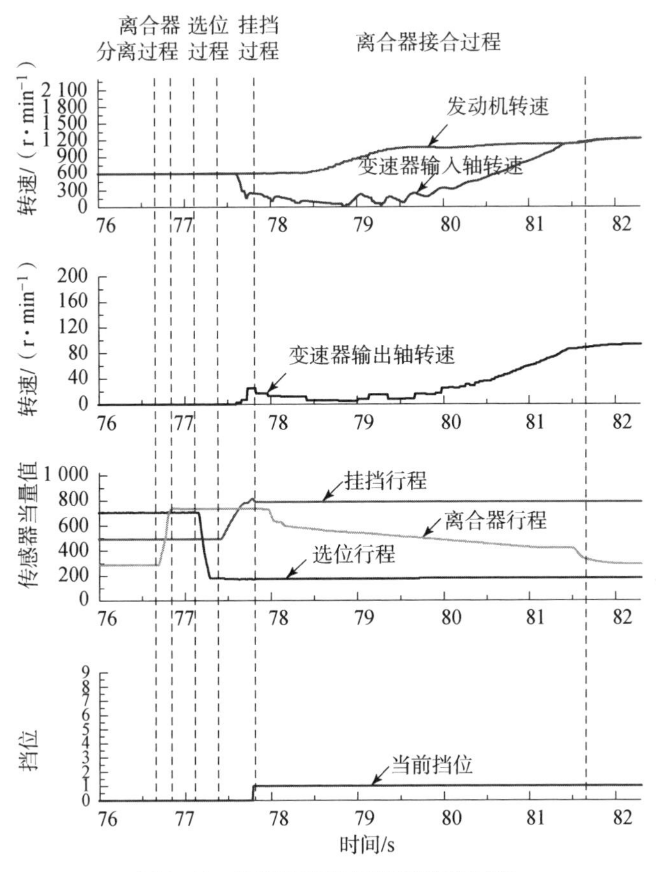


**图 9.11　车辆起步物理系统响应过程**

图 9.13 中 $S_0 \sim S_5$ 分别代表相应的物理系统响应子过程。离合器分离过程 $S_0$ 为整个物理系统响应过程起始的原因是：当 AMT 车辆传动系统改变状态时，为保证挡位切换的平顺性，首先需要中断车辆的动力传输。摘挡过程 $S_1$ 的时序取决于定轴式机械变速器的固有结构，若要切换车辆挡位必须先退出当前挡位槽。变速器副箱挂挡过程 $S_2$ 位于变速器主箱挂挡过程 $S_4$ 之前是为减小变速器副箱挂挡主动部分的转动惯量，提高挂挡的顺畅性。

从 AMT 电控单元功率的角度出发，当变速器选位到某设定位置后，需持续控制执行器以保持变速器选位位置不变，而变速器副箱挂挡过程 $S_2$ 完成后无须持续控制执行器，因此为了有效地控制电控单元的消耗功率，将变速器副箱挂挡过程 $S_2$ 放置于选位过程 $S_3$ 之前。选位过程 $S_3$ 和变速器主箱挂挡过

程 $S_4$ 的先后顺序显而易见，符合定轴式机械变速器的结构，而离合器接合过程 $S_5$ 是恢复车辆行驶动力，结束整个物理系统响应过程。

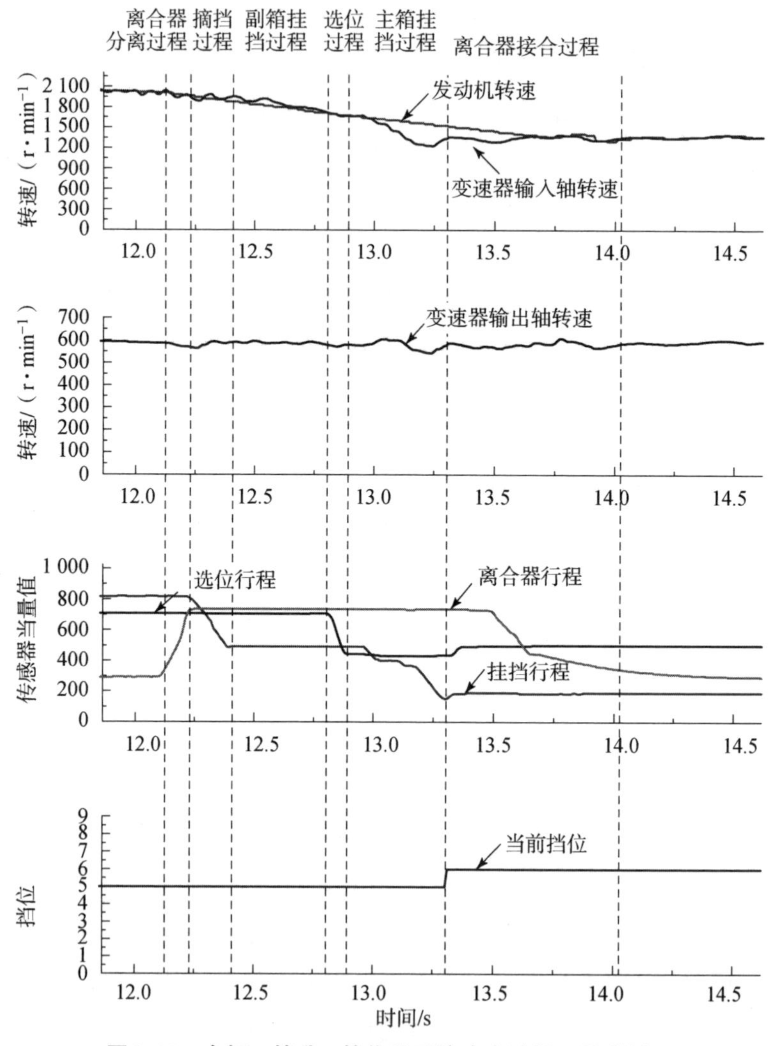


图 9.12　车辆 5 挡升 6 挡物理系统响应过程（见彩插）

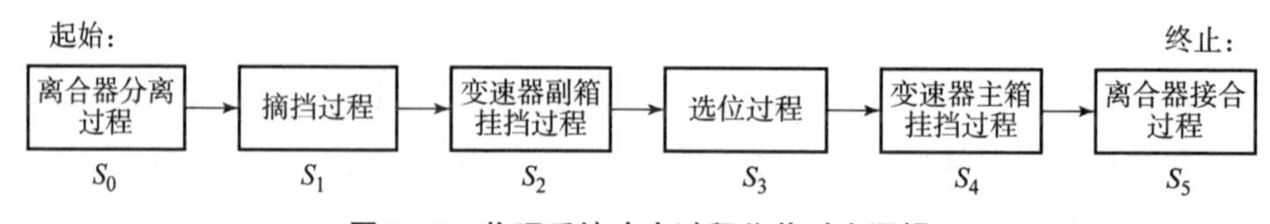


图 9.13　物理系统响应过程公共时序逻辑

根据混杂自动机原理，将图 9. 13 中的物理系统响应过程表示为 $\text{Trajetory}_{\text{H}}(x_0, q_0)$。在图 9. 14 中，当系统满足 $G_{i \to j}(x, q, t) = 0$ 条件时，ASCS 系统将按照设定的控制逻辑产生时刻 $t_k$ 的新离散事件 $q_{k+1}$，$x(t_{k-1}, t_k)$ 表示从离散事件产生时刻 $t_{k-1}$ 到下次离散事件产生时刻 $t_k$ 之间物理系统响应子过程。为了简化物理系统响应过程轨迹的表述，令 $S_k = \left\{ x(t_{k-1}, t_k) \begin{pmatrix} t_k \\ x(t_k) \\ q_k \end{pmatrix} \right\}$，从而获得 ASCS 物理系统响应过程的公共轨迹方程 $\text{Trajectory}_{\text{H}}(S) = \{S_0, S_1, S_2, S_3, S_4, S_5\}$。

混杂自动机：$G_{0\to1}(x,q,t)=0$　$G_{1\to2}(x,q,t)=0$　$G_{2\to3}(x,q,t)=0$　$G_{3\to4}(x,q,t)=0$　$G_{4\to5}(x,q,t)=0$

$\text{Trajetory}_{\text{H}}(x_0,q_0)\ x(t_0), x(t_0,t_1), x(t_1), x(t_1,t_2), x(t_2), x(t_2,t_3), x(t_3), x(t_3,t_4), x(t_4), x(t_4,t_5), x(t_5), x(t_5)$

$t_0$　$t_1$　$t_2$　$t_3$　$t_4$　$t_5$

$q_0$　$q_1$　$q_2$　$q_3$　$q_4$　$q_5$

$S_0$　$S_1$　$S_2$　$S_3$　$S_4$　$S_5$

$\text{Trajetory}_{\text{H}}(S)$　$S_0,S_1,S_2,S_3,S_4,S_5$

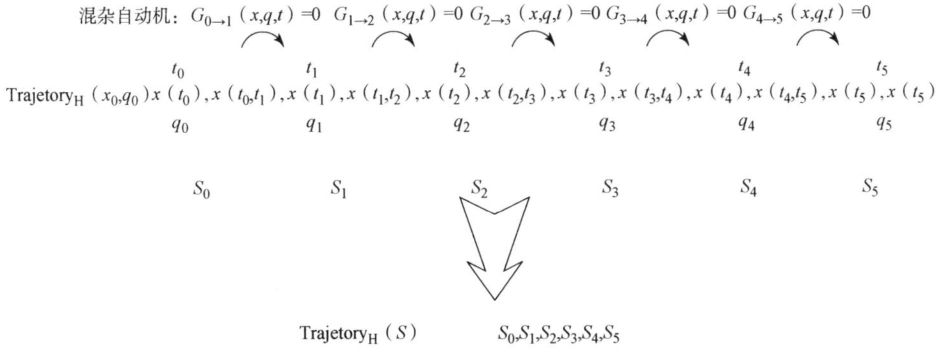

**图 9. 14　物理系统响应过程轨迹**

同理，运用混杂系统轨迹方法描述图 9. 11 和图 9. 12 的物理系统响应过程，则图 9. 11 车辆起步物理系统响应过程轨迹为

$$\text{Trajectory}_{\text{H}}(S) = \{S_0, S_3, S_4, S_5\} \tag{9.4}$$

图 9. 12 中 5 挡升 6 挡物理系统响应过程轨迹为

$$\text{Trajectory}_{\text{H}}(S) = \{S_0, S_1, S_2, S_3, S_4, S_5\} \tag{9.5}$$

当发动机转速过低时，离合器自动分离，待发动机转速上升时离合器缓慢接合，防止发动机熄火的物理系统响应过程轨迹为

$$\text{Trajectory}_{\text{H}}(S) = \{S_0, S_5\} \tag{9.6}$$

通过不同的物理系统响应过程轨迹的比较，可以总结出以下两个特点。

(1) 任何物理系统响应过程轨迹均符合公共的时序逻辑顺序，见图 9. 13，但不同的物理系统响应过程轨迹包含的元素（物理系统响应子过程）不一致，这取决于车辆传动系统的需求。

(2) 虽然不同物理系统响应轨迹符合公共的时序逻辑顺序，但是元素组合方式不一致，导致该现象的原因是 ASCS 系统状态切换阈值条件 $G_{i\to j}(x,q,t)=0$ 的变化。而 ASCS 系统状态切换阈值条件 $G_{i\to j}(x,q,t)=0$ 取决于 ASCS 系统决策指令。

由于 ASCS 系统的决策指令是基于驾驶员意图和车辆行驶状态的人工设定逻辑，而决策指令是固定的、有限的，因此针对不同物理系统响应过程的状态切换阈值条件 $G_{i\to j}$，结合车辆自身固有特性和 ASCS 控制逻辑，可将物理系统响应过程的时序逻辑总结并存储起来，形成时序逻辑专家知识库，如图 9.15 所示，为 ASCS 物理系统响应过程数学建模奠定基础。

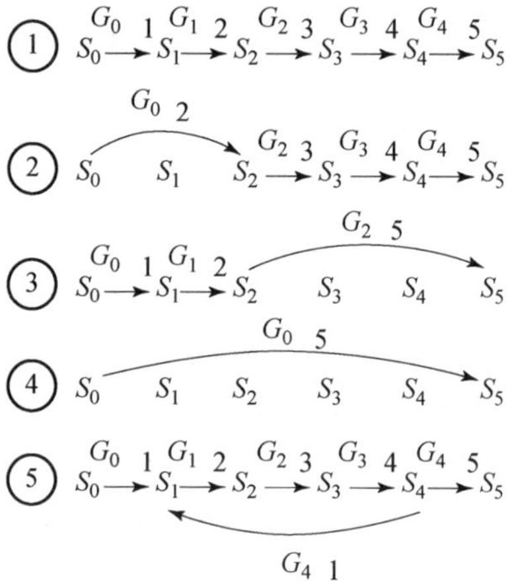

① $S_0 \xrightarrow{G_0\ 1} S_1 \xrightarrow{G_1\ 2} S_2 \xrightarrow{G_2\ 3} S_3 \xrightarrow{G_3\ 4} S_4 \xrightarrow{G_4\ 5} S_5$

② $S_0 \quad S_1 \quad S_2 \xrightarrow{G_2\ 3} S_3 \xrightarrow{G_3\ 4} S_4 \xrightarrow{G_4\ 5} S_5$；$S_0 \xrightarrow{G_0\ 2} S_2$

③ $S_0 \xrightarrow{G_0\ 1} S_1 \xrightarrow{G_1\ 2} S_2 \quad S_3 \quad S_4 \quad S_5$；$S_2 \xrightarrow{G_2\ 5} S_5$

④ $S_0 \quad S_1 \quad S_2 \quad S_3 \quad S_4 \quad S_5$；$S_0 \xrightarrow{G_0\ 5} S_5$

⑤ $S_0 \xrightarrow{G_0\ 1} S_1 \xrightarrow{G_1\ 2} S_2 \xrightarrow{G_2\ 3} S_3 \xrightarrow{G_3\ 4} S_4 \xrightarrow{G_4\ 5} S_5$；$S_4 \xrightarrow{G_4\ 1} S_1$

**图 9.15　物理系统响应行为的时序逻辑专家知识库**

图 9.15 中，工况①代表车辆行驶过程中自动升降挡的时序逻辑，工况②代表车辆从静止状态起步时序逻辑，工况③代表车辆摘空挡时序逻辑，工况④代表车辆防止发动机熄火或停车的时序逻辑，工况⑤代表车辆起步过程中驾驶员重新切换挡位时序逻辑。

## 9.3.2　物理系统响应行为 SDG 建模技术

9.3.1 小节中建立了 ASCS 物理系统响应行为数学模型，但模型包含一些难以获得的系统状态变量，如扭矩信号、活塞位移等，同时操控系统数学模型自身的精确性不高，因此很难将所建立的 ASCS 物理系统响应行为数学模型直接运用于系统状态监测或者故障诊断中。在测量手段和模型精度的约束条件下，为了充分利用数学模型中变量关系，引入半定量的技术，如符号有向图（signed directed graph，SDG）。

符号有向图思想从20世纪70年代开始萌芽，主要应用于工业过程的安全评价和故障诊断上。由于SDG模型不依赖于精确的定量模型，通过有向符号有效地描述系统内部深层次的机理和关系，并能良好地体现故障传播途径，因此吸引了大量学者的目光和研究热情。

1. 单回路控制系统的SDG故障诊断模型

单回路控制系统通常由四个基本环节构成，即被控对象、测量装置、控制器和执行机构，如图9.16所示。

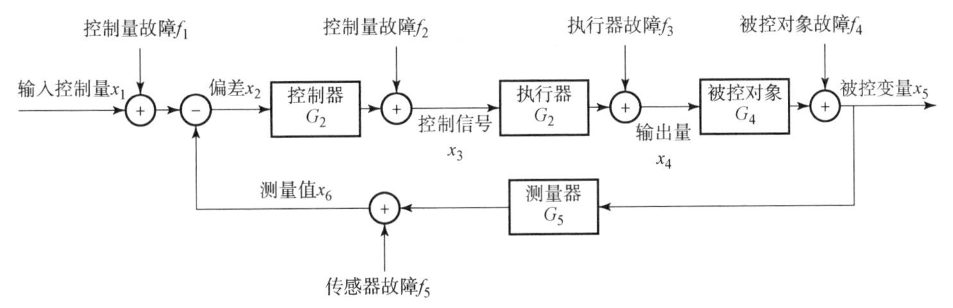


**图9.16　单回路控制系统方块图**

控制输入量$x_1$为控制目标，由控制逻辑确定。当控制目标$x_1$确定后，控制变量的目标值$x_1$与该变量的实际测量值$x_6$的误差$x_2$将作为控制器$G_2$的输入量，同时控制器产生执行机构的控制信号$x_3$。执行机构在控制量$x_3$的作用下产生响应$x_4$，之后被控对象$G_4$在控制信号$x_4$的激励下输出系统状态变量$x_5$。通过传感器测量被控变量$x_5$，产生反馈数值$x_6$，从而形成闭环控制。

在单回路控制系统中，任何节点都可能出现故障，因此总结单回路控制系统故障，如表9.4所示。

**表9.4　单回路控制系统故障**

| 节点 | 故障原因 | 故障标示 |
|---|---|---|
| $x_1$ | 控制量的错误设置 | $f_1$ |
| $x_3$ | 控制器失效 | $f_2$ |
| $x_4$ | 执行器失效 | $f_3$ |
| $x_5$ | 被控对象失效 | $f_4$ |
| $x_6$ | 传感器失效 | $f_5$ |

针对单回路控制系统，当系统处于初始状态响应时 $x_2 \neq 0$，此时单回路控制系统状态可表示如下：

$$\begin{cases} x_2 = x_1 + f_1 - x_6 \\ x_3 = G_2(x_2) + f_2 \\ x_4 = G_3(x_3) + f_3 \\ x_5 = G_4(x_4) + f_4 \\ x_6 = G_5(x_5) + f_5 \end{cases} \tag{9.7}$$

当系统处于稳态响应时系统控制量偏差 $x_2 = 0$，此时单回路控制系统状态可表示如下：

$$\begin{cases} x_1 = x_6 - f_1 \\ x_3 = f_2 \\ x_4 = G_3(x_3) + f_3 \\ x_5 = G_4(x_4) + f_4 \\ x_6 = G_5(x_5) + f_5 \end{cases} \tag{9.8}$$

根据式（9.7）和式（9.8）可求得单回路控制系统 SDG 模型，如图 9.17 所示。

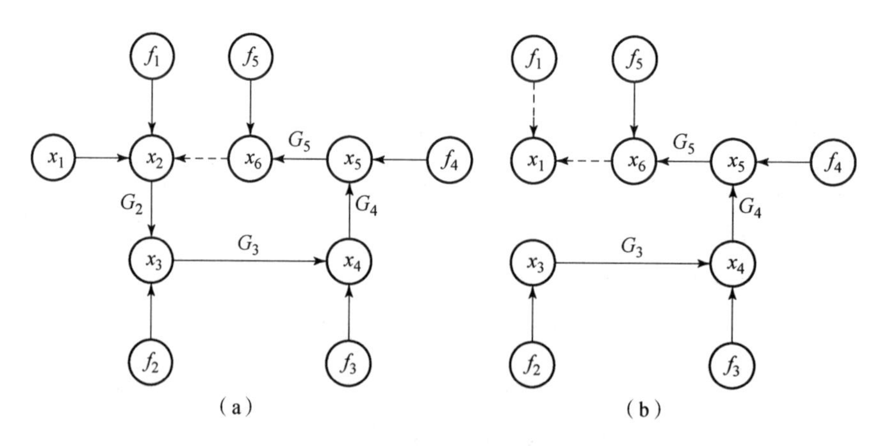


**图 9.17 单回路控制系统 SDG 模型**

（a）初始状态 SDG 模型；（b）稳态状态 SDG 模型

物理系统响应行为是不包含稳态过程的，因此物理系统响应行为的 SDG 模型是属于初始响应状态的 SDG 模型，见图 9.17（a）。

2. 物理系统响应行为 SDG 故障诊断模型

9.3.1 小节中将 ASCS 物理系统响应过程划分为六个子过程，其中任一子过程均包含传动系统模型与操控系统模型，在此部分中以离合器接合物理系统响应过程为例，研究 SDG 故障诊断模型。

离合器接合物理系统响应过程包含离合器操控系统数学模型以及传动系统数学模型。离合器操控系统在驱动信号的控制下调节离合器接合位置以及接合速度，从而改变离合器所传递的摩擦扭矩，控制发动机传递给车辆的驱动扭矩。离合器操控系统和车辆传动系统分别是单回路控制结构，因此离合器接合过程控制是一个串级控制系统，如图 9.18 所示。图 9.18（a）表示离合器接合物理系统响应过程传动系统模型，其中执行器模型的具体结构如图 9.18（b）所示。

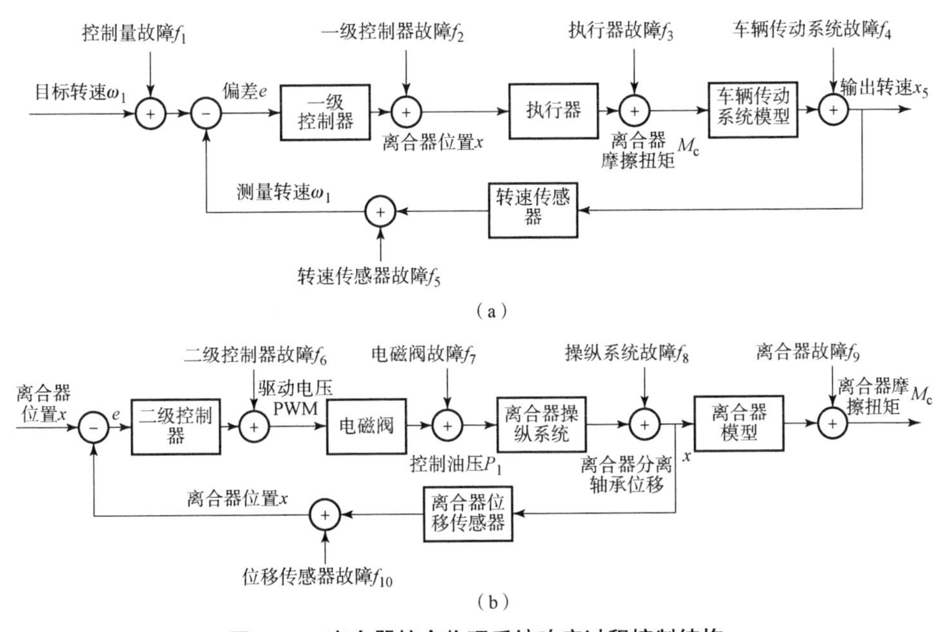


**图 9.18　离合器接合物理系统响应过程控制结构**

（a）离合器接合物理系统响应过程传动系统方块图；

（b）离合器接合物理系统响应过程执行器方块图

基于第 2 章中车辆传动系统数学模型和操控系统数学模型可建立离合器接合过程的 SDG 模型，如图 9.19 所示。

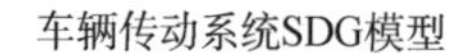


离合器操控系统SDG模型

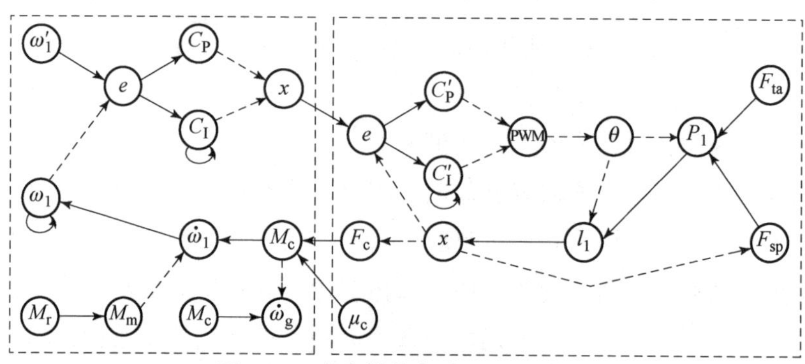


**图 9.19　离合器接合过程 SDG 模型**

同理获得离合器分离的物理系统响应过程的 SDG 模型，如图 9.20 所示。

车辆传动系统SDG模型　　离合器操控系统SDG模型

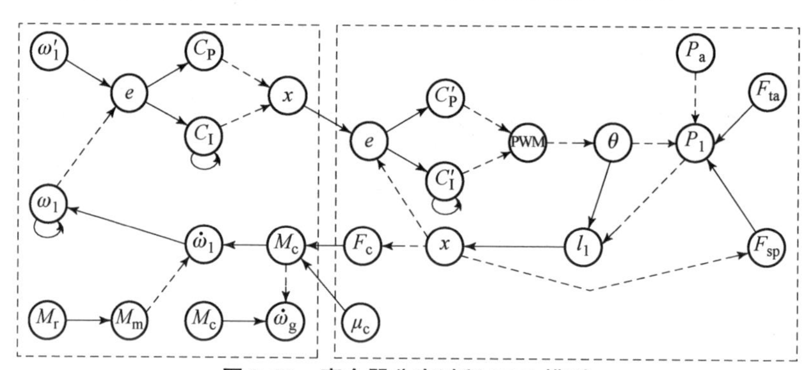


**图 9.20　离合器分离过程 SDG 模型**

变速器主箱挂挡物理过程的 SDG 模型，如图 9.21 所示。

车辆传动系统SDG模型　　挂挡操控系统SDG模型

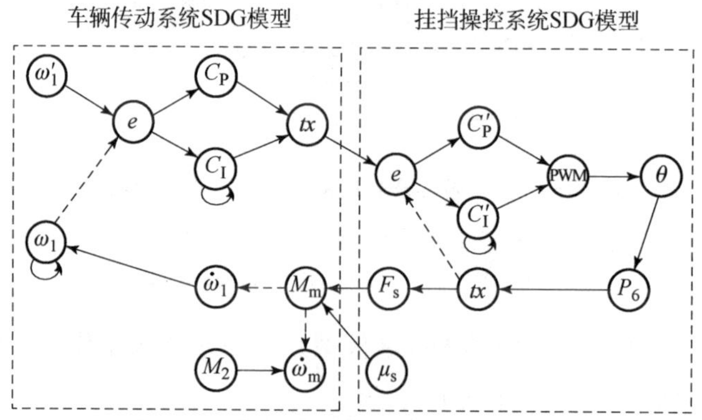


**图 9.21　变速器主箱挂挡过程 SDG 模型**

图 9.21 中 $tx$ 是挂挡油缸活塞位移，变速器主箱摘挡物理过程的 SDG 模型，如图 9.22 所示。

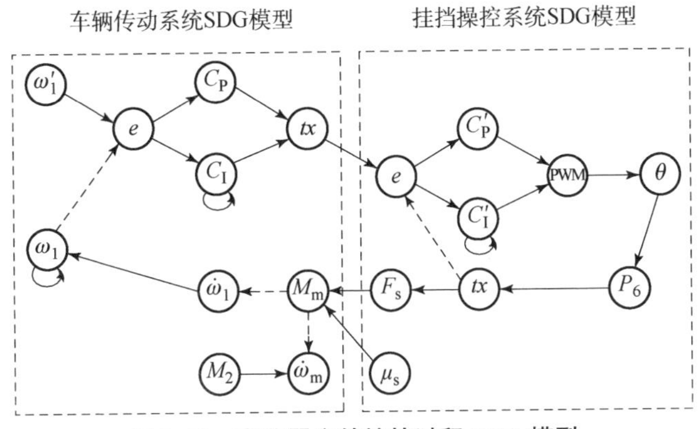


图 9.22　变速器主箱摘挡过程 SDG 模型

由于变速器主箱选位物理过程不会改变车辆传动系统状态，并且时间十分短暂，因此该过程 SDG 模型主要指选位操控系统的 SDG 模型，如图 9.23 所示。

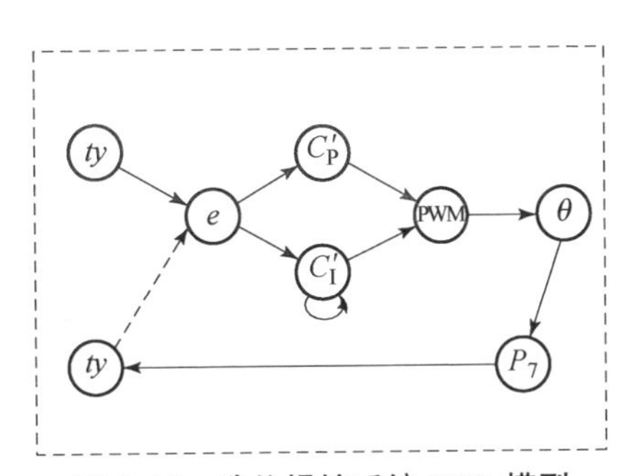


图 9.23　选位操控系统 SDG 模型

图 9.23 中 $P_7$ 是选位操控油缸腔内油压，$ty$ 是选位油缸位移。变速器副箱高低挡切换的物理系统响应过程，与主箱挂挡过程原理类似，在此不重复阐述。

### 9.3.3　基于 SDG 模型的物理系统响应行为故障诊断技术

在不同 SDG 模型中，离合器接合过程的 SDG 模型最为复杂，因此选取离合器接合过程的 SDG 模型为典型研究对象，着重探讨离合器接合过程中基于 SDG 模型的故障诊断技术。

1. SDG 模型的简化

在实际工程应用中，针对离合器接合过程的 SDG 模型，系统部分状态变量由于测量手段的限制很难直接获得。例如，电磁阀开口度 $\theta$ 等，从而导致无法判断该节点符号，即节点无效，因此需要根据系统状态删除不可测节点，简化 SDG 模型。简化后，再结合离合器操控硬件平台可测性能，将图 9.19 离合器接合过程的 SDG 模型简化为图 9.24。

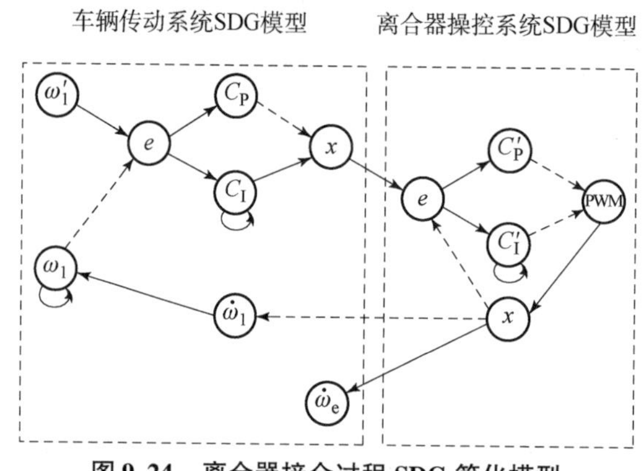


**图 9.24 离合器接合过程 SDG 简化模型**

图 9.24 反映了离合器操控系统以及车辆传动系统之间相互作用的关系。当设置目标转速 $\omega_1'$ 后，通过与实际转速信号 $\omega_1$ 的比较，产生离合器位移控制信号 $x'$。离合器操控系统根据控制信号 $x'$ 与实际位移信号 $x$ 的误差产生驱动电压 PWM 控制离合器接合，并实时测量离合器状态 $x$ 来修正控制电压。与此同时，随着离合器位移信号 $x$ 的变化，车辆传动系统状态也发生改变，体现为转速信号 $\omega_1$ 和 $\omega_e$ 的变化，从而形成闭环控制。

2. SDG 模型阈值的选择

SDG 模型是根据设定阈值来判断各个节点的状态，因此节点状态的阈值选择是十分重要的。若阈值范围设定过窄，容易导致节点状态失真，故障误报；若阈值范围设定过宽，则节点状态过于迟钝，故障漏报。与此同时，SDG 模型应用对象的特性对阈值设定也十分重要。首先，ASCS 物理系统响应过程是复杂的非线性过程，难以精确地描述动态过程，即使是同一物理系统响应过程在不同车辆行驶工况下响应特性差异也很大，如在水平路面或大坡道条件下车辆起步时离合器接合过程、离合器半接合点位置以及离合器接合速度均不同。其次，很难依靠标定来完全弥补不同 ASCS 系统之间的特性差异，如离合器摩擦系数和膜片弹簧刚度的差异，因此需考虑物理系统响应行为故障检测和诊断算法对系统差异的鲁棒性。综上所述，ASCS 物理系统响应行为的 SDG 模型节点阈值采用条件边和运动趋势分析的方法来确定，在充分反映物理系统响应过程动态关系的情况下，保证 SDG 模型具有一定的鲁棒性。

在离合器接合过程中，依靠条件边来判断离合器状态（离合器接合、分离和保持），同时依靠运动趋势分析的方法来检测离合器位移 $x$ 的变化趋势，如当电磁阀线圈电流小于0.9 A（对应 $PWM_1$）时，此时条件边认为离合器接合过程；当电磁阀工作电流在0.9~1.1 A（对应 $PWM_1$ ~ $PWM_2$）时，条件边认为离合器保持过程；当电磁阀线圈电流大于1.1 A（对应 $PWM_2$）时，此时条件边认为离合器分离过程，PWM 节点状态计算方法如表9.5所示。

**表9.5 PWM 节点状态计算方法**

| 物理过程 | 判断条件 | 节点状态 |
| --- | --- | --- |
| 离合器接合过程 | $PWM \geq PWM_2$ | $\psi(PWM) = +$ |
| | 其余 | $\psi(PWM) = 0$ |
| 离合器分离过程 | $PWM \leq PWM_1$ | $\psi(PWM) = -$ |
| | 其余 | $\psi(PWM) = 0$ |
| 离合器保持过程 | $PWM \leq PWM_1$ | $\psi(PWM) = -$ |
| | $PWM_1 \leq PWM \leq PWM_2$ | $\psi(PWM) = 0$ |
| | $PWM \geq PWM_2$ | $\psi(PWM) = +$ |

离合器位移 $x$ 节点状态的分析方法：当 $PWM \geq PWM_2$ 时，$x$ 呈现增大趋势，此时 $\psi(x) = 0$，若 $x$ 减小或不变，则 $\psi(x) = -$；当 $PWM \leq PWM_1$ 时 $x$ 应该减小，若 $x$ 增大或不变则 $\psi(x) = +$；当 $PWM_1 \leq PWM \leq PWM_2$ 时，若 $x$ 增大或减小，则 $\psi(x) = +/-$。

3. 基于 SDG 模型的专家知识库

基于9.3.1小节的分析，将 ASCS 物理系统响应过程拆分为六个子过程，并获得 ASCS 物理系统响应过程中不同子过程的时序逻辑关系。在9.3.2小节中建立了不同子过程的 SDG 模型，为故障诊断奠定基础。综上所述，为实现

ASCS 物理系统响应过程的故障诊断功能，需要将命令层次和功能层次有机结合起来综合诊断。

当 ASCS 物理系统响应过程发生故障时，通过对 ASCS 物理系统响应过程时序逻辑和子过程的推理分析，来寻找系统中的故障源。通常推理机制包含两种：正向推理和反向推理。正向推理，先向知识数据库提供已知事实，通过利用事实与知识库中的知识进行匹配，结合匹配的程度从而获得推理的结论。反向推理，从事实或现象出发，将事实或现象当作果，通过系统自身逻辑关系或传播机制，逆向搜索导致该事实或现象的因，从而建立起因果关系。

由于不同子过程是通过时序逻辑来连接的，不同子过程之间具有相互耦合、相互作用的关系，如离合器分离失败，必然会导致无法挂挡。若采用单一的子过程故障诊断，就会导致故障误诊断。因此，首先在不同子过程的 SDG 模型中通过相容通路开展逆向搜索，找到导致该后果节点的所有原因节点，之后结合时序逻辑将不同子过程的诊断结果采用逆向搜索的方法，从而确定故障源。

离合器接合过程故障分析如图 9.25 所示。

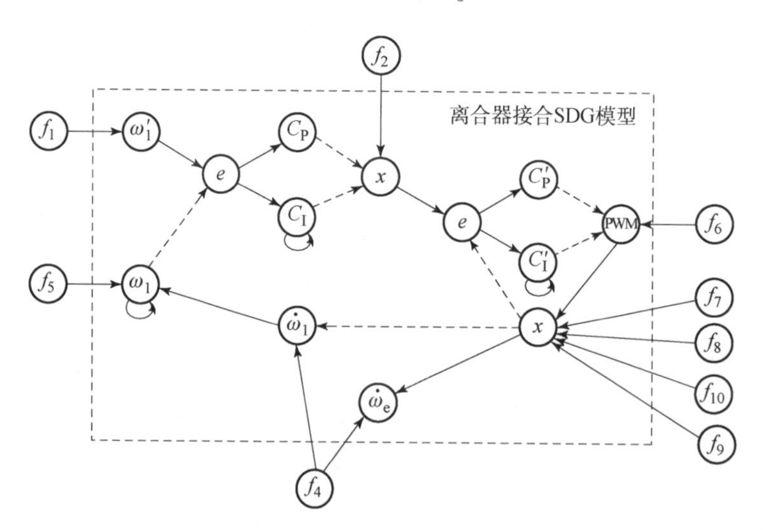


图 9.25　离合器接合过程故障分布

在图 9.16 中，$f_3$ 指执行器故障（子串联系统），即 $f_3 = \{f_6, f_7, f_8, f_9, f_{10}\}$，因此 $f_3$ 在图 9.25 中被省略未标注。根据图 9.25 中各类故障特点，可总结出相应的专家知识，如表 9.6 所示。

**表 9.6　离合器接合过程专家知识**

| 故障现象 | 节点初始状态 | | | | | | | 故障源分析 |
|---|---|---|---|---|---|---|---|---|
| | $\omega_1'$ | $\omega_1$ | $e$ | $x'$ | $x$ | $e'$ | PWM | |
| 控制系统异常 | +/− | 0 | 0 | 0 | 0 | 0 | 0 | 控制量故障 $f_1$ |
| | +/− | +/− | +/− | +/− | 0 | 0 | 0 | 一级控制器故障 $f_2$ |
| | 0 | 0 | 0 | +/− | +/− | +/− | +/− | 二级控制器故障 $f_6$ |
| 离合器操控系统异常 | 0 | 0 | 0 | 0 | +/− | 0 | 0 | 离合器电磁阀故障 $f_7$<br>离合器操控机构故障 $f_8$<br>离合器位移传感器故障 $f_{10}$ |
| AMT 传动系统异常 | 0 | +/− | 0 | 0 | 0 | 0 | 0 | 转速传感器故障 $f_5$<br>离合器故障 $f_9$<br>AMT 变速系统故障 $f_4$ |

在表 9.6 中控制系统异常是指不同级别的控制器失效，从而产生错误的控制信号。离合器操控系统异常是指离合器接合过程中在正确的驱动电压作用下离合器位移测量值错误，导致该故障有以下情况：①离合器位移传感器的失效，无法获得离合器的实际位移；②操控系统机械故障，如操控系统的机构卡滞等，导致在离合器接合过程中由于机构连接问题离合器无法接合；③电磁阀故障，如电磁阀阀芯卡滞或电磁阀线圈断路等原因，导致操控油缸油压无法控制，从而离合器无法接合。AMT 传动系统异常是指通过测量发现离合器行程正常，但是转速信号异常，导致该现象有如下原因：①转速传感器故障，导致无法获得真实转速信号；②AMT 变速系统故障，如在离合器接合过程中传动轴断裂；③离合器故障，如离合器摩擦片磨损，导致无法传递摩擦扭矩等。

表 9.6 中故障现象与故障源存在多重映射，其原因有：①系统可测变量有限，无法准确地实现元件级的故障隔离；②离合器接合过程包含消除空行程和滑摩阶段，同时离合器接合过程与驾驶员意图和行驶工况密切相关，因此很难精确地建立离合器接合模型。为了提高故障诊断精度通常采取以下两个措施：①提高系统变量的可观性；②结合不同工况，进行联合故障诊断。措施①受到平台成本和系统可靠性的约束，相比较而言措施②具有可实施性，如在 ASCS 离合器接合过程中诊断结果为 AMT 传动系统故障，当离合器接合

完成后，进入 ASCS 稳态工况，通过 9.2 节的稳态工况的故障检测和诊断，进一步分析转速信号之间的冗余关系，从而缩小故障源的范围，提高诊断精度。

离合器分离过程耗时 0.3 s 左右，由于车辆自身惯性，传动系统转速信号无明显变化。因此离合器分离过程无法准确判断 AMT 传动系统状态，仅针对离合器操控系统进行故障诊断，如表 9.7 所示。

**表 9.7 离合器分离过程专家知识**

| 故障现象 | 节点初始状态 | | | | | | | 故障源分析 |
|---|---|---|---|---|---|---|---|---|
| | $\omega_1'$ | $\omega_1$ | $e$ | $x'$ | $x$ | $e'$ | PWM | |
| 控制系统异常 | +/- | 0 | 0 | 0 | 0 | 0 | 0 | 控制量故障 $f_1$ |
| | +/- | +/- | +/- | +/- | 0 | 0 | 0 | 一级控制器故障 $f_2$ |
| | 0 | 0 | 0 | +/- | +/- | +/- | +/- | 二级控制器故障 $f_6$ |
| 离合器操控系统异常 | 0 | 0 | 0 | 0 | +/- | 0 | 0 | 离合器电磁阀故障 $f_7$<br>离合器操控机构故障 $f_8$<br>离合器位移传感器故障 $f_{10}$ |

# 9.4 ASCS 稳态行为和物理系统响应行为的故障联合诊断研究

9.2 节和 9.3 节分别单独对 ASCS 稳态行为与物理系统响应行为开展了故障检测和诊断技术研究。在本节中着重研究不同类型的系统行为之间的耦合关系，进一步提高故障诊断的精度。

## 9.4.1 ASCS 单行为故障诊断知识库

9.2 节针对 ASCS 稳态行为提出相应的故障检测和诊断算法。9.3 节针对 ASCS 物理系统响应行为展开分析，研究物理系统响应行为的类型以及时序逻辑关系，并基于 SDG 模型建立物理系统响应行为的专家知识库。将上述不同节的故障诊断结果进行总结，如表 9.8 所示。

**表9.8　ASCS单行为故障诊断**

| 行为类型 | 行为类型 | 故障检测算法 | 故障诊断算法 | 故障诊断结果 |
| --- | --- | --- | --- | --- |
| ASCS<br>稳态<br>行为 | 驾驶员<br>状态信号 | 超出设定阈值<br>超出设定阈值<br>超出设定阈值<br>编码值无意义 | 时域/频域分析<br>时域/频域分析<br>时域/频域分析<br>编码方法 | 油门踏板信号故障<br>行车制动信号故障<br>驻车制动信号故障<br>选挡器信号故障 |
| | ASCS<br>平稳信号 | OIndex大于阈值 | PCA算法 | 离合器行程故障<br>挂挡行程故障<br>选位行程故障 |
| | ASCS非<br>平稳信号 | 冗余关系不满足 | 信号冗余关系 | 离合器位移传感器故障<br>离合器故障<br>变速器输入轴转速信号故障<br>发动机转速信号故障<br>挡位信号故障<br>变速器输出轴转速信号故障 |
| ASCS<br>物理系统<br>响应行为 | 离合器<br>分离过程 | 超出节点阈值 | 基于SDG<br>的专家知识库 | 离合器电磁阀故障<br>离合器操控机构故障<br>离合器位移传感器故障 |
| | 离合器<br>接合过程 | 超出节点阈值 | 基于SDG<br>的专家知识库 | 离合器电磁阀故障<br>离合器操控机构故障<br>离合器位移传感器故障<br>转速传感器故障<br>AMT变速系统故障<br>离合器故障 |
| | 主变速器<br>摘挡过程 | 超出节点阈值 | 基于SDG<br>的专家知识库 | 离合器故障<br>挂挡电磁阀故障<br>挂挡操控机构故障<br>挂挡位移传感器故障 |

续表

| 行为类型 | 行为类型 | 故障检测算法 | 故障诊断算法 | 故障诊断结果 |
|---|---|---|---|---|
| ASCS物理系统响应行为 | 主变速器挂挡过程 | 超出节点阈值 | 基于SDG的专家知识库 | 离合器故障<br>挂挡电磁阀故障<br>挂挡操控机构故障<br>挂挡位移传感器故障<br>转速传感器故障<br>AMT变速系统故障 |
| | 主变速器选位过程 | 超出节点阈值 | 基于SDG的专家知识库 | 选位电磁阀故障<br>选位操控机构故障<br>选位位移传感器故障 |
| | 副箱挂挡过程 | 超出节点阈值 | 基于SDG的专家知识库 | 副箱电磁阀故障<br>副箱操控机构故障<br>副箱传感器故障 |

为了更加直观地描述ASCS系统中故障现象与故障原因之间的关系以及故障传播的路径，按照国家标准《故障树名词术语和符号》（GB/T 4888—2009）的定义，以ASCS单行为故障诊断结果为基础（表9.8），在无硬件冗余的条件下建立ASCS系统故障树，如图9.26所示，其中逻辑门的输入事件是输出事件的“因”，逻辑门的输出事件是输入事件的“果”。

### 9.4.2 ASCS稳态行为和物理系统响应行为故障联合诊断方法研究

稳态行为和物理系统响应行为的故障联合诊断技术首先需要研究诊断基础的问题。由于ASCS系统运行是以时间为横坐标轴，因此诊断基础有两种选择：以稳态行为作为诊断基础，运用物理系统响应行为诊断加以辅助；以物理系统响应行为作为诊断基础，运用稳态行为诊断加以辅助。若以稳态行为作为诊断基础，则存在以下两个问题。

（1）ASCS系统在稳态行为中无命令需要执行和响应，通常故障发生的概率较小。同时稳态行为故障诊断结果通常精度较高（表9.8），运用物理系统响应行为进行联合诊断，故障诊断精度很难获得提高。

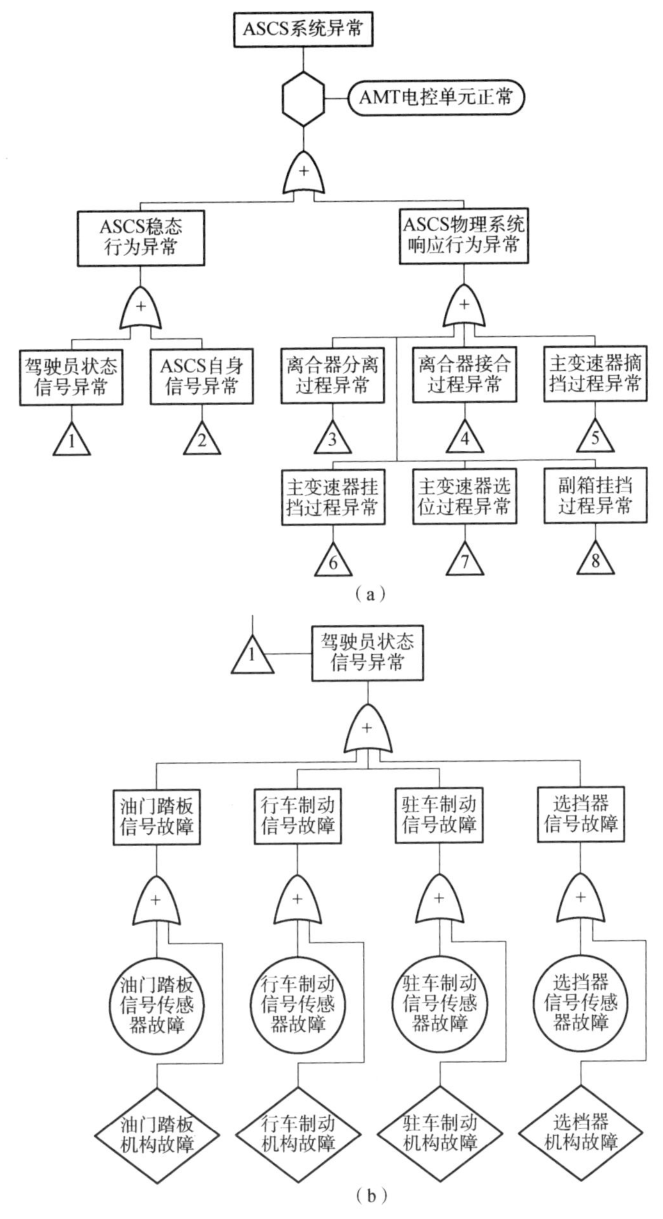


**图 9.26 ASCS 系统故障树**

(a) ASCS 系统异常故障树；(b) 驾驶员状态信号异常子故障树

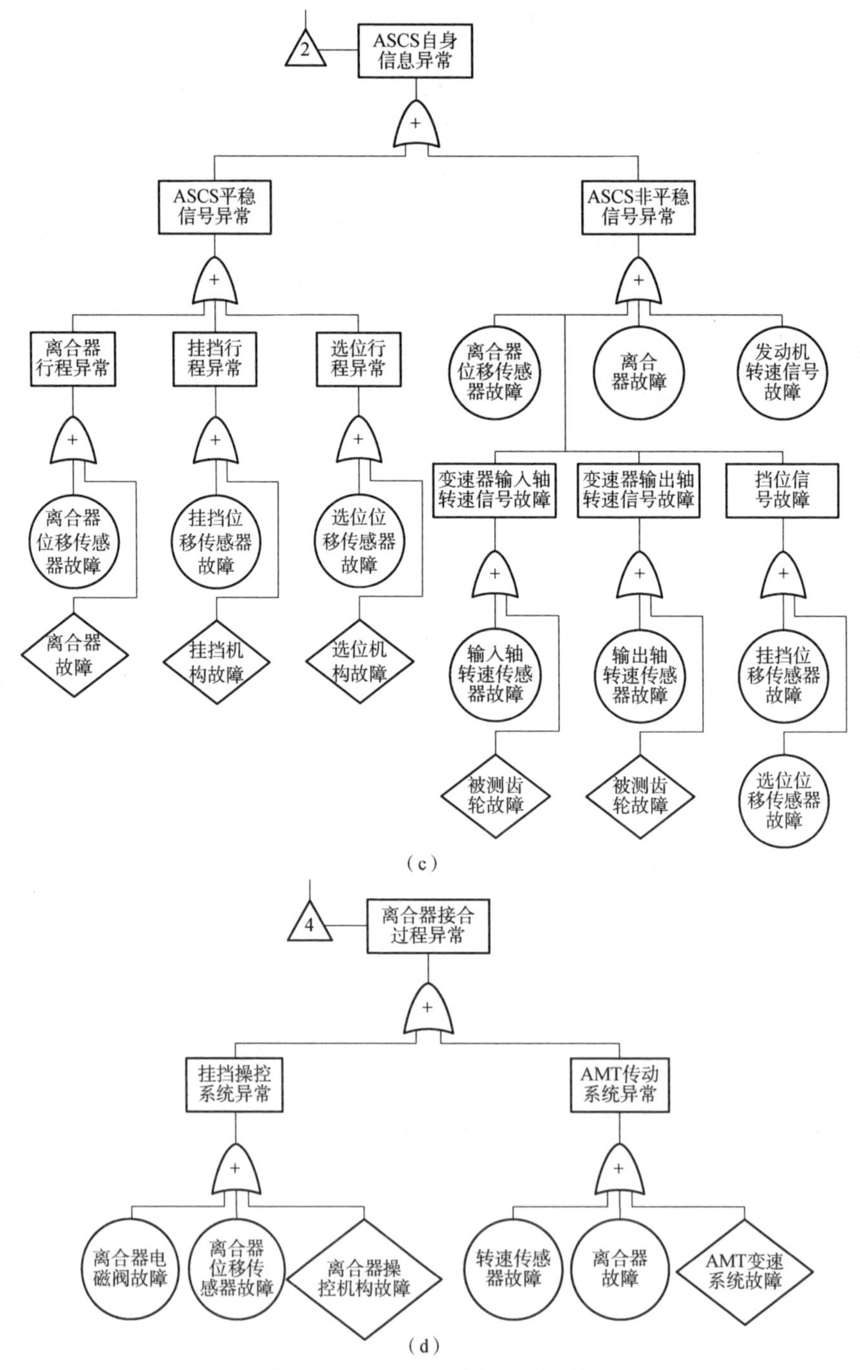


**图 9.26 ASCS 系统故障树（续）**

(c) ASCS 自身信息异常子故障树；(d) 离合器接合过程异常子故障树

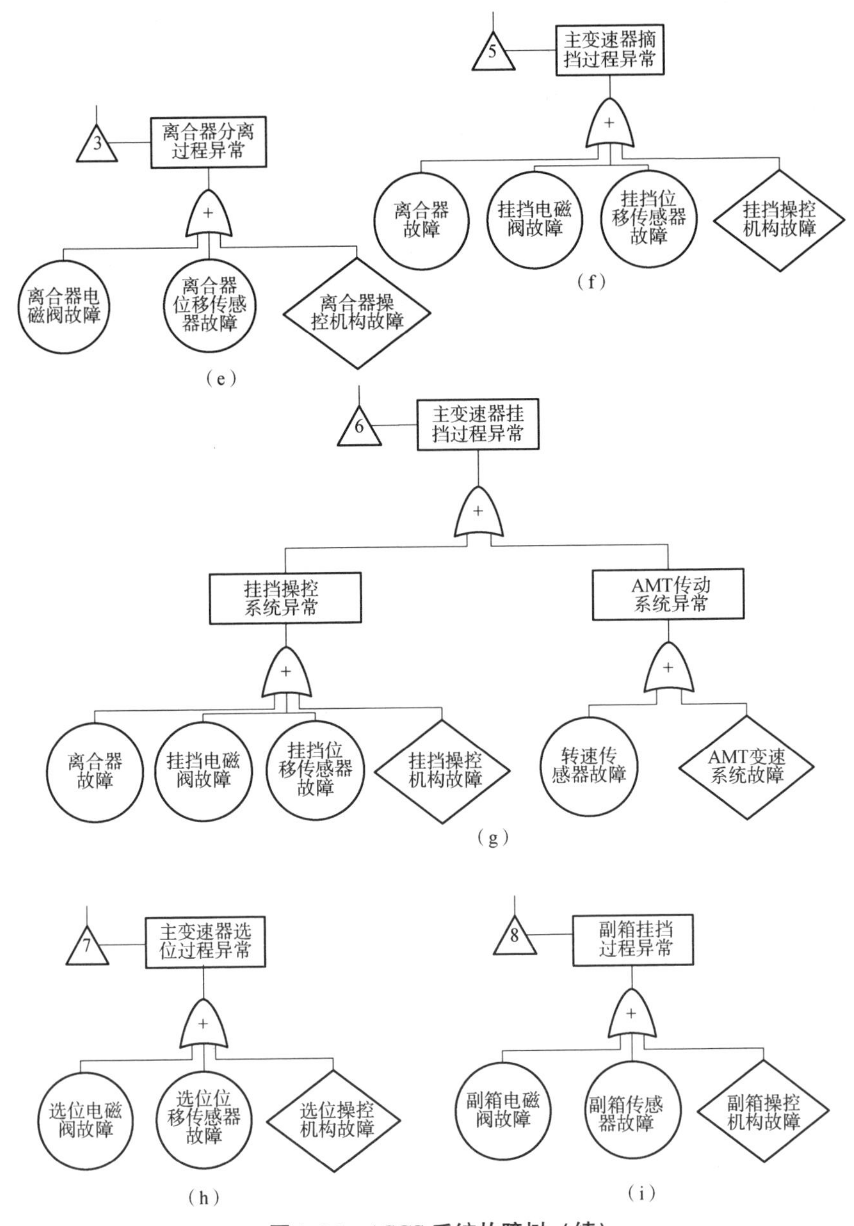


**图 9.26　ASCS 系统故障树（续）**

(e) 离合器分离过程异常子故障树;

(f) 主变速器摘挡过程异常子故障树;(g) 主变速器挂挡过程异常子故障树;

(h) 主变速器选位过程异常子故障树;(i) 副箱挂挡过程异常子故障树

（2）在 ASCS 系统运行过程中，稳态行为的持续时间可能是无限长，是未知的，这取决于车辆运行状态、驾驶员意图以及设定的状态切换阈值条件。当稳态行为出现故障时，相邻物理系统响应行为出现时刻的不确定性导致故障诊断难度的加大。

基于上述分析，由于物理系统响应行为通常时间短暂（持续几秒），且之后必然进入稳态行为，同时物理系统响应行为涉及元件较多，发生故障概率大，故障诊断精度较低，因此稳态行为和物理系统响应行为的联合诊断是以物理系统响应行为作为基础的，通过相邻稳态行为的故障诊断结果来进一步缩小故障源范围。

如图 9.27 所示，针对 ASCS 系统行为，首先区分该行为属于稳态行为还是物理系统响应行为。若是稳态行为，则针对稳态过程中平稳信号和非平稳信号进行诊断，具体诊断流程如 9.2 节所示。若行为是物理系统响应行为，

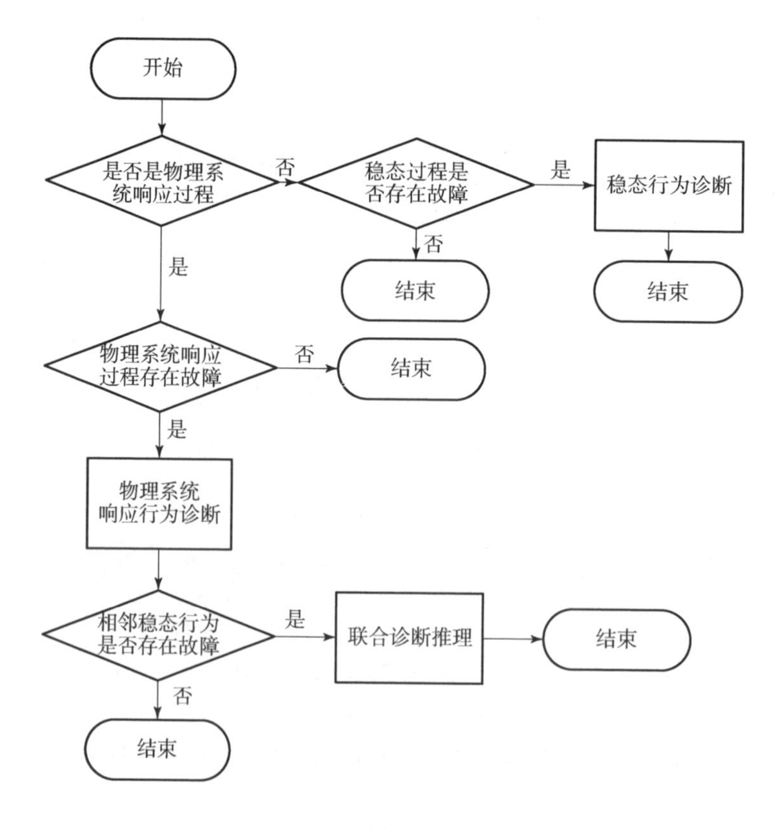


**图 9.27　故障联合诊断流程**

则进行物理系统响应行为故障检测和诊断，具体方法如 9.3 节所示。当物理系统响应行为存在故障的时候，进一步利用相邻稳态行为诊断结果进行联合诊断，从而实现缩小故障源的目的。

针对不同物理系统响应行为的故障诊断结果，建立联合诊断专家知识库，从而实现物理系统响应行为与稳态行为的故障联合诊断功能。例如，当物理系统响应行为的故障发生在离合器接合过程中时，联合诊断专家知识库如表 9.9所示。

**表 9.9　离合器接合故障联合诊断专家知识库**

| 物理行为类型 | 行为故障类型 | 稳态行为故障 | 故障源 |
| --- | --- | --- | --- |
| 离合器接合过程 | 离合器操控系统异常 | 非平稳信号：离合器传感器故障<br>无 | 离合器传感器故障<br>离合器电磁阀故障<br>离合器操控机构故障 |
| | AMT 传动系统异常 | 非平稳信号：输入轴转速信号故障<br>非平稳信号：离合器故障<br>无 | 转速传感器故障<br>离合器故障<br>AMT 变速系统故障 |

在表 9.9 中，当离合器接合过程发生故障时，通过进一步结合稳态行为故障诊断结果来缩小故障源范围。在表 9.6 中，给出了物理系统响应行为中离合器接合过程故障诊断结果的类型：控制系统异常、离合器操控系统异常和 AMT 传动系统异常。假设控制器一直处于稳定可靠状态，离合器操控系统异常的故障源包含三种类型：离合器电磁阀故障、离合器操控机构故障和离合器位移传感器故障，同时 AMT 传动系统异常故障源包含三种类型：转速传感器故障、离合器故障和 AMT 变速系统故障。针对 AMT 传动系统故障和离合器操控系统故障，可根据稳态行为中非平稳随机信号的故障诊断来分析转速信号之间的冗余关系，因此故障联合诊断能有效地提高对故障源的隔离能力。

当离合器分离过程发生故障时，联合诊断专家知识库如表 9.10 所示。

当主变速器摘挡过程发生故障时，联合诊断专家知识库如表 9.11 所示。

**表 9.10　离合器分离故障联合诊断专家知识库**

| 物理行为类型 | 行为故障类型 | 稳态行为故障 | 故障源 |
| --- | --- | --- | --- |
| 离合器分离过程 | 离合器操控系统异常 | 非平稳信号：离合器传感器故障<br>无 | 离合器传感器故障<br>离合器电磁阀故障<br>离合器操控机构故障 |

**表 9.11　主变速器摘挡故障联合诊断专家知识库**

| 物理行为类型 | 物理行为故障类型 | 稳态行为故障 | 故障源 |
| --- | --- | --- | --- |
| 主变速器摘挡过程 | 挂挡操控系统异常 | 非平稳信号：挡位信号故障<br>无 | 挂挡位移传感器故障<br>挂挡电磁阀故障<br>挂挡操控机构故障 |

摘挡过程故障发生时，为了进一步缩小故障源，配合稳态行为故障诊断来区分两种情况：①摘挡成功，但是传感器故障；②摘挡失败，但是传感器正常。针对摘挡成功而挂挡位移传感器故障的情况，车辆处于空挡，而变速器挡位读取为其他挡位，此时运用变速器固有传动比来确定车辆实际挡位信息，此时传感器已经无法获得变速器挂挡实际位移，同时非平稳随机信号的故障诊断结果为挡位信号故障。针对摘挡失败而传感器正常的情况，由于车辆处于某行驶挡位，定轴式机械变速器具有互锁功能，无法挂入新的挡位，因此稳态工况下非平稳随机信号的故障诊断结果为正常。

当挂挡过程发生故障时，联合诊断专家知识库如表 9.12 所示。

**表 9.12　主变速器挂挡故障联合诊断专家知识库**

| 物理行为类型 | 物理行为故障类型 | 稳态行为故障 | 故障源 |
| --- | --- | --- | --- |
| 主变速器挂挡过程 | 挂挡操控系统异常 | 非平稳信号：挡位信号故障<br>无 | 挂挡位移传感器故障<br>挂挡电磁阀故障<br>挂挡操控机构故障 |
|  | AMT 传动系统异常 | 非平稳信号：转速信号故障<br>无 | 转速传感器故障<br>AMT 变速系统故障 |

针对主变速器选位过程，联合诊断专家知识库如表 9.13 所示。

**表 9.13　主变速器选位故障联合诊断专家知识库**

| 物理行为类型 | 物理行为故障类型 | 稳态行为故障 | 故障源 |
| --- | --- | --- | --- |
| 主变速器选位过程 | 选位操控系统异常 | 非平稳信号：挡位信号故障<br>无 | 选位位移传感器故障<br>选位电磁阀故障<br>选位操控机构故障 |

变速器副箱联合诊断思路与主箱类似，在此不重复阐述。

### 9.4.3　ASCS 稳态行为和物理系统响应行为故障联合诊断试验验证

图 9.28 所示为装有 AMT 的重型越野车辆 2 挡升 3 挡数据。

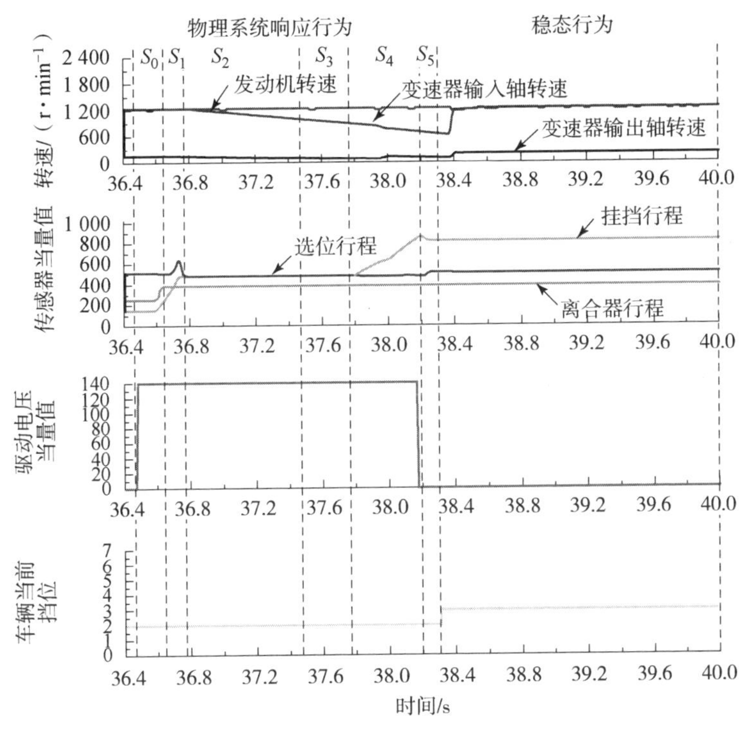


**图 9.28　装有 AMT 的重型越野车辆 2 挡升 3 挡数据**

车辆在行驶过程中，根据驾驶员意图，进行升挡操作，然后车辆继续行驶。根据 9.1 节 ASCS 系统行为特性分析，可将整个过程划分为两部分：稳态行为和物理系统响应行为，根据9.2节、9.3节算法对其分别进行故障诊断。

针对ASCS物理系统响应行为部分，ASCS物理系统响应行为包括离合器分离、主变速器摘挡、副变速器切换、主变速器选位、主变速器挂挡和离合器接合，同时该物理系统响应行为的时序逻辑为$S_0 \to S_1 \to S_2 \to S_3 \to S_4 \to S_5$，物理系统响应行为阶段状态如表9.14所示。

**表9.14 物理系统响应行为阶段状态**

| 物理响应阶段 | 响应状态 | 原因 |
| --- | --- | --- |
| $S_0$ | 失败 | 离合器分离失败 |
| $S_1$ | 成功 | 正常 |
| $S_2$ | 成功 | 正常 |
| $S_3$ | 成功 | 正常 |
| $S_4$ | 成功 | 正常 |
| $S_5$ | 成功 | 离合器接合失败 |

根据逆向搜索，可知在换挡过程中离合器分离过程$S_0$发生故障，根据专家知识库表9.7确定故障原因为离合器操控系统异常，故障源可能为：离合器电磁阀故障、离合器操控机构故障和离合器位移传感器故障。

针对ASCS稳态行为，稳态行为下非平稳随机信号的故障诊断流程如图9.29所示。

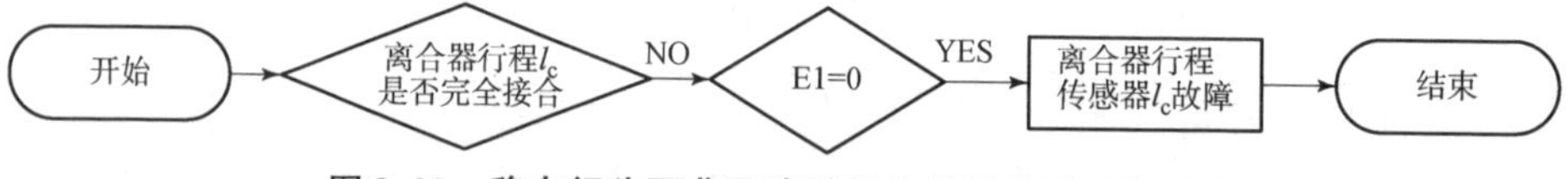


**图9.29 稳态行为下非平稳随机信号的故障诊断流程**

基于ASCS物理系统响应行为和稳态行为的故障诊断结果，根据离合器分离行为故障联合诊断的专家知识库表9.10，即可将故障源范围缩小至离合器传感器故障。经人工检查，发现离合器传感器总成因锈蚀而连接部件变形，导致离合器行程信号故障。

# 参考文献

[1] 余志生. 汽车理论 [M]. 北京：机械工业出版社，2018.

[2] 丁华荣. 车辆自动换挡 [M]. 北京：北京理工大学出版社，1992.

[3] 王洪亮. 自动机械变速操控系统实时故障检测和诊断 [D]. 北京：北京理工大学，2010.

[4] 彭建鑫. 自动机械变速操控系统实时故障检测和诊断 [D]. 北京：北京理工大学，2014.

[5] 晋磊. AMT 重型越野车辆换挡规律优化 [D]. 北京：北京理工大学，2015.

[6] 鲁佳. 基于多信号融合的 AMT 重型越野车辆坡道起步控制策略研究 [D]. 北京：北京理工大学，2014.

[7] 陈加宝. 基于广义道路阻力系数的 AMT 重型越野车辆换挡策略修正 [D]. 北京：北京理工大学，2012.

[8] 卢尚钰. 履带车辆低速工况离合器控制 [D]. 北京：北京理工大学，2017.

[9] 张彬. 某 6×6 轮式越野车气动 AMT 系统应用技术 [D]. 北京：北京理工大学，2015.

[10] 刘峰. 某越野车气动 AMT 故障诊断技术和容错控制技术研究 [D]. 北京：北京理工大学，2016.

[11] 刘海鸥，陶刚. 汽车电子学基础 [M]. 北京：北京理工大学出版社，2007.

[12] 胡宇辉. 基于电控柴油机与自动机械变速器的自适应控制技术研究 [D]. 北京：北京理工大学，2008.

[13] 刘海鸥. 履带车辆起步换挡过程冲击特性预估与试验研究 [D]. 北京：北京理工大学，2003.

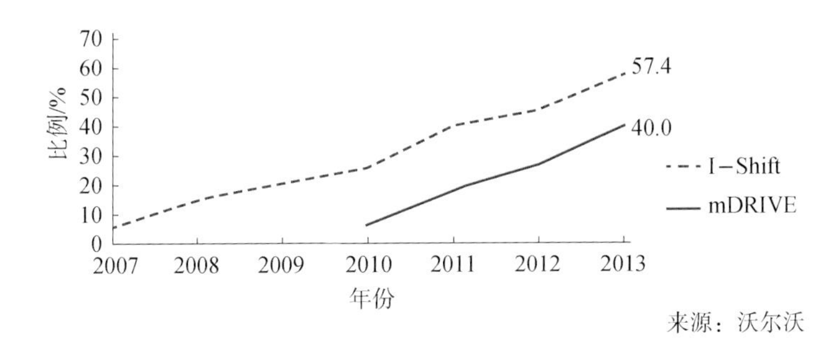


**图 1.9　Volvo 公司和 Mack 公司卡车的 AMT 配备比例**

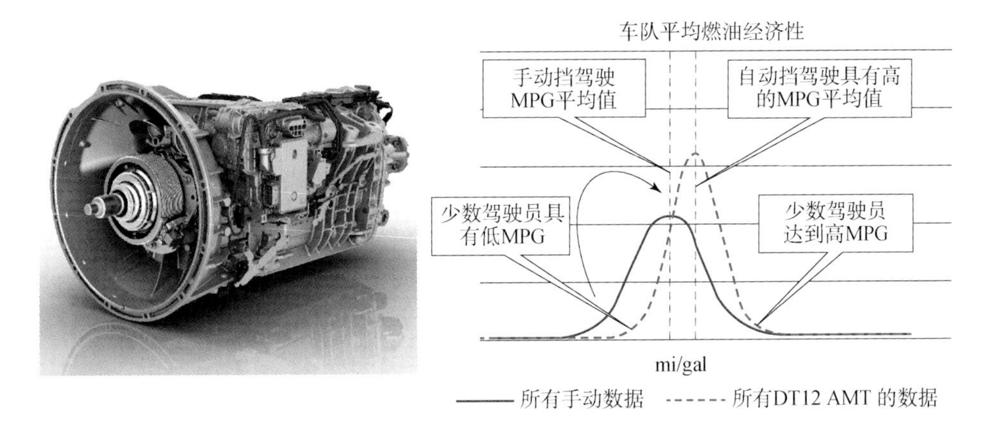


**图 1.11　Detroit DT12 AMT 与手动变速器的油耗对比曲线**

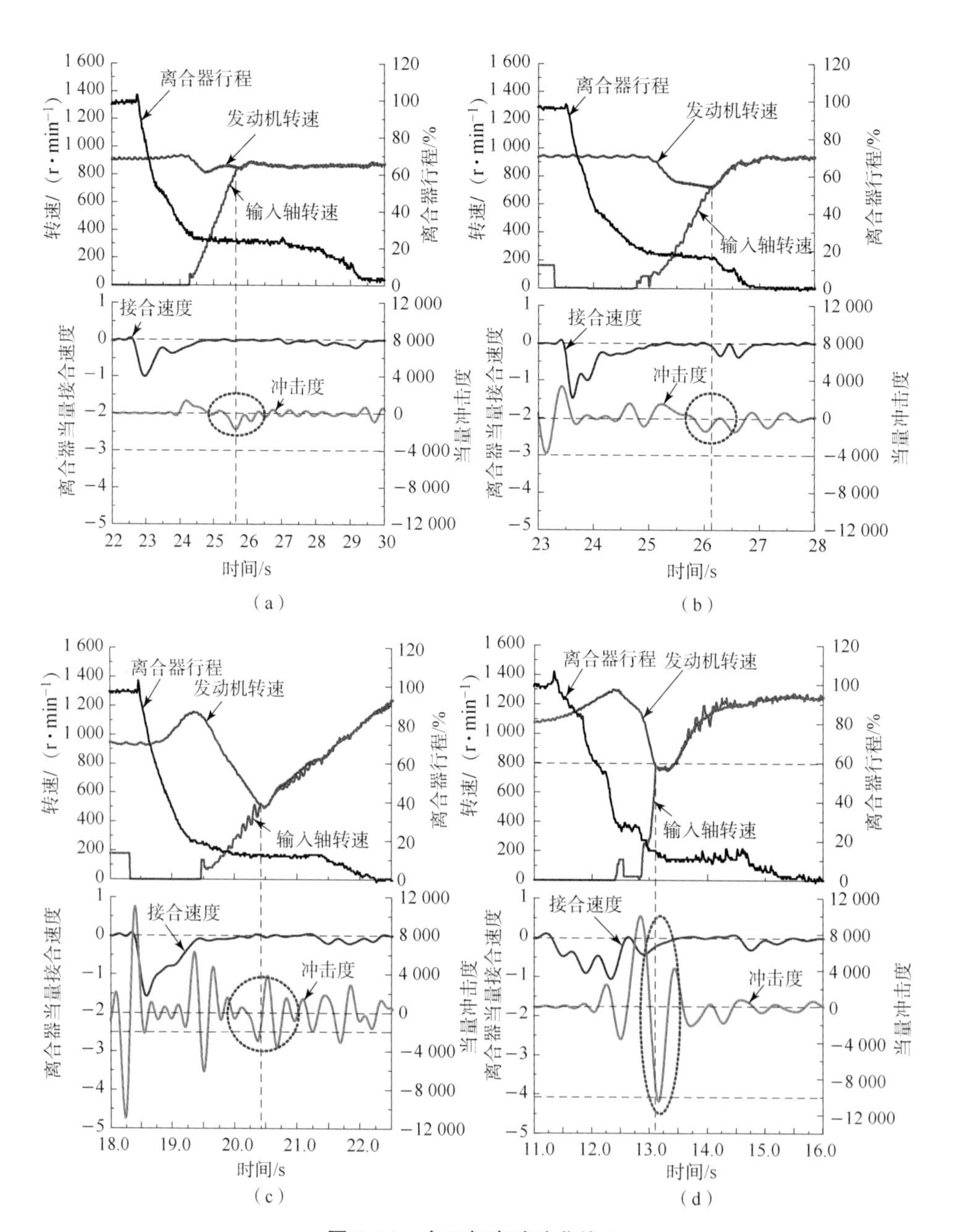


**图 2.14　人工起步试验曲线 2**

（a）第一组试验；（b）第二组试验；（c）第三组试验；（d）第四组试验

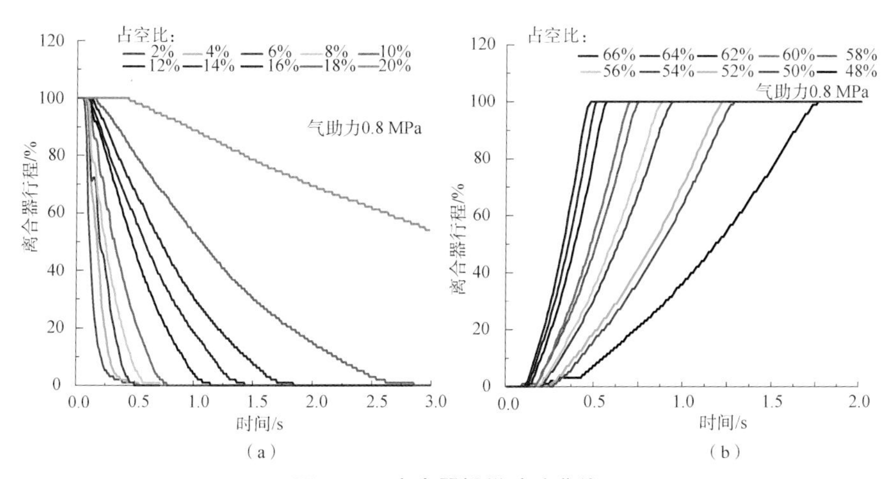


**图 3.12　离合器操纵试验曲线**

（a）离合器接合曲线；（b）离合器分离曲线

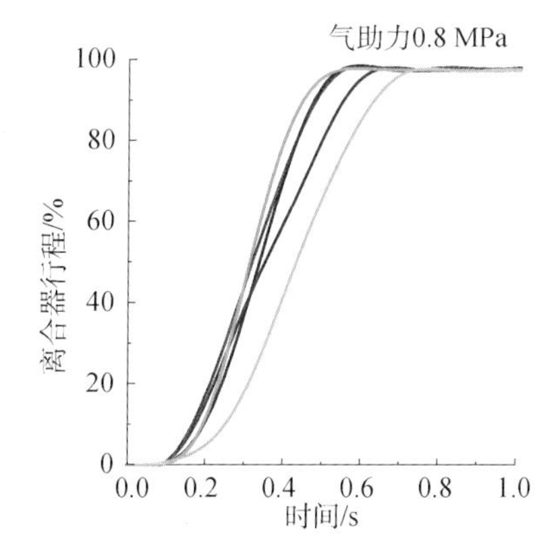


**图 3.13　离合器分离人工操纵试验曲线**

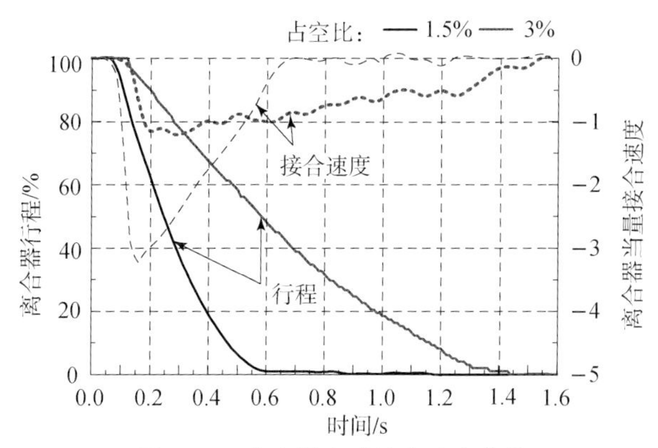


**图 3.14　离合器自动接合速度曲线**

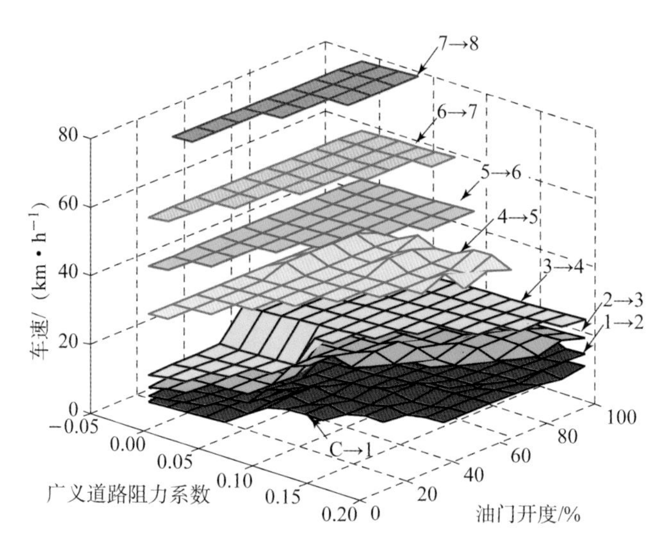


**图 4.6　修正后的动态三参数动力性升挡规律曲面**

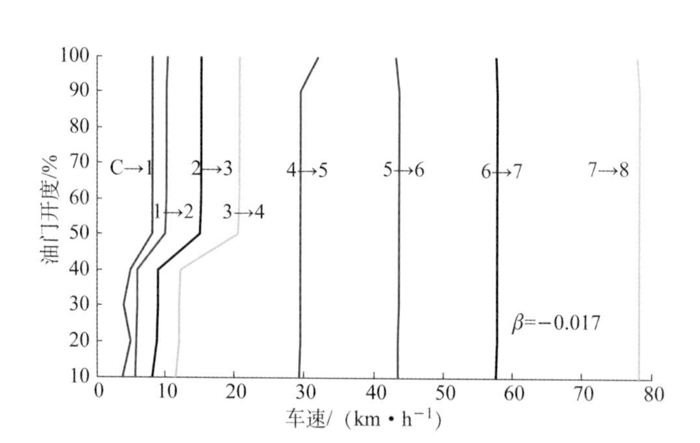


**图 4.7　$\beta=-0.017$ 升挡规律曲线**

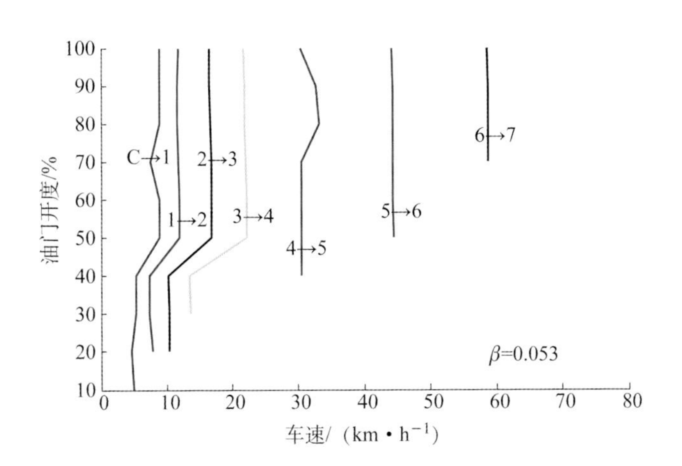


图 4.8 $\beta = 0.053$ 升挡规律曲线

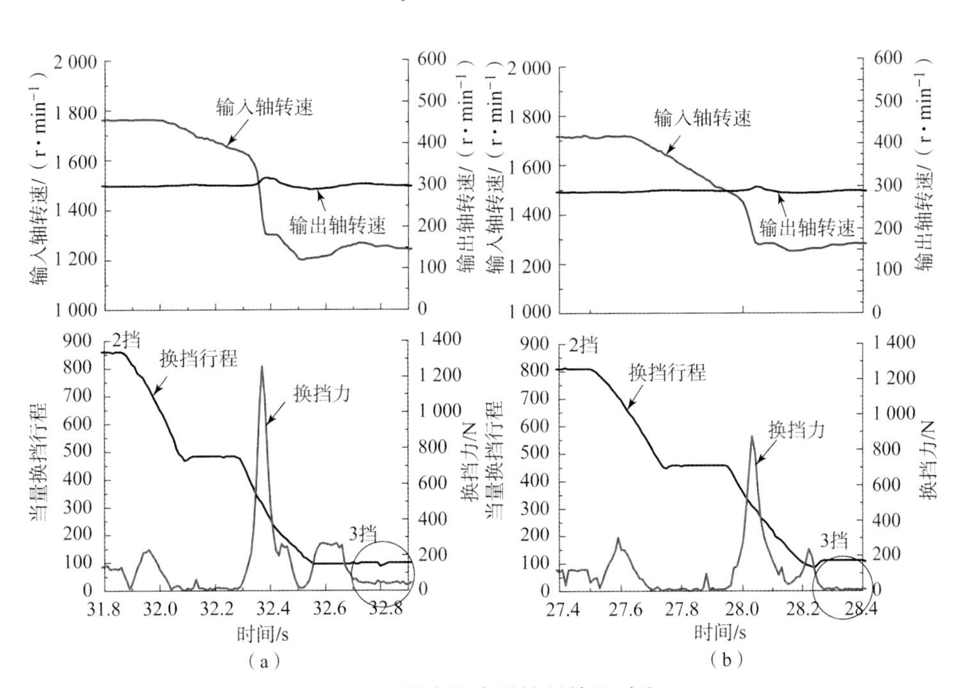


图 5.23 同步结束后控制效果对比

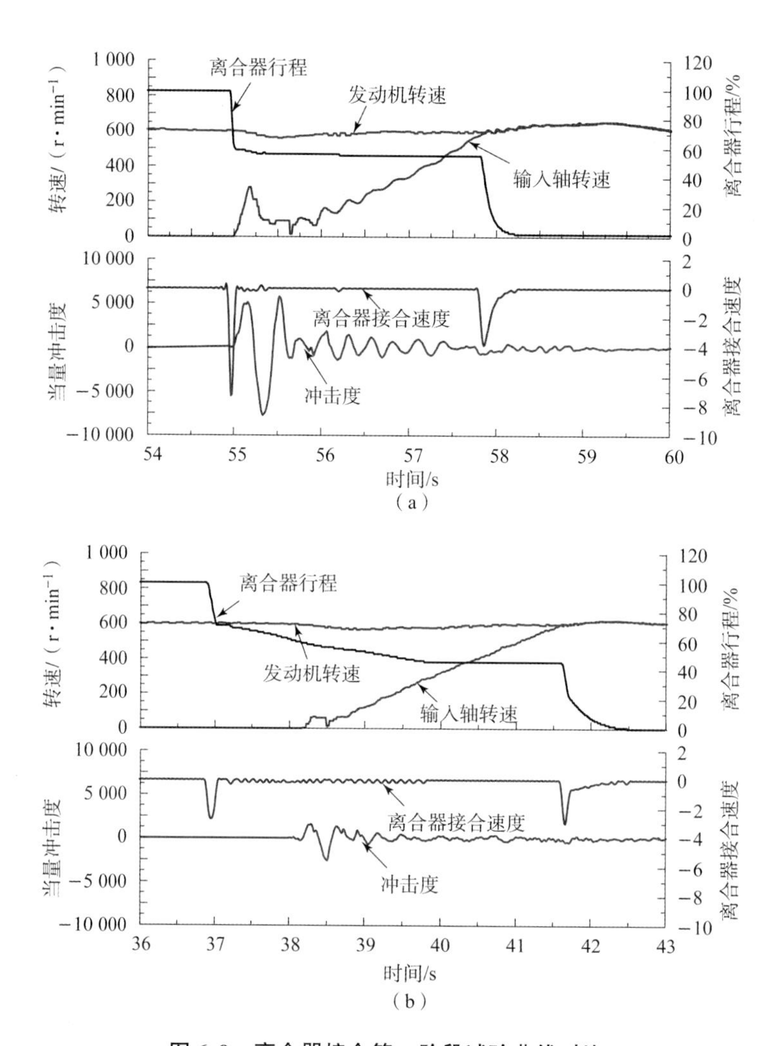


**图 6.9　离合器接合第一阶段试验曲线对比**

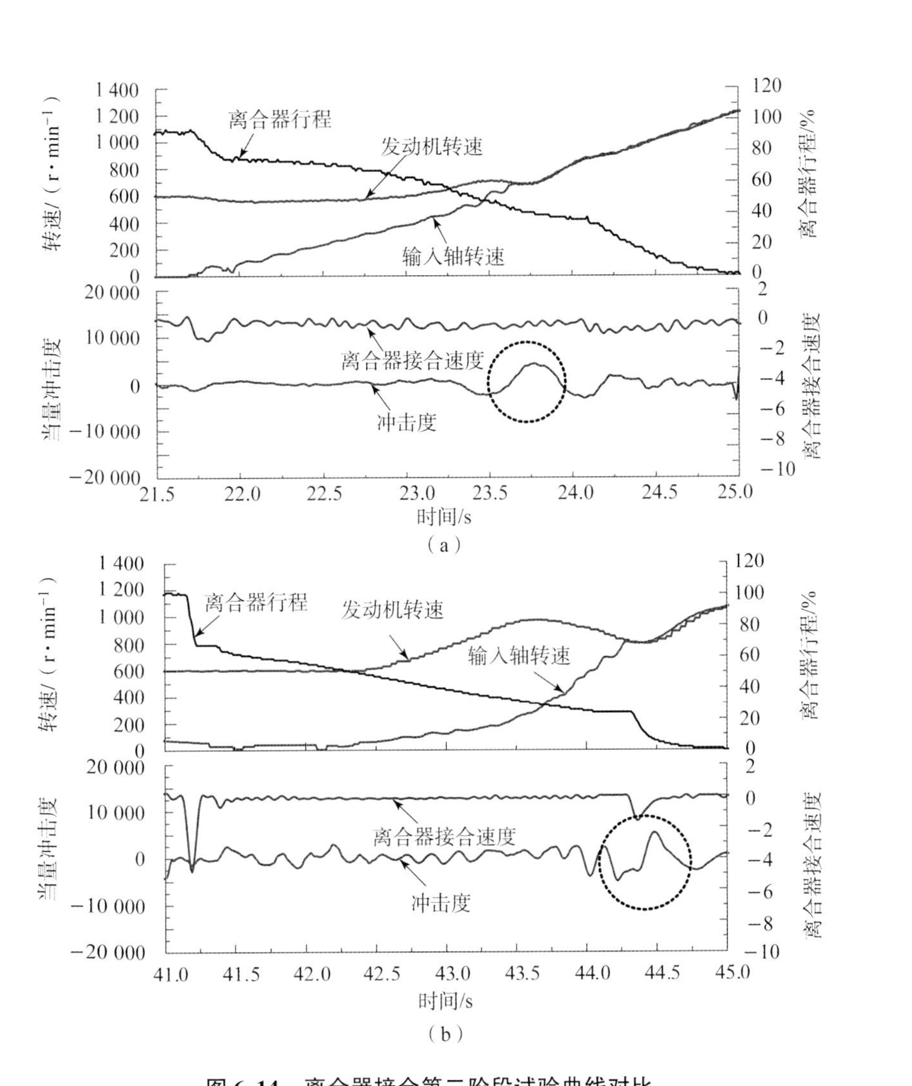


**图 6.14　离合器接合第二阶段试验曲线对比**

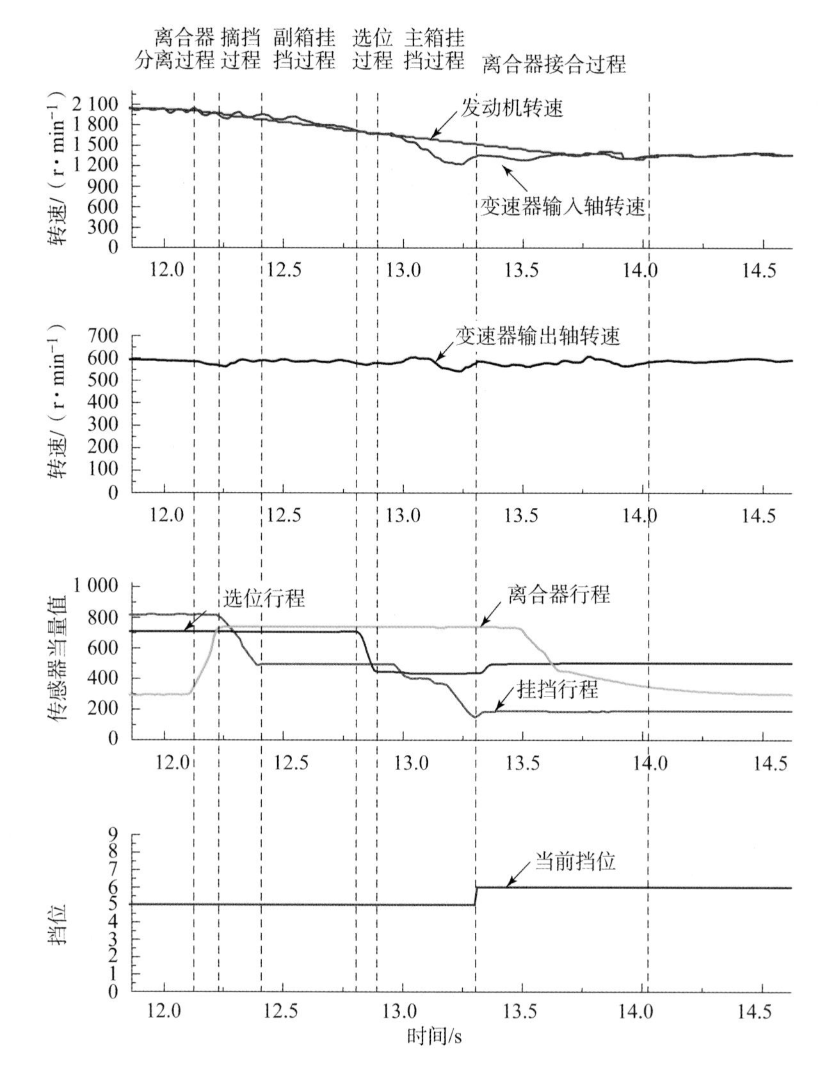


**图 9.12　车辆 5 挡升 6 挡物理系统响应过程**